SHANDI CHENGSHI SHUIZIYUAN CHENGZAI NENGLI PINGJIA YU TISHENG YANJIU

山地城市水资源承载能力评价与提升研究

吕平毓　王渺林　曹　磊　单文彪　徐　洁　杜　涛◎著

·南京·

图书在版编目(CIP)数据

山地城市水资源承载能力评价与提升研究 / 吕平毓等著. -- 南京 ：河海大学出版社，2022.11

ISBN 978-7-5630-7650-5

Ⅰ. ①山… Ⅱ. ①吕… Ⅲ. ①山区城市—水资源—承载力—研究 Ⅳ. ①TV211

中国版本图书馆 CIP 数据核字(2022)第 192697 号

书　　名　山地城市水资源承载能力评价与提升研究
书　　号　ISBN 978-7-5630-7650-5
责任编辑　章玉霞
特约校对　袁　蓉
装帧设计　徐娟娟
出版发行　河海大学出版社
地　　址　南京市西康路 1 号(邮编:210098)
电　　话　(025)83737852(总编室)　(025)83722833(营销部)
经　　销　江苏省新华发行集团有限公司
排　　版　南京布克文化发展有限公司
印　　刷　苏州市古得堡数码印刷有限公司
开　　本　880 毫米×1230 毫米　1/16
印　　张　11.75
字　　数　389 千字
版　　次　2022 年 11 月第 1 版
印　　次　2022 年 11 月第 1 次印刷
定　　价　69.00 元

前言

水资源是支撑自然生态系统平衡和人类生存发展的基础性资源。水资源短缺、水生态损害、水环境污染等已成为我国经济社会发展面临的严重安全问题。国家和社会各界高度重视水资源承载力的研究及应用,水资源承载力已成为各领域优化配置的边界条件,成为区域经济社会高质量发展的刚性约束。因此,对水资源承载力进行科学评价,采取多种手段提高水资源承载力,控制水资源使用压力负荷在可承受范围内,实现水资源、经济、社会、生态的协调发展,是当前迫切需要解决的重要课题之一。

本书在总结过去研究工作的基础上,以中国典型山地城市重庆为研究对象,主要阐述山地城市水资源承载力的评价方法及应用,开展水资源承载力提升研究,为现代水资源管理工作提供思路和方法。本书在借鉴和吸收现有国内外研究成果的基础上,针对山地城市经济社会发展和水资源开发利用情况,构建需水量预测方法;总结水资源承载能力的理论与研究方法,分析影响因素,构建评价指标体系;分析比较多种水资源承载力评价模型,建立适合山地城市的水资源承载能力的计算方法,提出不同社会经济发展时期的水资源承载能力及其合理提升方案,编制水资源承载能力监测技术方案。

全书共分为六章。第一章由吕平毓、杜涛、王渺林撰写,第二章由吕平毓、单文彪、刁贵芳撰写,第三章由徐洁、吕平毓、毛玉姣、卢彦廷、覃梦圆撰写,第四章由王渺林、曹磊撰写,第五章由杜涛、单文彪、王渺林撰写,第六章由徐洁、王渺林撰写,全书最后由王渺林统稿、吕平毓审稿。

第一章介绍了本书的研究背景及山地城市水文水资源特征,从定义和特性、评价指标体系、评价方法、存在问题和发展趋势等方面论述了水资源承载能力的理论与研究进展,并在此基础上提出研究目标及内容。

第二章论述了山地城市流域水资源演变与评价。首先,介绍了山地城市水资源特性、径流演变分析方法,并结合具体资料分析。其次,介绍了典型区域的水资源模拟分析,开展了水生态环境状况分析评价。

第三章论述了山地城市需水量主要预测方法及其应用情况。总结需水量预测方法,介绍了具体方法应用情况。

第四章论述了水资源承载力评价指标体系及评价模型。介绍了水资源承载力评价指标体系构建、影响因素等内容,总结了水资源承载力评价方法,介绍了具体方法应用情况。

第五章论述了水资源承载能力提升研究。在分析概括山地城市水资源及生态环境主要问题的基础上,提出了水资源配置、水资源承载能力提升措施以及管控措施。

第六章论述了水资源承载能力监测预警方案，包括监测方案和预警方案。

本书在撰写过程中，得到了重庆市水利局水资源处、重庆市水资源综合事务中心、重庆市水文监测总站以及重庆市荣昌区水利局等单位的支持和帮助。书中有部分材料还参考了有关单位或个人的研究成果，均已在参考文献中列出或标注。在此一并致谢。

本书为一部研究山地城市水资源承载能力的专著，具有较强的科学性、知识性，可供水文水资源、环境等专业的科研单位、高等院校，生产、管理及决策部门工作人员使用和参考。本书的出版有利于推动水资源的优化配置和持续利用研究，为区域水资源的调控制定适宜的长远战略、实现区域水资源的可持续发展作出贡献。

由于水资源承载能力理论研究与实践仍处于发展阶段，以及水资源系统本身的复杂性，本书的内容及研究成果可能还存在诸多不足。加上作者时间仓促，特别是水平有限，虽几易其稿，书中错误和缺点在所难免，欢迎广大读者不吝赐教。

作者

2022 年 6 月于重庆

目录

第一章　概述

1.1　背景及科学意义

基础性自然资源对人类生存及经济发展具有重要作用，而水资源则是重中之重。拥有量足质优的水资源去营造平衡的水环境，是一个地区达到高层次的经济发展水平和社会文明程度的重要标准之一。自20世纪中叶以来，人口规模和用水量的快速增长，引发了越来越突出的用水问题。城市化进程加速、经济持续发展，加之未来气候变化对水文循环的改变，都会加剧水资源供需不平衡的局势，进而影响水资源安全，导致未来水资源安全风险增加。随着区域经济的高速发展，工农业生产与居民生活对水的依赖程度越来越高，传统的水资源开发利用模式导致水资源在源头开采时就存在大量的浪费，社会普遍缺乏资源意识、节水意识和危机意识，再加上管理制度不完善、污染加重等，水少、水脏、水浑的问题日益突出。这种紧迫的现状使得水资源这一基础资源跃然成为限制社会发展的"瓶颈"，国民经济的增长趋势直接依赖于水资源开发利用决策的优劣。研究水资源的开发利用前景及发展战略问题已是当今最受关注的议题之一。

水资源短缺、水生态损害、水环境污染等已成为我国经济社会发展面临的严重安全问题。水资源承载能力的概念源自生态学中的"承载能力"，是自然资源承载能力的一部分。可持续发展理念实质是人类社会经济的发展不能超过自然资源和环境的承载能力，因此水资源承载能力作为资源承载能力的一个范畴，是可持续发展理念的重要组成部分，也是水安全的一个基本度量。

中国政府对资源环境承载能力研究的重视程度创历史新高。2013年11月，中共十八届三中全会《中共中央关于全面深化改革若干重大问题的决定》(以下简称《决定》)第52条"划定生态保护红线"中，明确提出"建立资源环境承载能力监测预警机制，对水土资源、环境容量和海洋资源超载区域实行限制性措施"。这条措施进一步加强了资源环境承载能力这一重要指标在国土空间开发保护中的重要指示作用。建立资源环境承载能力监测预警机制有利于落实主体功能区战略，建立完善科学的空间规划体系，加强生态环境的保护、恢复和监管，是建设美丽中国、实现生态文明的重要改革部署。习近平总书记在听取水安全汇报时明确提出："抓紧对全国各县进行资源环境承载能力评价，抓紧建立资源环境承载能力监测预警机制。"按照《中央有关部门贯彻落实党的十八届三中全会〈决定〉重要举措分工方案》(中办发〔2014〕8号)要求，水利部负责建立水资源监测预警机制的改革任务，并在深化水利改革的指导意见中予以明确。

2015年7月，环境保护部(以下简称"环保部")、国家发展和改革委员会(以下简称"发改委")印发了《关于贯彻实施国家主体功能区环境政策的若干意见》，在"坚持分类与差异化管理"基本原则中，明确指出"立足各类主体功能定位，把握不同区域生态环境的特征、承载能力及突出问题，科学划分环境功能区"。2015年10月，《中共中央关于制定国民经济和社会发展第十三个五年规划的建议》，明确指出"塑造要素有序自由流动、主体功能约束有效、基本公共服务均等、资源环境可承载的区域协调发展新格局"。2016年11月，环保部、科学技术部共同制定了《国家环境保护"十三五"科技发展规划纲要》，明确指出既要"开展'一带一路'资源环境承载能力与生态安全研究"，又要"开展长江经济带资源环境承载能力研究"。2017年8月，习近平主席在致中国科学院青藏高原综合科学考察研究队的贺信中，明确指出要"聚焦水、生态、人类活动，着力解决青藏高原资源环境承载能力、灾害风险、绿色发展途径等方面的问题”。2017 年 9 月，中共中央办公厅、国务院办公厅印发《关于建立资源环境承载能力监测预警长效机制的若干意见》，旨在深入贯彻落实党中央、国务院关于深化生态文明体制改革的战略部署，推动实现资源环境承载能力监测预警规范化、常态化、制度化，引导和约束各地严格按照资源环境承载能力谋划经济社会发展。

自 2015 年起，水利部组织开展了包括城市在内的全国水资源承载能力评价工作，目前已形成市县两级行政区域水资源承载能力评价初步成果。2020 年，张建云院士在全国科技工作会议上，做了题为“优化水资源承载能力，促进健康的区域水平衡”的报告。2021 年 1 月 25 日至 26 日全国水利工作会议在京召开，鄂竟平部长指出，做好“十四五”时期水利工作，要认真贯彻五中全会提出的经济社会发展指导方针，坚持人民至上、坚持底线思维、坚持系统观念、坚持改革创新，把水安全风险防控作为守护底线，把水资源承载能力作为刚性约束上限，把水生态环境保护作为控制红线，建设系统完备、科学合理的水利工程体系和全面覆盖、上下贯通、保障到位的水利监管体系，为全面建设社会主义现代化国家提供坚实支撑。2021 年，水利部制定的《2021 年水资源管理工作要点》重点强调做好水资源刚性约束制度的顶层设计，落实党的十九届五中全会关于建立水资源刚性约束制度要求。因此，国家和社会各界高度重视水资源承载能力的研究及应用，水资源承载能力将成为各领域优化配置的边界条件，成为区域经济社会高质量发展的刚性约束。

水资源承载能力研究为区域经济以及社会的发展奠定了基础。21 世纪，人类社会进入高度工业化和科技化的时代，致使社会经济的发展对水的需求越来越多，某一区域的水资源到底可以支撑多大的社会经济发展规模，成为制定区域经济和社会发展规划的基础性指标和尺度之一，水资源承载能力的大小对地区经济发展规模及地区综合发展有着十分重要的影响。其次，水资源承载能力研究为区域水资源可持续利用提供基本保障。作为可持续发展研究和水资源可持续利用研究的一个基础性课题，在资源承载能力范围内发展社会经济，实现地区经济的快速、健康和可持续发展，成为目前水资源领域研究的热点课题之一。最后，水资源承载能力研究是对水资源耗竭和水环境恶化等高度综合和复杂问题的直接回应。它有利于加深对水资源效用综合性的认识、明确水资源对经济社会支撑能力的有限性、全面了解水资源的价值。

中国地域广阔，山水纵横，山地城市众多。山地城市地形地势复杂，水资源时空分布不均，水资源规划难度大。本研究中山地和山地城市是广义的概念。山地，包括地理学划分的山地、丘陵和崎岖不平的高原，约占全国陆地面积的 69%，其中山地约占 33%，丘陵约占 10%，高原约为 26%。山地城市是指城市主要分布在上述山地区域的城市，形成与平原地区迥然不同的城市形态与生境。我国是地形起伏比较大的国家，山地面积占了全国陆地面积的 2/3 以上，山地城市数量众多。伴随城镇化进程的快速推进，山地城市用水需求日益增加，同时面临着水资源时空分布不均、局部地区缺水严重、生态环境脆弱等问题，导致山地城市的人水矛盾尤为突出。

重庆地处中国西南部、长江上游，海拔高差较大。其地势从南北向长江河谷方向逐渐下降，境内坡地较多，山地面积占据大部分区域，为 76%，丘陵面积占 22%，因此有“山城重庆”的说法。因其地理位置处于三峡库区的核心区域，是整个长江流域乃至全国重要的水资源战略库，在生态安全上有着至关重要的作用。重庆市属典型的山地城市，地表水资源相对贫乏，且时空分布不均，地下水资源甚少。在不考虑长江、嘉陵江过境水资源的情形下，水资源短缺程度总体为中度缺水，短缺类型总体为工程型。

随着人们对自然资源承载能力的认识和研究的逐步深入，对自然资源承载能力的评价研究成为实现社会经济可持续发展的有效手段。因此，对重庆市自然资源承载能力及其影响因素进行分析，为重庆市社会经济的可持续发展和开展生态文明建设提供技术支撑和决策依据。

水资源问题出现的实质是人类行为超过了水资源的某些天然承载限度，使得水资源的供给循环遭到破坏，可用水资源大幅降低，从综合意义上研究水资源的承载能力是应对当前水问题的必要途径，评价水资源承载能力，揭示水资源、区域经济、社会人口、生态之间的关系，将人类生产和生活对水的开发利用限定在资源再生循环和生态环境的承受范围之内。通过分析水资源与人口、经济的可持续发展关系，揭示水资源与社会人口、经济、生态环境的协调程度和区域水资源的开发利用状况，从而对区域水资源的调控制定合适的长远战略，实现区域水资源的可持续发展。故对重庆市水资源承载能力的评价研究具有重要的理论和实践意义。

水资源短缺问题已成为制约城市化进程加快和社会经济持续发展的重要因素。在当地生态与环境不被破坏的前提下,水资源究竟能承载多大的社会经济规模一直是我国水利科学研究的热点问题之一。当前水资源承载能力的研究主要集中在干旱地区或城市,对山地城市水资源承载能力的研究相对较少。

本研究以中国典型西南山地城市重庆为实践对象,在合理分析重庆水资源禀赋、条件的基础上,研究山地城市水资源承载能力评价和提升体系,为水资源合理利用提供必要前提和依据,是促进生态功能完善、社会效益良好、山地特色完整,实现人与自然和谐统一、社会经济可持续健康发展,综合解决现阶段山地城市水资源开发利用与社会经济发展问题的有效手段。

1.2 山地水文水资源特征

1.2.1 山地及山地城市

1. 山地概念探讨

山地是地理学的研究范畴,《地理学辞典》认为:"山,一般指高度较大,坡度较陡的高地。它以明显的山顶和山坡区别于高原,又以较大的高度区别于丘陵,习惯上一般把山和丘陵通称为山。"同时,在"山地"条目中指出,"山地是许多山的总称,由山岭和山谷组合而成。其特点是具有较大的绝对高度和相对高度,切割深,切割密度大,通常多位于构造运动和外力剥蚀作用活跃的地区,地质结构复杂,如我国西部一些山地。"依此定义,可将山地概念分为广义和狭义两种,前者包括高度较低、坡度较缓的丘陵,后者不包括丘陵,高原则被排斥在外。

习惯上,学术界倾向于从广义上理解山地,即将起伏的、相对高度大于200 m的地段统称为山地,它不仅包括低山、中山、高山,还包括高原、丘陵及其间的山谷与盆地。因为除了相对高度大于200 m的山地区域外,剩下的就是相对高度小于200 m的平原,在空间上既不属于山地,又不属于平原的其他地区,则是两个概念之间相当模棱两可的部分。

1986年,中国科学院学者郭绍礼和张天曾就在《中国山地分区及其开发方向的初步意见》一文中,将全国山地划分为十个山区、三十七个山地区。

《中国的地形》一书将中国地形的基本特征归结为三点:西高东低、呈阶梯状分布、形态多样,山区面积广大,山脉纵横,具有定向排列。据统计,中国的山地丘陵面积约占全国土地面积的43%,高原占26%,盆地占19%,平原占12%,可见广义的山区面积占全国陆地面积的2/3以上。

2. 山地城市界定

在工程学中,山地城市的定义是建立在地理学地貌概念基础上的,是以城市用地的地貌为特征,以地形对城市环境、城市工程技术的经济性以及对城市布局的影响来确定的。当城市发展地形内有断面平均坡度大于5%(1 km×1 km)、垂直切割深度大于25 m(2 km×2 km)的地貌特征的城市为山地城市。

本书将山地城市做出广义、中义及狭义三种理解:广义的是从景观意象上将在城市景观范围内有明显山地特征的城市作为山地城市;中义的是在城市范围内有一定比例的山地地貌特征的城市为山地城市;狭义的则是从较窄的范围内,以城市用地的坡度和相对高差的量化标准来理解山地城市。

3. 山地城市概念的内涵

1997年,在重庆召开的山地人居可持续发展研讨会上,将山地城市纳入山地人居环境的范畴。

研究山地城市,应更加关注的是在山地城市中人的生存生活状态,研究的目的是通过改善城市面貌给予山地城市居民更好的生活、工作、休闲环境。

在对山地城市规划研究的领域中,黄光宇先生提出了建立山地城市学的专项学科领域,从更高的角度提出用系统分析与综合方法、自然生态因子方法、辩证方法作为研究的主要方法论,并通过多年的科学实践发展了山地城市规划建设的多种理论。鉴于此,可从人居环境的意义来归纳山地城市的本质特征。

(1) 地理区位:城市多坐落于大型的山区内部,或山区和平原的交错带上。

(2) 社会文化:城市经济、生态、社会文化在发展过程中与山地地域环境形成了不可分割的有机整体。

(3) 空间特征:影响城市建设与发展的地形条件,具有长期无法克服的复杂的山地垂直地貌特征,由此形成了独特的分台聚居和垂直分异的人居空间环境。

能同时满足以上三个条件的城市,才能称得上真正意义的"山地城市"。具体而言,山地城市是山地人居环境的重要组成,是一定意义上的山区城市,研究山地城市的意义是基于面对这些城市的特殊问题,合理节制地使用城市资源,带动山区城市发展和改善山区人民的生活质量。

1.2.2 山地水文过程特征

自然水文循环过程包括雨水从产生到传输、汇集的各个阶段,从水蒸气在大气层中遇冷凝结成雨开始,雨水以各种形态在不同的空间中完成渗透、径流、滞蓄等过程。在山地城市,由于地形条件的丰富性和地域气候的独特性,这种传输过程表现得更为明显,即降雨过程更加集中,雨水产汇流过程改变、地表水文格局也与地形特征高度吻合,呈现出明显的树枝状格局(图 1.2-1)。

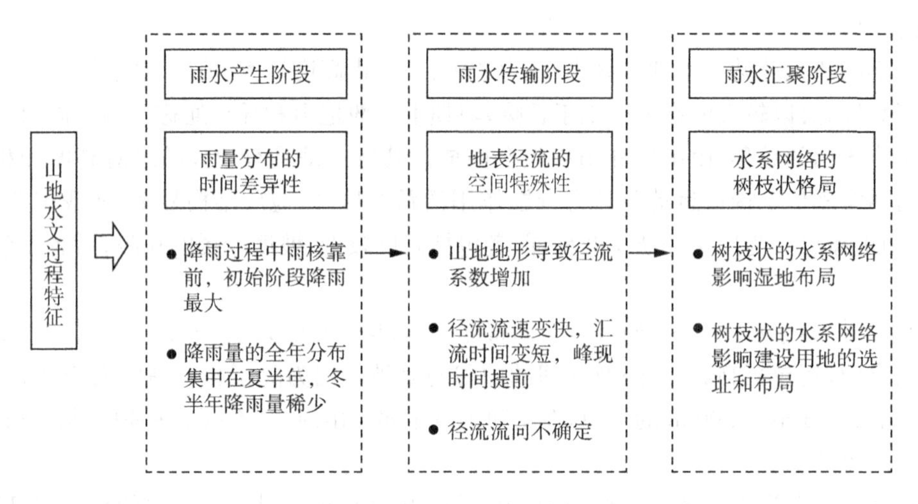

图 1.2-1 山地水文过程特征

1.2.2.1 雨量分布的时间差异性

降水是影响水文过程的关键因素之一,起到补充河流水量、增强土壤下渗能力、增加空气湿度等作用。一般而言,山地降水过程的时间分布极不均匀,大多数集中在雨头、雨核阶段,降水量可以占到整场降水的 80%～90%。雨峰提前,短时间内形成较大强度的汇流水量,对城市的防洪排涝设施造成了巨大的压力。西南山地城市多位于亚热带湿润气候区,降水丰沛,重庆市多年平均年降水量在 1 100 mm 左右,但是全年雨量分布极不均衡。夏半年(4—9 月)受湿热的海洋气团影响,空气暖湿,降水较多,降水量占全年总降水量的 75%左右。冬半年(10 月—次年 3 月)在极地干冷气团的控制和影响下,降水稀少,降水量占全年的 25%左右。这种冬夏差异极大的降水条件造成雨水设施在两季不能充分发挥调蓄能力,应对夏季强降雨等极端天气时调蓄容量不足,而在冬季又会因为无雨而导致设施不能物尽其用,造成浪费。

1.2.2.2 地表径流的空间特殊性

在一场降雨过程中,雨水径流产生于植物截留和土壤下渗两个阶段之后,当降雨区土壤吸收雨水达到饱和后,便开始进入产流阶段。径流经过一段时间的四散流动,逐渐受坡度作用定向汇聚,进入汇水口后,汇流开始。山地地表径流在地形影响下所产生的特殊性主要表现在径流系数、流速与汇流时间、流向三个方面。在产流阶段,坡度较大的地表使雨水落到地面后受重力在坡面方向上的分力影响,向低处流动,不能就地下渗,更容易形成径流,地块径流系数也相应增加。在汇流阶段,坡地导致雨水流速加快,汇流时间缩短，洪峰到来时间相应提前，极易诱发内涝灾害。在雨水流向上，受地形影响，径流方向不定，不总是沿着既定通道排入自然水体，地势低洼处更易遭受水淹，部分雨水会沿着岩层中的缝隙流动，难以控制，需要采取特殊的工程措施。

1.2.2.3 水系网络的树枝状格局

雨水经过降雨生成和径流传输，最终汇聚于水系网络。水系的地景格局受地形的影响极为深刻，例如平原地区地形平坦，水系发育完整，多呈现网状形态；而在山地地区，由于雨水对山体的冲刷作用易形成冲沟，并多源汇聚形成次级河流，次级河流相互交织形成大型干流，呈现出干流、支流、冲沟等级分明的树枝状形态。这种树枝状的水文格局对城市空间的影响十分广泛。一般而言，建设用地和城市道路布局应符合水系分布特征，以避免大规模的挖填方工程，保留天然水系网络的排水作用。在河流汇集处，如果汇入河流宽度狭窄，而汇流量较大，则容易发生内涝灾害。而在长期水流泛滥的过程中，汇集处可以形成湿地地貌，湿地的分布等级与交汇河流的等级有关，交汇河流的等级越高，湿地的规模就越大，雨水蓄存能力也越强。城市建设应当避开这一类洪泛区域，保留原始地貌，而选择地势较高、排水通畅的上游地区。

以重庆为例，在空间分布上，多年平均径流深等值线图和多年平均分区地表水资源量成果表明，径流系数分布不均匀，呈由东到西逐渐减少的趋势，渝西地区普遍偏低，全市多年平均径流系数为 0.57。径流系数总体呈现由东到西逐渐减少的趋势，存在以巫溪北部、酉阳东部、武隆与丰都交汇处为中心高值区，渝西地区普遍偏低。

在年内变化上，径流的年内分配不仅与降水有关，下垫面情况对其也有较大的影响。为较好地研究重庆市当地地表水资源量的年内分配情况，选择各区域代表站五岔、龙角、盐渠、余家、秀山、保家楼进行分析。现将部分径流代表站天然径流量的年内分配情况统计于表 1.2-1。

表 1.2-1 径流代表站多年平均天然径流量月分配

测站名称	河流	多年平均天然径流量($10^6 m^3$)													连续四个月最大	出现月份	占全年百分比
		1月	2月	3月	4月	5月	6月	7月	8月	9月	10月	11月	12月	全年			
五岔	綦江	72.11	61.79	96.24	223.4	447.9	588.6	450.8	298.9	239.7	235.2	161.6	93.63	2 970	1 786	5—8	60.1%
龙角	磨刀溪	20.89	21.14	43.03	110.1	204.3	251.4	244.6	156.5	141.0	101.2	61.86	25.57	1 382	856.8	5—8	62.0%
盐渠	汤溪河	20.01	22.21	48.06	82.45	167.7	195.3	271.0	197.6	188.9	121.3	70.36	28.34	1 413	852.8	6—9	60.3%
余家	普里河	2.745	2.361	5.772	16.46	30.99	42.86	40.45	24.51	33.62	21.72	12.68	4.155	238.3	141.4	6—9	59.3%
秀山	龙河	12.95	14.63	22.93	46.54	70.84	91.78	79.19	43.26	31.21	30.72	26.89	13.83	484.8	288.4	4—7	59.5%
保家楼	郁江	73.69	96.97	175.5	375.8	590.3	623.2	638.2	357.0	369.8	326.8	222.3	99.83	3 949	2 228	4—7	56.4%

注：本书计算数据或因四舍五入原则，存在微小数值偏差。

由表 1.2-1 可以看出，各站连续四个月最大径流量长江南岸集中在 5—8 月、4—7 月，北岸集中在 6—9 月，占全年的百分比在 55.9%～62.0%，径流年内分配相对集中，对水资源利用不利，而且易发生洪涝灾害。

1.2.3 山地水资源特性

山地城市由于其所在地域的气候类型、地形特征、水资源禀赋、生态环境不同，水资源分布特征与其他城市如平原城市差异很大，水资源配置和利用情况也是大不相同。通过对大量山地城市的基础资料的分析整理，归纳总结出一定的共性。

从水资源地域分布来看，一般山地城市地表径流主要依靠降水或高山融雪补给，境内水网密布，水系结构丰富，山水特征明显。由于地形起伏较大会影响水气分布，降水量分布差异较大，地区间水资源分布极不均衡，通常会存在局部地区的资源性缺水问题。山地区域降水受地形影响较大，高山深丘地区人少、水多、幅员面积大，丘陵、平坝地区人多、水少、幅员面积小，其主要原因是山地区域迎风面降水量多而背风面降水量少，而且降水量与山地区域的地势海拔有密切关系，通常情况下，随着海拔高度的上升，降水量呈现递增趋势，最终导致海拔高的山地区域降水量相对充沛，当地水资源量较为丰富；海拔较低的低山丘陵或坪坝地区则呈相反趋势。此外，地形坡度、坡向、植被密度也对径流有着重要的影响。在不考虑地表植被影响的情况下，陡坡的径流量大，地表受径流冲击严重；缓坡则相反。

从水资源时间分布来看，山地城市丰枯水期的水资源量差别非常大，比如典型的山地区域（或城市）重庆、中国台湾、中国香港等，汛期（4—10月）水资源量占全年的80%以上，非汛期则不足20%；在雨季集中时期，往往容易引发洪涝灾害，而在旱季枯水时期，水资源量不足，容易形成旱灾，这直接导致山地城市防洪抗旱难度大、任务艰巨。

分别统计重庆市各水资源三级区多年平均当地水资源总量及产水模数、产水系数，结果见表1.2-2。从表1.2-2看出，重庆市当地水资源总量为567.76亿 m^3，其中当地地表水资源量为567.76亿 m^3，地下水资源量为100.49亿 m^3，重复计算量为100.49亿 m^3，全市产水系数为0.58，产水模数为68.9万 m^3/km^2，宜宾至宜昌干流当地水资源总量最大，占比为57.55%，思南以下当地水资源总量次之，占比为21.15%；产水模数沅江浦市镇以下最大，丹江口以上次之，分别为93.31万 m^3/km^2、80.35万 m^3/km^2；产水系数丹江口以上最大，沅江浦市镇以下次之，分别为0.69、0.68。

重庆市当地水资源总量地区分布不均，东部和东南部明显高于中西部，产水系数、产水模数也是东部和东南部明显高于中西部；年际变化较大；年内分布不均，多集中在5—8月，不利于利用。

表1.2-2　重庆市当地水资源总量成果统计表

水资源分区	计算面积（km^2）	降水量（亿 m^3）	当地地表水资源量（亿 m^3）	地下水资源量（亿 m^3）	地下水与地表示重复计算量（亿 m^3）	水资源总量（亿 m^3）	总量占全市比例（%）	产水模数（m^3/m^2）	产水系数
沱江	1 998	20.62	8.34	1.59	1.59	8.34	1.47	41.74	0.40
涪江	4 399	44.57	17.41	3.61	3.61	17.41	3.07	39.58	0.39
渠江	2 134	26.36	15.70	3.32	3.32	15.7	2.77	73.57	0.60
广元昭化以下干流	3 157	34.79	17.20	2.46	2.46	17.2	3.03	54.48	0.49
思南以下	15 794	190.13	120.07	18.32	18.32	120.07	21.15	76.02	0.63
宜宾至宜昌干流	47 914	568.01	326.75	57.00	57.00	326.75	57.55	68.20	0.58
沅江浦市镇以下	4 634	63.51	43.24	9.75	9.75	43.24	7.62	93.31	0.68
丹江口以上	2 371	27.76	19.05	4.44	4.44	19.05	3.36	80.35	0.69
重庆市	82 401	975.75	567.76	100.49	100.49	567.76	100.00	68.90	0.58

从用水情况来看，海拔较高的高山深丘区域，由于其用地破碎、生态环境脆弱，往往分布着较少的城镇、人口、产业和耕地，用水量较少；而山地城市中海拔较低的低山丘陵或坪坝地区往往用地条件好、交通便利、生态环境本底条件好，是人口密集区域，分布着大量城镇、人口、产业和耕地，用水量较大。

从水资源供给来看，一般高山深丘区域水资源利用难度大、取水成本高，局部地区会存在工程性缺水问题；而低海拔的低山丘陵或坪坝地区由于用水需求较大，则是山地城市中人水矛盾最为突出的地区。

从生态环境保护角度来看，一般山地城市的河湖水系、湿地等都是涵养区域水源的重要载体，甚至是区域重要水源或水源发源地。因此，山地城市往往是区域生态环境系统涵养和保护的重点地区，生态位很高。同时，山地区域普遍存在着地质灾害频发、土壤含水层薄、保水能力差等问题，生态环境较为脆弱，保护难度大。在水资源规划利用中，必须从构建区域生态安全格局的角度出发，对山地城市水资源、水环境、水生态系统做全盘考虑。

1.2.4 山地水资源利用

山地城市由于其区位、地势、地形的特殊性，往往作为一个更大区域或流域的重要生态涵养区或生态环境保护屏障，不仅自身水资源禀赋及供给条件特殊，而且在大区域生态系统中生态位较高。因此，山地城市水资源的承载效用具有区域综合和整体的生态性，即涉及更大区域的资源、生态、环境的多样性，附属于更大区域的综合生态效用整体，不能单纯为了自身的经济福利要求而忽视或放弃更大区域的生态、环境效用。

同时，山地城市水资源承载效用成分之间具有竞争性、相互替代性和层次性。所谓效用成分的竞争性，是指由于山地城市水资源供给量的弹性很小，随着水资源稀缺程度的提高，各种用水方式之间的竞争程度将日趋激烈，用水方式之间的竞争本质上是各种需求即各种效用成分之间的竞争，效用成分的竞争性导致各种供水量具有一定的竞争性；所谓效用成分的相互替代性，是指在山地城市水资源可供数量的限制下，水资源各种效用成分会出现相互替代和消长变化，即某一类型的效用成分会部分或全部转变为其他类型的效用成分，从某种角度和程度上说，人类现代社会的发展历程就是用经济社会方面的效用来替代生态环境方面的效用的过程；所谓效用成分的层次性，是指山地城市水资源承载的效用成分并非是同等重要的，而是具有一定的层次性，简言之，就是有基本和非基本之分，这与山地城市生活、生产、生态需求存在着一定的层次性是相对应的。

此外，还应看到，山地城市水资源承载效用成分的相对稀缺性和相对重要性，即人们从中得到的满足程度，是随着时间和经济发展水平的变化而变化的。当经济水平较低时，经济方面的效用和福利的相对重要性较高，随着经济水平的不断提高，生态环境和舒适性服务等方面的效用或福利的相对重要性会相应地不断提升；与此同时，水资源在生态环境方面的效用可获得性表现出反向的变化趋势。当生态环境方面的效用可获得性较高时，可能会偏重于眼前水资源的经济收益，而看不到生态环境效用的未来重要性，往往过度开发水资源和水环境，使山地城市生态环境受到不可恢复的破坏，导致生态环境方面的效用稀缺程度日益提高。

因此，这种特性，常常使山地城市水资源开发利用具有一定的风险。通过以上分析认为，山地城市水资源利用必须注重生态效用的整体性和层次性的内在统一。

同其他城市相比，山地城市在水资源开发利用中应对以下方面进行重点研究：

(1) 山地城市往往位于流域上游，对于下游区域来说，属于重要的生态涵养区和生态环境保护屏障，因此，必须加大水生态环境保护力度，在保障本地水环境安全的同时，努力促进更大区域的生态安全格局构建。

(2) 山地城市水资源分布十分不均衡，且地形地貌极其复杂，局部地区工程性缺水问题突出。同时在山地城市水资源开发利用中，如果规划不当，极易造成水资源配置系统建设成本高且破坏生态环境。因此，在水资源规划中，一方面，应结合当地水资源禀赋和分布条件，强化当地水资源利用，同时因地制宜地对非常规水资源(雨水、再生水等)进行综合利用，切实解决水资源瓶颈问题；另一方面，对投资成本过高、生态环境负面影响过大的大规模、远距离、跨区域调水工程要严格控制，必须经过生态环境影响评价以及经济技术综合论证，再进行合理规划建设。

(3) 山地城市水资源分布极不均衡，地形地貌复杂，会造成局部地区资源性缺水问题严重，因此，在这些地区进行城市建设和产业布局时，必须充分考虑水资源禀赋条件，在水资源和水环境可承载范围内，合理确定城市发展规模，保证区域生态环境健康协调发展。

(4) 山地城市水资源条件差异显著，在水资源配置中应根据不同分区的具体情况，因地制宜、因时制宜地对各分区水资源进行优化配置，尤其是水资源设施规划建设应结合山地地形地势，采取集中与分散、蓄引提、大中小、近远期相结合的规划建设原则。

(5) 前已述及，山地城市往往面临着资源型、工程型、水质型缺水并存的问题，水资源节约利用尤为重要。产业节水是山地城市的重中之重，应针对山地城市的产业结构、产业分布、产业用水特征，通过优化产业结构和布局，严格产业准入政策，大力推广产业节水技术，提高水资源总体利用效率。

1.3 水资源承载能力的理论与研究进展

1.3.1 水资源承载能力的定义及特性

1.3.1.1 水资源承载能力的定义

承载能力(Carrying Capacity)的概念最早应用于自然生态系统,始于19世纪70年代,即承载体为自然系统,但仍停留在自然系统(如河流等)所能运输的物理量(如动物等)层面。在承载能力的众多衍生概念中,生态学领域的承载能力,即生态承载能力(Ecological Carrying Capacity,ECC)较早受到关注。

承载能力原为物理学中的一个指标,是指物体在不产生任何破坏时的最大荷载,具有力的量纲。当人们研究区域系统时普遍借用了这一概念,以描述区域系统对外部环境变化的最大承受能力。随着人类社会经济的发展,全球资源环境问题日趋严重,人们逐渐意识到自然资源是支持地球上生命系统和人类生存发展的物质基础,其质和量都是有限的,它们满足人类现在与未来发展需要的能力也是有限的,承载能力也被发展为现在具有抽象的、广义概念的承载能力,成为描述发展限制程度最常用的概念。

就水资源承载能力而言,“Water Carrying Capacity”这一术语最早出现在1886年*Irrigation Development*一书中,是指美国加利福尼亚州Sacramento与San Joaquin两条河流的最大水量。

在我国,施雅风先生于1989年较早提出了水资源承载能力概念,有关水资源承载能力的专论研究始见于1992年施雅风先生等著的《乌鲁木齐河流域水资源承载能力及其合理利用》。之后,牟海省等、徐中民等、王浩、夏军等国内水资源领域知名专家相继关注并开展了水资源承载能力研究工作。

水资源承载能力(Carrying Capacity of Water Resources)最初主要被用于研究缺水区域特别是干旱、半干旱地区的工农业生产乃至整个社会经济发展时,对水资源供需平衡与环境进行分析评价,它是一个国家或地区持续发展过程中各种自然资源承载能力的重要组成部分,且往往是水资源紧缺和贫水地区支持人口与社会发展的“瓶颈”,对一个国家或地区综合发展和发展规模有至关重要的影响。坚持走可持续发展道路已成为地区和国家社会经济发展的普遍共识,作为水资源安全战略研究和可持续发展研究中的一个基础课题,水资源承载能力研究已引起学术界高度重视。关于水资源承载能力的定义,从不同研究角度出发就有不同的定义,比较完整且具有代表性的主要有水资源支持持续发展能力论和水资源开发规模论或容量论。

水资源支持持续发展能力论认为,水资源的最大开发规模或容量与水资源作为一种社会持续发展的支撑能力比较,范围要小得多,含义也不尽相同,因此将水资源承载能力定义为对经济和环境的支撑能力,即水资源支持持续发展能力论。此种定义最为典型的为王浩等在“九五”国家重点科技攻关项目“西北地区水资源合理开发利用与生态环境保持研究”系统专著《西北地区水资源合理配置和承载能力研究》中定义的水资源承载能力:在某一具体的历史发展条件下,以可预见的技术、经济和社会发展水平为依据,以可持续发展为原则,以维护生态环境良性发展为条件,经过合理的优化配置,水资源对该地区社会经济发展的最大支撑能力。

水资源开发规模论或容量论认为,水资源承载能力是指在一定经济技术水平和社会生产条件下,当不破坏社会和生态系统时,水资源可供给工农业生产、人民生活和生态环境保护等用水的最大能力,或在一定社会技术经济阶段,在水资源总量的基础上,通过合理分配和有效利用所获得的最合理的社会、经济与环境协调发展的水资源开发利用的最大规模,它是一个随着社会、经济、科学技术发展而变化的综合目标。在这个容量下,水资源可以自然循环和更新,并不断地被人们利用,造福于人类,分析水资源承载能力的目的是揭示水资源区域经济和人口之间的关系,合理充分地利用水资源,使经济建设与水资源保护同步进行,促进社会经济持续发展。

以上两种定义的不同点在于考虑问题的角度不同,前者从水资源承载的客体——人类社会经济系统出发,期望从水资源承载能力的真正意义上来描述它,用人口和社会经济规模作为水资源承载能力的指标,比较抽象;后者则从水资源承载的主体——水资源系统出发,试图用一个具体的量,如供水能力,作为水资源承载能力指标,比较直观。两种定义有以下几点是相同的:首先,认为水资源承载能力中,承载的主体是水资源系统,承载的客体是范围较广的人类社会经济系统,或更准确地说,是某一具体状态下可养活的人口及其生活质量;其次,认同可持续发展原则,认为人口、社会、经济、生态、环境与水资源应协调发展,任何基于过度使用资源和破坏环境所取得的瞬间承载量的提高,都被认为是不可接受的承载能力,前者将这一原则明确在定义中,后者则认为承载能力分析的目的是促进可持续发展;再次,强调了生态环境的重要性,后者提出了"生态环境保护用水",前者则提出"以维护生态环境良性循环发展为条件";最后,强调研究水资源承载能力必须进行水资源优化配置,即要对水资源在部门间的分配包括供水结构及用水结构进行调整优化,从而确定水资源对人口及社会经济规模的最大支撑能力。

水资源承载能力的概念从"资源可利用量",到"规模和人口支撑",再到加入"生态支撑",内涵越来越丰富。如阮本青等认为水资源承载能力是一定水资源量直接或间接所能供养的人口数量或经济规模;鲍超等将其定义为水资源约束力,是经济、人口等的约束条件;龙腾锐等定义其为一种最大可持续人均综合效用水平。而随着"虚拟水"概念的提出,以经济、贸易视角研究水资源承载能力开始流行,水资源承载能力的内涵进一步扩大,如定义成水赤字账户等。水资源承载能力的概念至今也没有一个公认、明确的定义,从"资源数量"承载,到"人口规模"承载,再到纳入"生态"承载因素,对水资源承载能力内涵的理解不断丰富,但也造成了目前多标准、多形式、多结果的水资源承载能力定义的现状,这说明对水资源承载能力的认知还不完善,还有研究的空间。

1.3.1.2 水资源承载能力的特性

随着经济社会的快速发展、科学技术的突飞猛进、人民生活水平的日益提高、人类对生态环境越发重视,水资源承载能力具有动态性、相对极限性、不确定性、多样性、客观性和主观性的统一和可增强性等特点。

(1) 动态性

动态性是指水资源承载能力与具体的历史发展阶段有直接联系,不同的发展阶段有不同的承载能力,这体现在两个方面:一是不同的发展阶段,人类开发水资源的技术手段不同,20 世纪 50—60 年代人们只能开采几十米深的浅层地下水,而 90 年代技术条件允许开采几千米甚至上万米深的地下水,现在认为海水淡化费用太高,但随着技术的进步,海水淡化的成本也会随之降低;二是不同的发展阶段,人类利用水资源的技术手段也不相同,随着节水技术和用水方式的不断进步,水的重复利用水平不断提高,人们利用单位水量所生产的产品也逐年增加。承载能力的动态性不仅仅表现为缓慢和渐进的,而且在一定条件下会发生突变。突变可能是由于科学技术的进步、社会结构的改变或者其他外界资源的引入,使水资源承载能力发生跳跃。

(2) 相对极限性

相对极限性是指在某一具体的历史发展阶段,水资源承载能力具有最大和最高的特性,即可能的最大承载指标。当社会经济和技术条件发展到较高阶段时,人类采取最合理的开发利用方式利用水资源,使区域水资源对经济发展和生态保护达到最大支撑能力,此时的水资源承载能力达到极限理论值。此外,水资源承载能力是基于一定历史发展阶段和社会经济发展水平而言的,其极限性是相对的,如果历史阶段发生了改变,那么水资源承载能力也会发生一定的变化,因此,在进行水资源承载能力研究时,必须明确指出水资源承载能力的时间断面。

(3) 不确定性

水资源承载能力不确定性主要是由承载主体——水资源的随机性和承载客体——社会经济和生态环境的模糊性造成的。水资源系统本身受天文、气象、下垫面以及人类活动的影响,造成了水资源系统的随机性,使人们无法预测到它的准确结果。区域经济、环境和水资源系统的复杂性及不确定性因素的客观存在,以及人类对客观世界和自然规律认识的局限性,决定了水资源承载能力在具体的承载指标上存在着一定的模糊性。

(4) 多样性

水资源承载能力的多样性主要体现在承载主体的多样性和被承载模式的多样性两个方面。不同区域的水资源组成是不同的，这决定了承载主体的多样性。被承载模式的多样性也就是社会发展模式的多样性。人类消费结构不是固定不变的，而是随着生产力的发展而变化的，尤其在现代社会中，国家与国家、地区与地区之间的经贸关系弥补了一个地区生产能力的不足，使得一个地区可以不必完全依靠自己的生产能力生产自己的消费产品，因此社会发展模式不是唯一的。如何利用有限的水资源支持适合自己条件的社会发展模式是水资源承载能力研究不可回避的问题。

（5）客观性和主观性的统一

客观性体现在一定时期内，流域或区域水资源系统在结构、功能方面不会发生质的变化，而水资源承载能力是水资源系统结构特征的反映。因而水资源承载能力在水资源系统结构不发生本质变化的前提下，其在质和量这两种规定性方面是客观存在且可以把握的；主观性表现在人类可以通过社会经济活动来有限度地改变水资源承载能力的大小。

（6）可增强性

在人类社会对水资源需求日益增加这种驱动力的驱使下，人们一方面拓宽了水资源质和量的范围，如地下水开采、雨水集流、海水淡化、污水处理回用、洪水资源化等都是水资源利用外延的拓展；另一方面水资源使用内涵的不断添加和丰富，也增强了水资源承载能力，如用水结构的调整和水资源的重复使用量等。刘昌明院士的需水量零增长概念的提出就是在区域水资源量不增加的情况下，水资源承载能力提高的体现，即随着经济的发展，水资源的约束必然会导致需水量出现零增长甚至负增长，但是水资源承载能力的增长是持续的，只是这时增长的形式不以资源量增加的方式表现出来，而出现技术进步型承载能力增长。

1.3.1.3 影响水资源承载能力的主要因素

水资源系统是水资源承载能力的支撑体，区域水资源是由水循环产生的，区域水资源数量的大小无疑是决定其承载能力大小的最主要因素。在区域的水资源数量中，有多少可供人们开发利用，这是水资源承载能力研究的关键问题之一。水资源可利用量为水资源合理开发的最大可利用程度。合理开发是指水资源开发利用要使水资源在自然界的水文循环中可继续得到再生和补充，不致影响到水资源的形成和赋存条件，保持水资源的可持续开发利用，同时还要使生态环境的影响控制在一定的范围之内，防止出现由于水资源无节制的开发利用而给生态环境带来的破坏。影响水资源承载能力的主要因素有：

（1）水资源的数量、质量及开发利用程度。由于自然地理条件的不同，水资源在数量上有其独特的时空分布规律，在质量上也有所差异，如地下水的矿化度、埋深条件等，水资源的开发利用程度及方式也会影响可以用来进行社会生产的可利用水资源的数量。

（2）水环境质量。水资源可利用量受水环境容量和水体自净能力的影响与约束，同时受到水环境质量的影响，污废水的排放及入河污染物的数量直接影响到水资源的有效利用量，影响水资源各项功能的发挥。在人类生活和生产活动的初期，人类活动对水资源的数量影响较小，由于忽视社会经济发展对生态环境的影响，水环境发生恶化。一些地区尽管水资源数量不少，但可供使用的水少，形成“水质型”缺水。因此，水资源的质量状况是影响水资源承载能力的另一重要因素。

（3）生产力水平。不同历史时期或同一历史时期不同地区都具有不同的生产力水平，在不同的生产力水平下，利用单方水可生产不同数量及不同质量的工农业产品，因此在研究某一地区的水资源承载能力时，必须估测现状与未来的生产力水平。

（4）社会消费水平与结构。不同的社会消费水平及结构将影响水资源承载能力的大小。

（5）科学技术。科学技术是生产力，现代历史过程已经证明了科学技术是推动生产力进步的重要因素，未来的基因工程、信息工程等高新技术将对提高工农业生产水平具有不可低估的作用，进而对提高水资源承载能力产生重要影响。

（6）人口与劳动力。社会生产的主体是人，水资源承载能力的对象也是人，因此人口和劳动力与水资源承载能力具有相互影响的关系。

(7) 其他资源潜力。社会生产不仅需要水资源,还需要其他诸如矿藏、森林、土地等资源的支持。

(8) 政策、法规、市场、宗教、传统、心理等因素。一方面,政府的政策法规、商品市场的运作规律及人文关系等因素会影响水资源承载能力的大小;另一方面,水资源承载能力的研究成果又会对它们产生反作用。

1.3.1.4　水资源承载能力机理简析

水资源承载能力的研究对象是水资源,水资源是水资源承载能力的主体,人类及其生存的经济社会和生态环境系统或者更广泛的生物群体及其生存环境是水资源承载能力的客体。水资源开发利用主要包括"量、质、域、流"4个方面,即取用和消耗水资源量、排放和受纳污染物、占用水域空间和开发利用水资源。水资源承载能力受到经济社会系统、水资源系统及生态环境系统的三重约束,如图1.3-1所示。

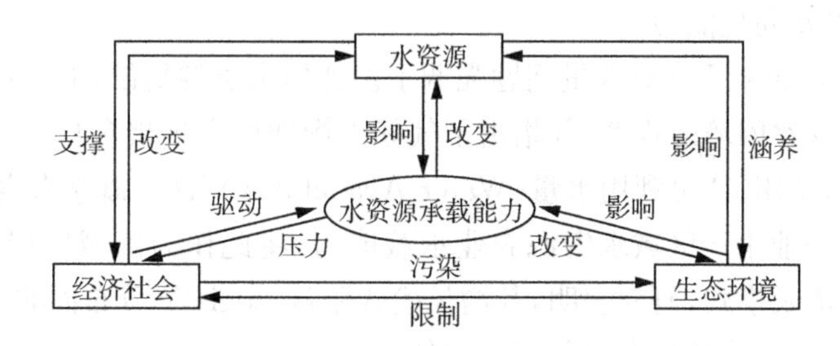

图1.3-1　"经济社会-水资源-生态环境"对水资源承载能力三重约束示意图

水资源系统直接支撑经济社会和涵养生态环境系统,其水循环过程的水资源产生、运移、耗散和排放都与水资源承载能力有关。经济社会过程引起的水资源供需矛盾是对水资源产生的最直接压力,人类通过对水资源的开发利用引起水量的变化,从而产生水量压力;人类活动还通过污染物排放引起水资源质量变化,从而产生水质压力,水量和水质的变化进而影响到水域空间格局的变化和水流更新的状态。水资源承载能力的水量、水质、水域空间、水流四维要素对水资源承载能力的影响主要表现在以下几个方面。

(1) 水量要素:区域取用和消耗的水资源数量(地表和地下可利用的总水量)可达到的最大值主要受以下2个因素限制:一是区域水资源循环再生能力,对于地表水和地下水,主要是指年径流量和补给更新量;二是与取耗水关联的生态环境系统需水量,包括河流生态需水量以及维护湖泊生态水位、地下水生态水位的补给水量等。

(2) 水质要素:区域开发利用的水环境容量许可范围最大值,即可排入水体的污染量阈值,与该地区特有的水循环状态和水体自净能力息息相关。水质保护目标有两方面要求:一是水功能区划;二是维护水生态系统安全性和生物多样性。

(3) 水域空间要素:区域的水体水面、滩涂和滨岸等空间开发利用的许可范围最大值,是水生态系统健康维护的基本因子。水资源承载能力在水域空间维度上主要表现在为河湖湿地提供适宜的空间,对水域空间的占用及其影响控制在规定范围内,既为水生生物和候鸟等预留生存栖息空间,也为区域水循环系统维护和河湖水质净化提供必需的物理基础。

(4) 水流要素:区域河湖水体水流过程被扰动的许可范围最大值,即水流阻隔程度或者流速与流态允许变化的阈值,通常与水力/水能资源的开发程度和开发方式关系密切,具体包括两方面的内涵:一是水系纵向、横向和垂向连通性的阈值;二是水体流速与流态指标的阈值。

1.3.2　水资源承载能力研究进展

1.3.2.1　国外研究现状

目前,国际上大多将水资源承载能力的研究纳入可持续发展理论,对其单项研究较少,或者仅在可持续发展问题中得到泛泛的讨论。国外往往使用可持续利用水量、水资源的生态限度或水资源自然系统的极限、水资源紧缺程度指标等来表述类似的含义，且一般直接指天然水资源数量的开发利用极限。

虽然国际上对水资源承载能力的研究较少，但关于承载能力的研究较多。目前，承载能力概念在人口、自然资源管理及环境规划和管理等领域都得到了广泛的应用和研究。总的来说，国际上除了进行单项承载能力如生物种群承载能力、土地承载能力、旅游承载能力等问题的研究外，大多研究的是承载能力的宏观概念，多限于承载能力的广义研究。其中承载能力研究重点在人口承载能力方面，地球上的各种资源和生产潜力最大能支撑多少人口；在土地承载能力的概念、内涵和量化模型等方面也取得了很多的成果。水资源承载能力是承载能力概念在水资源领域的具体应用，是水资源研究与承载能力的有机结合。虽然国外水资源承载能力单项研究少，但可以吸取其承载能力研究的方式、方法，为水资源承载能力的研究提供参考。

Joardar 等从供水的角度对城市水资源承载能力进行了相关研究，并将其纳入城市发展规划。其研究制定了一系列的指标措施，通过这些措施定量和定性地评估城市地区在供水、污水、排水和固体废物处理等方面的天然资源、人造资源以及同化能力。

Falkenmark M 和 Lundqvist J 针对水量问题强调了由评估水资源短缺的不同方法引起的混乱，根据不同的区域集群讨论了区域缺水困境的程度，并指出了气候干燥地区实现粮食自给自足的局限性以及诸多地区新出现的进口粮食需求，采用了“可利用水量(Water Availability)”这一概念来表达水资源承载能力含义。

Harris 等着重研究了农业生产区域水资源农业承载能力，将此作为区域发展潜力的一项衡量标准；调查了主要谷类作物的产量增长模式，研究表明，其增长模式服从 Logistic 分布而非 Exponential 分布，这种模式与土壤肥力、水供应和养分吸收的生态限制是一致的。

Rijsberman 等在研究城市水资源评价和管理体系中将承载能力作为城市水资源安全保障的衡量标准，提出了一个由四种基本方法组成的系统，以区分所谓的生态、比率、社会和承载能力。

Ngana 等在坦桑尼亚东北部水资源综合管理战略研究中，认为当地的水资源已不能满足用水需求，并分析了其没有得到可持续利用的原因。

Milano 等采用“水资源供需比”评估了埃布罗河流域水资源满足现状与未来需求的能力。

Meriem Naimi Ait - Aoudia 和 Ewa Berezowska - Azzag 采用水资源承载能力的概念，分析了阿尔及利亚的首都阿尔及尔的水资源供需平衡；指出在淡水资源有限的国家，对水资源需求和供应的统筹考虑有助于降低当地供水脆弱性。

Wang 等对武汉城市群水资源现状及承载能力进行了分析；通过建立综合评价模型，量化武汉城市群城市水资源分布和承载能力；采用熵法和协同理论模型计算参数，并采用一系列指标表征武汉城市群水资源承载能力。结果表明，武汉水资源严重短缺、超载，鄂州也有超载的趋势。最后指出，合理规划和利用水资源、调整产业结构、实施严格的节水法规，对保护水资源和城市群经济可持续发展具有重要意义。

1.3.2.2 国内研究现状

水资源承载能力研究是近些年来受到国内学者重视并逐步广泛开展起来的有关人口、资源、社会经济和环境的交叉学科研究。我国自 1978 年实行改革开放政策以来，社会、经济、科技、教育和外交等发生了翻天覆地的变化，人民生活水平大幅度提高。作为迅速发展的工业化经济国家和人口大国，伴随着经济的高速发展，环境污染、资源短缺与人口膨胀等问题日渐明显，人们将重新评估人类赖以生存的自然环境、自然资源究竟能够担负多大规模的人口和经济的发展，承载能力的概念诸如土地承载能力、环境承载能力和水资源承载能力等应运而生。

国内关于水资源承载能力方面研究的文献较多，但目前对于其定义、特征、评价指标以及计算方法还没有统一的认识。在较早的文献中出现过关于承载能力的概念，但我国最早开展水资源承载能力研究是在 1985 年，新疆水资源软科学课题研究组首次对新疆的水资源承载能力和开发战略对策进行了研究，大量水资源承载能力研究的文章还是近几年居多。目前，国内有关研究在概念方面主要集中在广义范围的水资源承载能力(如区域、流域水资源承载能力问题)和狭义范围的水资源承载能力(如城市、地下水、缺水地区、岩溶地区水资源承载能力等)两大类别；在研究方法上主要是单一指标和多目标的指标体系。

水资源承载能力的研究大多是在资源承载能力、环境承载能力等概念的基础上进行延伸和拓展的。承载能力的概念被延展并应用至整个自然界，使得在不同的发展阶段产生了不同的承载能力概念，承载能力概念和意义也发生着相应的变化等。在各种自然资源承载能力研究中，自然资源的不同特性，如可再生资源和不可再生资源，决定了各种自然资源承载能力研究方法既存在着共性，又有很大的差异。

张丽等分析了两种水资源承载能力定义的异同点，根据各种水资源承载能力研究方法的特点，将其概括为三类：① 评价水资源承载能力；② 研究区域某状态下水资源的承载状况；③ 寻求区域水资源最大承载能力，指出了目前水资源承载能力研究取得的成果及存在的问题，并提出了今后的研究方向。

陈洋波和陈俊合首先对国内外水资源承载能力的定义进行了归纳，并提出了一个水资源承载能力的新定义；在此基础上，介绍了水资源承载能力的三种度量指标，即水量指标、人口指标和社会综合类指标；分析了国内外水资源承载能力的综合评价指标体系，并对水资源承载能力计算的定性与定量分析方法进行了评述；对水资源承载能力研究中的有关问题提出了建议。

王友贞等从区域水资源社会经济系统结构分析入手，围绕水资源承载能力研究的核心问题——水资源承载能力评价指标体系，提出水资源承载能力可以用宏观指标和综合指标来衡量。宏观指标从供需平衡角度描述水资源系统能够支撑的经济规模和人口数量；综合指标反映水资源社会经济系统的承载状态和协调状况。与评价指标相适应，建立了水资源承载能力的计算模型与方法。

姚治君等从承载能力研究的根本性问题出发，对水资源承载能力进行了探讨，认为水资源承载能力不再是一个客观内在的值，而是受区域发展目标所影响，随区域发展目标不同而变化，水资源承载能力研究必须将其置于具体的区域发展目标下进行。据此选取目标规划法作为水资源承载能力的量化方法，并以北京市为实例进行论证，分析了北京市在预定发展目标下的水资源承载能力及目标实现状况。

孙富行在全面分析国内外研究现状的基础上，探讨了水资源承载能力分析的必要性和重要意义，研究了水资源承载能力的基础理论和支撑理论，系统地分析和定义了水资源承载能力的概念和内涵，重点探讨了水资源承载能力的定义与量化评价结果的一致性问题，提出了用满足程度或实现概率来表示水资源对人口、社会经济和生态环境承载能力的表达方法，并将生态环境系统由承载条件转变为水资源的直接承载对象。针对量化方法进行了重点研究，提出了用量化指标和承载实现程度来表达水资源承载能力的量化方式，并详细分析和提供了水资源承载能力量化计算方法，有效地解决了水资源承载能力量化以及定义与结果的一致性问题。通过研究水资源承载能力影响因素以及系统模型分析方法，建立了水资源承载能力综合分析模型，确定了水资源承载能力的基础指标量化计算和分类指标体系评价两步骤相结合的综合分析方法，量化指标简单、明确，评价指标全面、综合，静态和动态地表达了水资源承载现状和目标的人口、社会经济和生态环境发展的实现和协调程度。

袁鹰等在分析现有资料的基础上，对水资源承载能力的概念、内涵和基本特性进行了科学界定和归纳，提出水资源承载能力是水资源对经济社会发展支撑的规模，它具有明显的空间内涵和时间内涵；综述了水资源承载能力计算方法的研究进展，将水资源承载能力评价方法分为经验估算方法、指标体系评价方法和复杂系统分析方法；最后指出存在的问题及水资源承载能力研究的发展方向。

景林艳在已有研究成果的基础上，分析了水资源承载能力的定义、内涵、外延及其影响因素。在水资源承载能力评价指标体系建立的基础上，采用集对分析方法和改进的属性综合评价方法建立水资源承载能力综合评价模型，并将其应用到安徽省淮北市水资源承载能力评价中，取得了较为合理有效的结果。

朱运海等在分析与总结已有研究成果的基础上，对水资源承载能力的概念与内涵、国内外研究进展以及评价模型等进行了系统评述，并对水资源承载能力研究中存在的主要问题及其研究方向进行了探讨。

Liu 等通过计算宁波市水资源可利用量、适宜建设土地资源量、大气环境容量（SO_2、NO_2、PM10）、水环境容量[化学需氧量（COD）、氨氮（NH_3-N）]、综合叶面积指数与森林面积、人均国内生产总值（GDP）与环境保护投资占 GDP 比例等 11 项指标，确定了宁波市环境承载能力，为水资源承载能力综合评价提供了经验和借鉴。

崔岩等根据水资源承载能力理论构建了水资源承载能力综合评价指标体系，在此基础上提出了 AHP -

Delphi(层次分析-德尔菲)综合评价方法,对各评价指标的权重进行了分析和计算,确定了评价标准并给出了相应的评分值,并运用综合评价法对郑州市2010年水资源承载能力进行了评价,得出综合评分值为2.8,郑州市处于轻度超载状态。

冯旺在综合分析国内外水资源研究现状的基础上,给出了水资源承载能力的概念,即在现阶段和可预期的将来某段时间内,以可持续发展为前提,对区域内水资源进行开发利用,为当地社会经济、生态环境发展所能够提供的支撑能力。通过对水资源承载能力概念和内涵的研究,运用系统分析理论,建立了综合评价指标选取原则,并提出了AHP-Delphi法用于筛选基本指标,最终建立水资源承载能力综合评价指标体系。基于水资源承载能力综合评价指标体系,建立了综合评价模型,该模型实现了对水资源承载能力综合评价的定量分析与定性描述。相比其他评价模型,它既有更简洁的运算过程,又可以保证评价结果的客观性和准确性。利用建立的综合评价指标体系,对郑州市和鲁山县水资源承载能力进行了实例研究。

李云玲等在对水资源承载能力评价研究现状进行综述的基础上,考虑水量、水质、水生态3个要素,讨论分析了水资源承载能力内涵,从水资源承载负荷和承载能力2个方面出发,构建了水资源承载能力评价指标体系,采用实物量指标对水资源承载能力各因素分别评价,采用"短板法"全面考虑各要素评价结果,进而得到水资源承载能力综合评价结果。

朱双在水资源承载能力评价研究中,针对以往模糊综合评价多采用主观方法确定各评价指标权重的诸多弊端,将信息熵理论客观权重法与层次分析主观权重法相结合,采用基于主客观组合权重的改进模糊可变模型,评价了水资源承载能力等级。在选取评价标准时,为了避免在模糊决策方面广泛应用的最大隶属原则在极端情况下失效问题,引入了可处理不确定性问题的集对分析方法,通过集合间同异反分析,选用联系度系数描述集合间的贴近度。通过对云南水资源系统实例进行计算并对比分析,表明该方法不但结构严谨,而且可信度较高。

李雨欣等以中国的31个省(自治区、直辖市)为研究单元,基于生态足迹模型测算2003—2018年中国省域水资源生态平衡供需情况,并利用自回归积分滑动平均(Autoregressive Integrated Moving Average model, ARIMA)模型预测其未来变化趋势。

沈时等提出了水资源承载能力综合评价的组合权重(Multidimensional Normal Cloud Model, MNCM)法。首先,改进AGA-AHP法以优化专家评价矩阵并确定主观权重,运用熵权法确定客观权重,应用组合权重公式得到评价指标的组合权重;其次,采用多维正态云模型法得到确定度;最后,对评价指标进行了障碍因子诊断。该评价方法考虑了评价过程中存在的模糊性和随机性,能够高效、直观地得到评价结果,并且诊断出指标的障碍度及其时间变化规律,可为水资源承载能力评价方法提供新思路。

我国已取得了一定的研究成果,其历程大致可分为5个阶段(图1.3-2)。

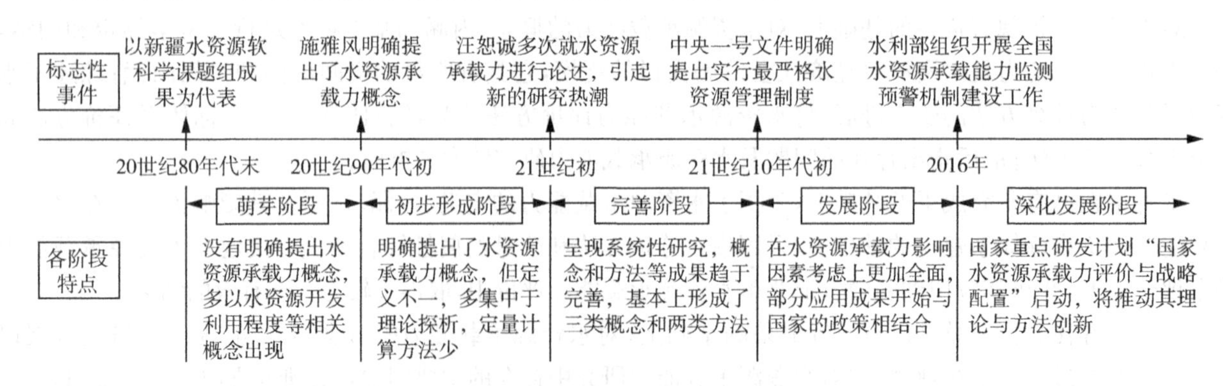

图1.3-2 国内水资源承载能力研究历程

在研究方法方面,资源环境承载能力研究亟待突破承载阈值界定与关键参数率定的技术瓶颈,从分类到综合、从定性到定量、从基础到应用、从国内到国外,发展一套标准化、模式化、计算机化的评价方法。资源环境承载能力评价方法需要在重大科研项目的持续支持下,结合案例研究区不断发展完善。2016年启动了"水资源高效开发利用"重点专项下的"国家水资源承载能力评价与战略配置"项目(编号:

2016YFC0401300），由水利部水利水电规划设计总院牵头负责；2017年“全球变化及应对”重点专项下的“全球变化对生态脆弱区资源环境承载能力的影响研究”（编号：2017YFC0401300），由中国科学院地理科学与资源研究所负责。

1.3.3　水资源承载能力研究存在问题及发展趋势

1.3.3.1　水资源承载能力研究存在的问题

综观以上国内外研究进展可以发现，国际上大多将水资源承载能力的研究纳入可持续发展理论，对其单项研究较少，或者仅在可持续发展问题中得到泛泛的讨论。水资源承载能力的研究在我国较多，近年来在多学科交叉发展的趋势影响下，尤其新技术、新方法的应用，水资源承载能力研究取得了一定的成果和进展，但目前未能形成一个普遍接受的定义和完整的理论体系，对于水资源承载能力内涵、表述、评价方法等仍具有较大的争议。

（1）水资源承载能力大小和状态不统一

虽然水资源承载能力的定义、研究方法、指标体系各式各样，至今却没有统一、公认的定义、理论基础和研究方法。水资源承载能力由于研究问题的复杂性，涉及多学科的基本理论。目前研究者根据自己对水资源承载能力定义和内涵的理解不同，所选取的承载对象不太明确。大多数学者在进行评价研究时集中于水资源承载能力的大小或状态的某一方面，使得水资源承载能力的外延不够清晰和具体，给实际运用带来了一些困难。

（2）概念标准及评价准则不统一

虽然强调“以可持续发展为原则”，但在研究过程中不能明确体现出来，只能根据研究者对可持续发展内涵的理解，隐含在研究过程中，研究者对可持续发展内涵的理解正确与否、程度深浅也无从得知。合理协调各领域及各部门间的用水优化分配问题及人与自然和谐关系问题是维系区域可持续发展的战略关键。已有研究大多轻视水资源优化配置与调控这一重要影响因素。

（3）评价指标体系标准不统一

当前许多指标体系存在两方面问题，一是信息重复性与片面性问题；二是指标模糊性问题。统一、客观、有效、实用的指标体系标准应既能精确反映水资源承载能力大小，又能即时反映水资源-经济-社会-生态环境复合系统的动态变化对承载能力的影响程度。

（4）评价方法存在不同程度的缺陷

由于水资源系统自身的复杂性、随机性和模糊性及其影响因素的多角度性和多层次性等，精确评价水资源承载能力的评价方法还有待进一步探讨。对于背景分析法，很难找到两个自然和社会背景相同或近似的区域；简单定额估算法，仅以估算的用水定额，简单地从供水量和需水量供需平衡计算水资源的最大承载能力，不足以全面反映水资源的承载能力；动态递推法，首先，其定义不符合当前水资源日益紧缺的形势，其次，与目前刘昌明提出的需水量零增长的观点不相符。只有系统性地分析水资源承载能力理论实质、已有成果及相关理论，才能进一步完善区域水资源评价领域。

（5）较少考虑非水资源层面因素的影响

传统的水资源承载能力研究往往以水资源层面为主，对非水资源层面因素对水资源承载能力的影响机理缺乏深入研究。人类社会的可持续发展需要水资源和其他诸如矿藏、森林、土地等资源的共同支持。而目前多是单纯研究水资源的承载能力，忽视其他资源对人类社会经济系统的支撑作用。对于某些地区，尤其是干旱地区，虽然抓住了问题的主要方面，但不可避免地有其局限性。虽然在水资源承载能力的定义中，强调了要以“维护生态环境良性循环”为条件，但在这方面的研究还不够深入，要么粗略估计，要么忽略不计。一方面是对可持续发展、生态环境的重要性认识不足，另一方面是目前在生态需水量这方面的研究还不成熟。随着经济社会发展和技术进步，水资源管理和经济社会领域内的结构调整对水资源承载能力的影响比以往更加明显。而这些因素在评价研究过程中没有得到足够的重视和提出解决问题的方法。

（6）缺乏高效的数据采集、数据整合、数据分析以及空间优化配置手段

缺乏高效的数据采集、数据整合、数据分析以及空间优化配置手段已经成为制约水资源承载能力研究的重要因素之一。然而，现代信息技术又为上述问题的解决带来崭新的机遇。例如，"3S"技术的有机结合，构成了整体上实时动态对地观测、分析和应用的运行系统，为科学研究水资源问题提供了高效的观测手段、描述语言和思维工具。因此，适时引入先进的技术手段，进一步提升数字化水平，必将是未来水资源承载能力研究需要优先解决的问题之一。

1.3.3.2 水资源承载能力研究的发展趋势

水资源承载能力作为一种描述水资源与经济社会、人口和生态环境系统复杂关系的度量工具，其研究在理论和方法上都已取得较大进展，但仍存在一些问题和不足之处，这将是未来水资源承载能力研究的重点。

（1）水资源承载能力的基础理论研究

水资源系统与经济社会、人口和生态环境系统耦合成一个多层次的复杂系统，在可持续发展的框架下，系统、深入地研究水资源承载能力的概念、内涵和系统边界，对建立和完善该领域的理论研究体系具有重要意义。

（2）水资源承载能力量化评价方法的拓展

由于水资源承载能力具有有限性、动态性、多目标性等特点，因此，水资源承载能力的量化过程比较复杂，往往需要考虑水文循环、水量平衡、经济发展、社会变化、环境容量和其他一些不确定因素。因此，单一目标的、静态的水资源承载能力评价模型已不能适应当前发展，建立一套有效的水资源承载能力量化评价模型显得尤为重要，该模型也必将涉及水文水资源科学、地理科学、社会经济科学等多学科的融合和新技术、新方法的引入。

（3）水资源承载能力指标体系的完善与统一

水资源承载能力研究中有大量的定量和定性指标，涵盖工程技术和政策管理的方方面面，所以至今尚未形成一个既能全面准确描述水资源-社会-经济-生态环境系统，又能描述水资源承载能力大小的评价指标体系。这极大妨碍了水资源承载能力量化研究的深入开展，也不利于水资源承载能力的规范性研究。因此，建立与完善统一的、公认的、适合区域特点的水资源承载能力评价指标体系具有现实意义。

（4）水资源承载能力的实践应用

水资源承载能力的研究目前主要应用于水务部门的水资源规划和管理，与其自身特征和经济社会意义并不完全吻合，尤其在城市规划过程中，这一不足更为明显，当前我国城市规划一般侧重于用地承载能力，而水资源承载能力问题一般被视为工程问题，在城市规划后期才有体现，导致部分地区存在取水方式不科学、长距离调水补水等现象。因此，水资源承载能力的研究大量应用于区域发展规划中，对我国当前城镇化发展具有重要指导意义。

（5）加强学科交叉融合的研究

水资源承载能力研究涵盖了从理论到实证，从水-生态-社会-经济复合系统下的二元模式水文循环和水量平衡等宏观领域到水环境容量、植被耗水机理等微观领域，从水文水资源科学到社会经济科学、规划科学等不同层次、不同学科的研究范围，并以多目标决策分析方法、系统动力学方法、遥感与地理信息系统方法等作为技术手段，属于典型的交叉学科研究领域，因此迫切需要加强学科交叉融合的研究。

（6）加强生态需水量的研究

生态需水的研究涉及水文水资源与生态学两学科的内容。对于生态需水，目前还没有明确统一的定义。一般认为生态需水有广义和狭义之分，广义生态需水是指维持全球生物化学平衡，诸如：水热平衡、源汇库动态平衡、生物平衡、水沙平衡、水盐平衡等所消耗的水分；狭义生态需水是指对绿洲景观的稳定和发展及环境质量的维持和改变起支撑作用的系统所消耗的水量，包括：维持天然植被的需水量，维持合理的生态地下水位需水量，维持水体一定稀释自净能力的基流量，防止河流系统泥沙淤积的河道最小径流量，维持河湖水生生物的最小需水量。

在过去的一个世纪，我们以发展经济为重点开发利用水资源，并成功地完成了发展经济和提高人民生活水平的基本目标，但水资源的短缺和不合理的利用也留给新世纪一系列复杂生态问题。在工业化、城市化的进程中对水的竞争使用，一般形成城市用水和工业用水挤占农业用水、农业用水又挤占生态环境用水的割据，造成自然植被衰退，森林草原退化，尾闾湖泊消失，土地沙化、水土流失、灌区次生盐碱化、沙尘暴肆虐，地表地下水体污染、河床淤积、地下水大面积超采、海水倒灌等严重的生态后果，使得有效水资源量减少，水资源短缺越加严重，生态环境急剧恶化，不仅使国民经济遭受了重大损失，并已严重威胁到人类的生存环境，引起了社会各界的广泛关注。

因此，为了实现可持续发展的目标，水资源承载能力研究必须以“维护生态环境良性发展”为条件，科学研究生态环境需水量问题，合理估计和正确计算生态环境需水量，进行水资源的合理配置，在保证生态需水前提下发展经济，协调社会发展与生态环境之间的关系，维护生态平衡。

(7) 技术方法的创新

目前，制约水资源承载能力研究的一个重要因素就是数据的获取及其分析处理。GIS(地理信息系统)可支持与水文和水环境有关的地理空间数据的获取、管理、分析、模拟和显示，在解决复杂的水资源、水环境规划和管理问题方面显示了其强大的功能。水资源承载能力研究必须突破陈旧的数据获取与分析手段，充分利用现代先进技术，将地面水文观测与空中遥感信息相结合，利用地理信息系统进行数值计算和模拟，并将现有水资源承载能力数学模型方法与 GIS 集成，这是水资源承载能力研究取得突破性进展的一个关键所在。

(8) 研究领域的拓展

区域分异和空间配置历来是地理学最重要的优势研究领域。现有的水资源承载能力研究着重研究了水资源可承载的人口和经济社会发展总量规模和结构，这只是表征水资源承载能力大小的一个面上的宏观指标，事实上水土资源与经济社会活动的空间配置状况对水资源承载能力有着极为重要的影响，因此有必要加强空间差异与区域组合研究，以进一步增强水资源承载能力研究成果的适应性。与水资源承载能力密切相关的区域合理配置研究内容包括水土资源空间配置，上、中、下游的城市与产业合理布局，水源保护区区域范围内的人口、产业布局等，在水资源承载能力研究中考虑区域分异与空间配置问题，不但是水资源承载能力研究的一个重要方面——水资源承载能力区域差异研究的需要，也必将使水资源承载能力研究成果对社会实践具有更明确的指导作用。

1.4　研究内容

本书通过评价水资源承载能力，揭示重庆市水资源、区域经济、社会人口、生态环境之间的关系，发现水资源与社会人口、区域经济、生态环境的协调程度，从而对区域水资源的调控制定合适的长远战略，实现重庆市区域水资源的可持续发展。

本次研究以水资源承载能力的基础理论为依据，以提高重庆市水资源支撑力度和可持续利用为目的，所涉及的科学领域包括水文水资源学、经济学、生态环境学、运筹学等诸多学科，研究内容广泛，工作量大。其技术关键点是建立适合重庆市特点的水资源承载能力计算评价指标、模型和方法，具体技术路线见图1.4-1。

基于此，本书在对水资源承载能力内涵的不同观点进行归纳讨论的基础上，提出一种以现状技术与管理水平为基础，切实可行、便于操作的水资源承载能力评价方法，并将该方法应用于案例研究中，以验证评价方法的合理性与可行性。

全书共分为六章。第一章介绍了本书的研究背景及山地城市水文水资源特征，从定义、特性、评价指标体系、评价方法、存在问题和发展趋势等方面论述了水资源承载能力的理论与研究进展。在此基础上，提出了研究目标及内容。第二章论述了山地城市水资源演变与评价。介绍了山地城市水资源特性、径流演变分析方法，并结合具体资料分析；介绍了典型区域的水资源模拟分析，开展了水生态环境状况分析评价。第三章论述了山地城市需水量主要预测方法及其应用情况。总结需水量预测方法，介绍了具体方法的应用情况。第四章论述了水资源承载能力评价指标体系及评价模型，介绍了水资源承载能力评价指标体系构建、影响因素等内容；总结了水资源承载能力评价方法，介绍了具体方法的应用情况。第五章论述了水资源承载能力提升研究。在分析概括山地城市水资源及生态环境主要问题的基础上，提出了水资源配置、水资源承载能力提升措施以及管控措施。第六章论述了水资源承载能力监测预警方案。包括监测方案和预警方案。

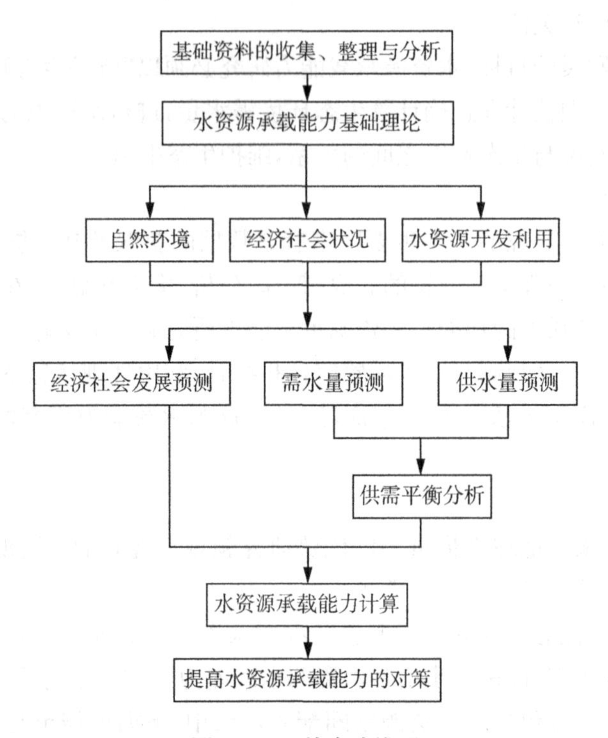

图 1.4-1　技术路线图

第二章　山地城市水资源演变与分析评价

2.1　水资源数量及调查评价

本章以中国典型山地城市重庆市为对象，说明水资源数量调查评价方法，主要数据来自《重庆市水资源公报》《重庆市第三次全国水资源调查评价报告》。

2.1.1　降水量

1. 资料收集

选择重庆市境内和相邻省份资料质量较好、系列较长、面上分布均匀且能反映地形变化影响的雨量站177个，雨量站密度为 505 km^2/站，大部分地区较为均匀。其中资料系列在 50 年以上的有 128 站，占72.3%；40～50 年的有 46 站，占 26.0%；小于 40 年的站仅占总数的 1.7%。

2. 插补方法

根据《全国水资源调查评价技术细则》(以下简称《技术细则》)、《长江流域(片)第三次水资源调查评价工作大纲》的要求，采用直接移用、邻站相关和降水量等值线图内插等方法，对缺测的年降水量系列进行插补延长。

直接移用法：当缺测站与参证站距离很近，具有小气候、地形的一致性时，直接移用参证站的月、年资料。

邻站相关法：缺测站与参证站距离较近，成因一致，相关关系密切，通过建立缺测站与参证站同步系列雨量相关线，来插补缺测站的资料。

降水量等值线图内插法：绘制局部年的降水量等值线图，来插补观测站缺测的降水量。

3. 分区计算方法

在各单站降水量统计分析基础上，以水资源四级区套县为最小单元，采用泰森多边形法、等值线量算法等计算出最小单元的降水深，由降水深乘以所在区域面积计算出最小单元降水量，再由最小单元降水量叠加计算出各区域降水量。

4. 系列代表性分析

评价一个系列的代表性，不仅要看系列的长短，更重要的是要看系列本身的丰枯结构和统计参数的相对稳定程度。若在一个随机系列中，有一个或几个完整的丰枯周期，其中又包含长系列的最大值和最小值，统计参数、C_v、C_s/C_v 相对稳定，则认为这个系列的代表性好。系列代表性分析采用统计参数对比分析、模比系数差积曲线分析。模比系数差积曲线分析是利用每年的年降水量 P_i 和多年平均年降水量 P，计算出各年的降水量模比系数 K_i，再求其差值并逐年依次累加，计算出差积 $C-t$ 曲线，称为差积曲线。

2.1.2　蒸发量

1. 站网情况

重庆市共选取蒸发站 37 个。其中，气象部门 34 个，分布在各区(县、市)府所在地；水文部门蒸发站 3

个。选用的蒸发站点资料质量较好，面上分布比较均匀。

2. 资料情况

气象站点采用的观测仪器为 AM3 型 20 cm 口径蒸发器和 E601 型蒸发器，对于缺测年份，采用相邻且具有同步系列资料的蒸发站点，建立相关关系对缺测年份进行插补，经合理性分析将其补全。

3. 水面蒸发资料折算

(1) 选用资料状况

按《技术细则》要求，以 E601 型蒸发器的蒸发量代表水体的蒸发量，对 20 cm 口径蒸发器的观测值进行折算。

(2) 折算系数的分析选用

$$K_{20}=ZE_{601}/Z_{20} \tag{2.1-1}$$

式中：ZE_{601}、Z_{20}分别为 E601、20 cm 口径蒸发器的年蒸发量(以 mm 计)。

根据所选用的测站比测资料分析，计算的平均折算系数 K_{20}为 0.637 3。

4. 水面蒸发量

(1) 空间分布

重庆市各区县水面蒸发量在 500～1 000 mm。其中，巫山站多年平均年蒸发量最大，达 949.8 mm；合川站多年平均年蒸发量最小，为 567.9 mm，蒸发量地区分布不均匀，呈现从渝西向渝东北逐渐增大的趋势。渝西地区的水面蒸发量在 600 mm 左右，以北碚站为中心；渝东南的水面蒸发量在 700 mm 左右；渝东北的水面蒸发量较大，在 600～1 000 mm，尤其以巫山、奉节一带为最高。

(2) 年际变化

从表 2.1-1 可以看出，最大年水面蒸发量多出现在 2000 年之后，最小年水面蒸发量多出现在 2000 年之前，除秀山站与城口站外，其余代表站 1980—2016 年水面蒸发量均值大于 1980—2000 年水面蒸发量均值；1980—2016 年系列极值与 1980—2000 年系列极值相比，除武隆站外，各代表站均有增大；各代表站 1980—2016 年系列 C_v 值较 1980—2000 年系列 C_v 值变化不明显，蒸发相对稳定，表明重庆市近 16 年来水面蒸发量较 1980—2000 年增大。总体来说，重庆市进入 21 世纪后水面蒸发量增大，主要是受太阳辐射、气温、湿度、风速、压强差等气候条件制约所导致的。

表 2.1-1　蒸发代表站极值及参数对比表

水资源二级区	站点	统计年限	系列极值				系列均值		统计参数 C_v
			最大(mm)	出现时间	最小(mm)	出现时间	极值比	均值(mm)	
岷沱江	潼南	1980—2016 年	833.1	2013 年	521.1	1982 年	1.60	640.6	0.12
		1980—2000 年	717.2	1997 年	521.1	1982 年	1.38	612.8	0.07
嘉陵江	北碚	1980—2016 年	1 005.3	2015 年	569.1	1982 年	1.77	717.6	0.15
		1980—2000 年	813.5	1990 年	569.1	1982 年	1.43	679.1	0.10
长江宜宾至宜昌	万州	1980—2016 年	948.8	2013 年	526.2	1993 年	1.80	702.5	0.14
		1980—2000 年	800.5	1998 年	526.2	1993 年	1.52	656.1	0.12
乌江	武隆	1980—2016 年	943.4	1990 年	621.7	1980 年	1.52	733.0	0.11
		1980—2000 年	943.4	1990 年	621.7	1980 年	1.52	723.5	0.12
洞庭湖水系	秀山	1980—2016 年	849.7	1981 年	536.2	2014 年	1.58	717.3	0.10
		1980—2000 年	849.7	1981 年	642.2	1999 年	1.32	724.4	0.09
汉江	城口	1980—2016 年	770.8	2002 年	488.5	2005 年	1.58	616.2	0.13
		1980—2000 年	749.4	1998 年	550.5	1980 年	1.36	644.7	0.10

5. 干旱指数

干旱指数(r)是反映气候干湿程度的指标，等于该地区水面蒸发量与降水量之比，即干旱指数＝蒸发量/降水量。依据重庆市 37 个蒸发站点的 1980—2016 年系列资料，计算各站各年平均干旱指数。

在重庆市范围内，干旱指数均小于 1，表明重庆市气候属湿润地区。但由于降水年内分配不均匀，季节性干旱严重。从区域来看，合川向东北沿着川渝交界的地区，干旱指数较小；渝东北干旱指数变化较大，为 0.5～0.92；干旱指数最大的地区是巫山县，为 0.92；渝东南地区干旱指数在0.48～0.7，酉阳县最小，为 0.48。

2.1.3　地表水资源量

1. 评价方法

1）单站径流资料的还原

实测径流资料还原采用分项调查还原法，包括农业灌溉、工业和生活用水的损耗量（含蒸发消耗和入渗损失），跨流域引入、引出水量，河道分洪水量，水库蓄变水量。即

$$W=W_1+W_2+W_3+W_4\pm W_5\pm W_6\pm W_7 \tag{2.1-2}$$

式中：W 为天然河川径流量；W_1 为实测河川径流量；W_2 为农业灌溉耗损量；W_3 为工业灌溉耗损量；W_4 为城镇生活用水耗损量；W_5 为跨流域（或跨区间）引水量；W_6 为河道分洪不能回归后的水量；W_7 为大中型水库蓄水变量。在进行耗水量计算时，从水资源公报中获得各个区县的农业、工业、生活用水耗水量，由于各个水文站控制流域横跨多个区县，在计算耗水量时均采用区县面平均耗水量按面积权重进行分配。少部分涉及外省部分区域的耗水量，以邻近市内面平均耗水量代替。

2）单站径流资料的代表性分析

在不同长度系列的统计参数分析过程中都会出现抽样误差，为检验采用同步系列的频率分析能否接近总体分布，应进行系列代表性分析。

径流资料的代表性一般是通过对评价区域具有长系列观测资料（还原）的测站分析来确定的，主要采用差积曲线法和累积年平均值法进行分析。

（1）差积曲线法

差积曲线法（距平累积法）是将每年的径流量或降水量与多年平均值的离差逐年一次累加，然后绘制差积值与时间的关系曲线进行周期分析。

差积曲线法的基本特点是曲线上一个完整的上升段表示一个丰水期，一个完整的下降段则表示一个枯水期，一上一下或者一下一上组成一个周期。当差积曲线表现为一种多峰式的过程，说明年径流量年际丰枯变化频繁，但变幅不大，均值稳定时间较短；当差积曲线表现为一种单半峰或馒头式过程，说明年径流量年际丰枯变化持续时间较长，变幅较大，均值的稳定时间较长。差积曲线图如图 2.1-1 所示。

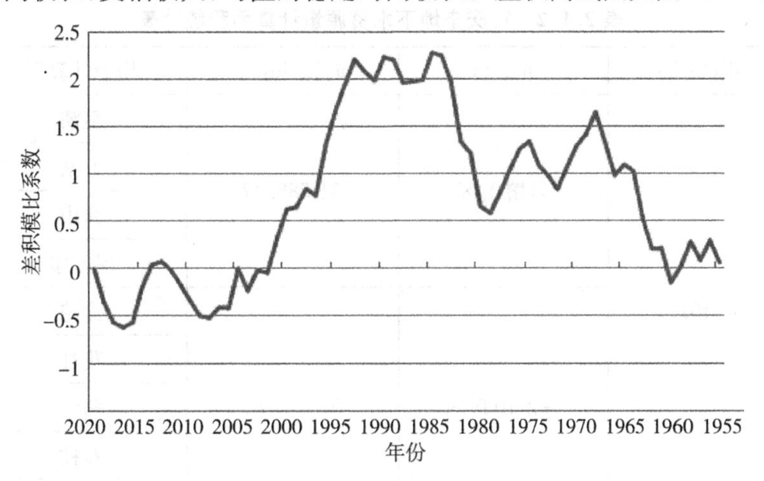

图 2.1-1　差积曲线图

(2) 累积年平均值法

自现状年依次向前,求出1年、2年……的平均值,当累积平均到一定长度时,累积平均值过程线趋于稳定,这时的系列长度相当于径流变化接近一个周期,资料的代表性好。由于径流资料量级过大,一般按其模比系数进行计算。年径流深累积年平均值模比系数过程如图2.1-2所示。

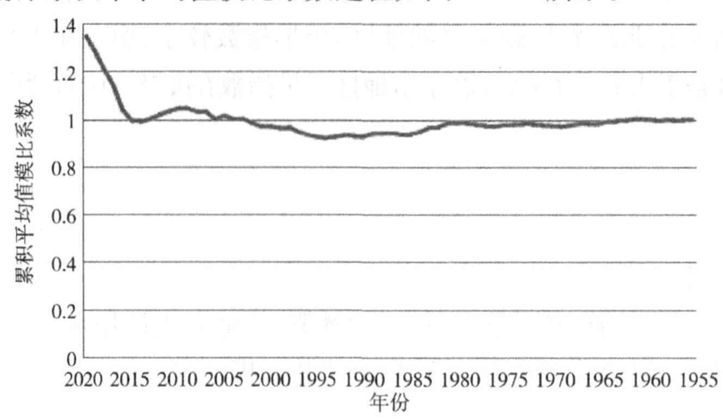

图2.1-2 年径流深累积平均值模比系数过程线

2.1.4 地下水资源量

这里的地下水资源量是指与当地降水和地表水体有直接水力联系、参与水循环且可以逐年更新的动态水量,即浅层地下水资源量。

重庆市地形属山丘区,且地质条件复杂,其中松散岩类占0.8%,基岩占18.6%,碎屑岩类占37.3%,碳酸盐岩类占35.8%,非含水岩组占7.5%。地下水主要由大气降水补给,岩溶区除由大气降水补给外,还由地表水体(如暗河)补给。其运移条件明显受地层、构造与地貌因素制约,一般由山顶至山脚顺坡运移,并于山前坡麓谷地以泉或暗河的形式转化为地表径流,形成地表水汇入江河,地下水位动态变化大,呈现近源补给、就地排泄的运移特征。地下水以蒸发的形式转化为大气降水的量则较少。

1. 基础资料

采用重庆市国土部门1∶500 000比例的水文地质图,12个水文站点的水文气象资料。

2. 评价分区

重庆市地形属山丘区,依据《技术细则》,参照《重庆市水文地质图》,将重庆市划分为山丘区1个Ⅰ级类型区,一般山丘区和岩溶山区2个Ⅱ级类型区。其中岩溶山区主要分布在乌江流域、綦江流域、酉水河流域以及市东北部长江支流片区,面积为31 585.17 km^2;其余地区为由松散岩、基岩、碎屑岩类组成的一般山丘区,面积为50 815.83 km^2。全市共划分为13个均衡计算区。重庆市地下水资源量计算面积统计见表2.1-2。

表2.1-2 重庆市地下水资源量计算面积统计表

Ⅰ级区	面积(km^2)	Ⅱ级区	面积(km^2)	均衡计算区	面积(km^2)
山丘区	82 401	岩熔山区	31 585.17	巫溪	9 362.19
				五岔	4 132.11
				秀山	4 675.38
				保家楼	13 415.49
		一般山丘区	50 815.83	弥陀	3 267.29
				花林	8 752.61
				两河	3 755.99
				石柱	1 655.90
				龙角	9 672.98

（续表）

Ⅰ级区	面积(km^2)	Ⅱ级区	面积(km^2)	均衡计算区	面积(km^2)
山丘区	82 401	一般山丘区	50 815.83	鸣玉	3 920.33
				渝北	15 731.53
				白鹤	979.24
				城口	3 079.95

3. 评价方法与参数

地下水资源量评价主要采用水均衡法，求出评价区多年平均各项补给量、排泄量。多年平均水均衡方程式为：

$$Q_{补}=Q_{排} \tag{2.1-3}$$

式中：$Q_{补}$表示总补给量；$Q_{排}$表示地下水总排泄量。

$$Q_{排}=R_g+Q_{潜}+Q_{侧}+Q_{出露}+Q_{潜蒸}+Q_{开净耗} \tag{2.1-4}$$

式中：R_g为河川基流量；$Q_{潜}$为河床潜水流量；$Q_{侧}$为山前侧向流出量；$Q_{出露}$为未计入河川径流的山前泉水出露总量；$Q_{潜蒸}$为潜水蒸发量；$Q_{开净耗}$为浅层地下水实际开采量的净消耗量。根据重庆市的特点，以上式中的有些项目可根据具体情况做适当的简化。

山丘区以估算多年地下水总排泄量作为地下水资源量。因此，地下水资源量计算可以简化，其中山丘区只计算河川基流量（相当于山丘区降水入渗补给量），并根据重庆市地下水开发利用量很少的实际情况，山丘区地下水资源量计算公式可简化成：

$$W_{地}=R_g \tag{2.1-5}$$

式中：$W_{地}$为地下水资源量；R_g为河川基流量。

选择水文站实测逐日河川径流量资料，点绘流量过程线图，采用直线斜割法计算河川基流量。

2.1.5　水资源总量

1. 计算方法

水资源总量是指当地降水形成的地表径流和地下产水量。地表径流量包括坡面流和壤中流，不包括河川基流量；地下产水量是指降水入渗对地下水的补水量，为河川基流量、潜水蒸发、河床潜流和山前侧渗等各项之和。

根据降水、地表水、地下水的转化平衡关系以及重庆市水资源形成、运移转化机理分析，重庆市水资源总量计算公式为：

$$W_{总}=R+Q_{排}-R_g \tag{2.1-6}$$

式中：$W_{总}$为水资源总量；R为地表水资源量（即河川径流量）；R_g为河川基流量；$Q_{排}$为地下水总排泄量。

重庆市属南方山丘区，采用排泄量法计算地下水资源量，地下水总排泄量等于河川基流量，即$Q_{排}=R_g$。

2. 水资源总量

重庆市多年平均年降水量为 1 184.1 mm，折合降水总量为 975.75 亿 m^3，多年平均地表水资源量为 567.76 亿 m^3。按水资源三级区计算，沱江多年平均地表水资源量为 8.34 亿 m^3，涪江多年平均地表水资源量为 17.41 亿 m^3，渠江多年平均地表水资源量为 15.70 亿 m^3，广元昭化以下干流多年平均地表水资源量为 17.20 亿 m^3，思南以下多年平均地表水资源量为 120.07 亿 m^3，宜宾至宜昌干流多年平均地表水资源量为 326.75 亿 m^3，沅江浦市镇以下多年平均地表水资源量为 43.24 亿 m^3，丹江口以上多年平均地表水资源量为 19.05 亿 m^3。

重庆市多年平均水资源总量为567.76亿m^3，其中地表水资源量567.76亿m^3，地下水资源量100.49亿m^3，重复计算量为100.49亿m^3。全市地表水资源可利用量为151.95亿m^3。重庆市分区多年平均水资源量见表2.1-3，重庆市各区县多年平均水资源量见表2.1-4。

表2.1-3　重庆市分区多年平均水资源量

水资源三级区	面积（km^2）	降水量		地表水资源量（亿m^3）	地下水资源量（亿m^3）	地下水与地表水资源不重复量（亿m^3）	水资源总量（亿m^3）	地表水资源可利用量（亿m^3）
		mm	亿m^3					
沱江	1 998	1 032.3	20.62	8.34	1.59	0	8.34	3.00
涪江	4 399	1 013.1	44.56	17.41	3.61	0	17.41	6.61
渠江	2 134	1 235.1	26.35	15.70	3.32	0	15.70	4.08
广元昭化以下干流	3 157	1 102.1	34.79	17.20	2.46	0	17.20	6.88
思南以下	15 794	1 203.8	190.16	120.07	18.32	0	120.07	27.62
宜宾至宜昌干流	47 914	1 185.5	567.78	326.75	57.00	0	326.75	90.73
沅江浦市镇以下	4 634	1 370.6	63.53	43.24	9.75	0	43.24	8.65
丹江口以上	2 371	1 170.8	27.76	19.05	4.44	0	19.05	4.38
重庆市	82 401	1 184.1	975.63	567.76	100.49	0	567.76	151.95

表2.1-4　重庆市各区县多年平均水资源量

分区	面积（km^2）	降水量		地表水资源量		地下水资源量（万m^3）	水资源总量（万m^3）
		mm	万m^3	mm	万m^3		
万州区	3 457	1 228.3	424 623	645.0	222 977	26 720	222 977
黔江区	2 397	1 260.0	302 022	805.5	193 078	22 090	193 078
涪陵区	2 946	1 124.2	331 189	579.3	170 662	168.3	170 662
渝中区	22	1 064.1	2 341	561.8	1 236	719.3	1 236
大渡口区	94	1 093.1	10 275	435.7	4 096	1 638	4 096
江北区	214	1 042.7	22 314	571.0	12 219	2 931	12 219
沙坪坝区	383	1 075.2	41 180	549.0	21 027	3 392	21 027
九龙坡区	443	1 059.3	46 927	478.8	21 211	2 135	21 211
南岸区	279	1 057.3	29 499	515.6	14 385	5 777	14 385
北碚区	755	1 137.4	85 874	568.1	42 892	20 590	42 892
渝北区	1 452	1 139.6	165 470	586.7	85 189	11 900	85 189
巴南区	1 830	1 081.2	197 860	523.7	95 837	11 130	95 837
长寿区	1 415	1 178.8	166 800	492.2	69 646	15 380	69 646
江津区	3 200	1 070.0	342 400	556.0	177 920	29 630	177 920
合川区	2 356	1 054.2	248 370	477.2	112 428	10 990	112 428
永川区	1 576	1 048.0	165 165	463.3	73 016	26 130	73 016
南川区	2 602	1 067.6	277 790	575.8	149 823	18 670	149 823

（续表）

分区	面积（km^2）	降水量		地表水资源量		地下水资源量（万 m^3）	水资源总量（万 m^3）
		mm	万 m^3	mm	万 m^3		
綦江区	2 182	993.1	216 694	474.7	103 580	12 060	103 580
万盛经开区	566	1 070.1	60 568	557.8	31 571	26 240	31 571
大足区	1 427	1 014.1	144 712	415.1	59 235	6 979	59 235
璧山区	912	1 042.2	95 049	467.2	42 609	10 730	42 609
铜梁区	1 342	1 032.0	138 494	451.6	60 605	13 510	60 605
潼南区	1 585	975.6	154 633	318.5	50 482	8 254	50 482
荣昌区	1 079	1 053.4	113 662	434.8	46 915	45 730	46 915
开州区	3 959	1 317.1	521 440	766.7	303 537	13 670	303 537
梁平区	1 890	1 228.9	232 262	531.7	100 491	32 040	100 491
武隆区	2 901	1 197.3	347 337	787.2	228 367	5 834	228 367
城口县	3 286	1 227.9	403 488	863.7	283 812	68 310	283 812
丰都县	2 901	1 114.7	323 374	584.6	169 592	24 620	169 592
垫江县	1 518	1 193.6	181 188	504.5	76 583	10 340	76 583
忠县	2 184	1 166.6	254 785	517.1	112 935	14 170	112 935
云阳县	3 634	1 252.0	454 977	852.0	309 617	33 050	309 617
奉节县	4 087	1 179.4	482 021	749.6	306 362	76 550	306 362
巫山县	2 958	1 181.7	349 547	811.1	239 923	77 540	239 923
巫溪县	4 030	1 401.9	564 966	1 171.9	472 276	108 600	472 276
石柱县	3 013	1 230.3	370 689	735.0	221 456	23 370	221 456
秀山县	2 450	1 324.9	324 601	852.9	208 961	51 700	208 961
酉阳县	5 173	1 296.3	670 576	867.0	448 499	83 400	448 499
彭水县	3 903	1 261.5	492 363	852.0	332 536	48 250	332 536

2.1.6 水资源开发利用分析

1. 现状供水量

重庆市供水量构成维持地表水源供水量为主的地位，地表水源供水量中，提水工程供水量仍然是主要供水方式，蓄水工程供水量增加明显。

根据《2020 年重庆市水资源公报》，2020 年重庆市总供水量 70.110 1 亿 m^3。按供水水源统计，地表水源供水量 64.536 9 亿 m^3，地下水源供水量 0.998 2 亿 m^3，其他水源供水量 4.575 0 亿 m^3。地表水源供水量中，蓄水工程供水量 29.815 9 亿 m^3，引水工程供水量 6.091 8 亿 m^3，提水工程供水量 28.607 9 亿 m^3，非工程供水量 0.021 4 亿 m^3。2020 年重庆市分区供水量见表 2.1-5。

表 2.1-5 2020 年重庆市分区供水量

单位:亿 m³

水资源二级区	地表水源供水量					地下水源供水量	其他水源供水量	总供水量
	蓄水	引水	提水	非工程供水量	小计			
岷沱江	1.647 4	0.000 3	0.524 8	—	2.172 5	0.095 1	0.053 5	2.321 1
嘉陵江	5.442 8	0.863 3	9.220 6	0.002 0	15.528 7	0.415 9	0.046 7	15.991 3
乌江	2.930 7	0.899 1	1.393 2	0.001 7	5.224 6	0.019 0	0.042 8	5.286 4
长江宜宾至宜昌	18.656 1	3.534 4	17.264 8	0.017 7	39.473 0	0.458 5	4.431 8	44.363 3
洞庭湖水系	1.018 6	0.638 2	0.162 4	—	1.819 2	0.009 7	0.000 2	1.829 1
汉江	0.120 3	0.156 5	0.042 1	—	0.318 9	—	—	0.318 9
重庆市	29.815 9	6.091 8	28.607 9	0.021 4	64.536 9	0.998 2	4.575 0	70.110 1

2. 用水量与用水结构

根据《2020 年重庆市水资源公报》,2020 年重庆市用水总量 70.110 1 亿 m³。其中农田灌溉用水量 20.262 7亿 m³,林牧渔畜用水量 8.692 6 亿 m³,工业用水量为 17.131 8 亿 m³,居民生活用水量 16.650 1 亿 m³,城镇公共用水量 5.702 4 亿 m³,生态环境用水量 1.670 5 亿 m³。2020 年重庆市分区用水量见表2.1-6。

表 2.1-6 2020 年重庆市分区用水量表

单位:亿 m³

水资源二级区	农业灌溉用水量	林牧渔畜用水量	工业用水量	居民生活用水量	城镇公共用水量	生态环境用水量	用水总量
岷沱江	0.961 2	0.302 0	0.187 8	0.637 3	0.139 3	0.093 5	2.321 1
嘉陵江	3.697 3	1.982 2	2.579 6	5.033 2	2.128 0	0.571 0	15.991 3
乌江	2.481 5	0.637 9	0.614 6	1.201 1	0.298 8	0.052 5	5.286 4
长江宜宾至宜昌	12.209 3	5.379 2	13.472 9	9.347 9	3.029 9	0.924 2	44.363 3
洞庭湖水系	0.805 6	0.327 0	0.240 8	0.348 2	0.082 2	0.025 3	1.829 1
汉江	0.107 8	0.064 3	0.036 1	0.082 4	0.024 2	0.004 0	0.318 9
重庆市	20.262 7	8.692 6	17.131 8	16.650 1	5.702 4	1.670 5	70.110 1

3. 现状耗水量

根据《2020 年重庆市水资源公报》,2020 年重庆市总耗水量 40.300 9 亿 m³,综合耗水率 57.5%。其中农田灌溉耗水量 16.148 5 亿 m³,占 40.1%;林牧渔畜耗水(补水)量 7.059 3 亿 m³,占 17.5%;工业耗水量 4.651 7 亿 m³,占 11.5%;居民生活耗水量 8.473 0 亿 m³,占 21.0%。重庆市 2020 年分区耗水量见表 2.1-7。

表 2.1-7 重庆市 2020 年分区耗水量

单位:亿 m³

水资源二级区	农业灌溉耗水量	林牧渔畜耗水量	工业耗水量	居民生活耗水量	城镇公共耗水量	生态环境耗水量	总耗水量
岷沱江	0.773 8	0.250 0	0.017 5	0.358 1	0.067 6	0.072 2	1.539 2
嘉陵江	2.982 6	1.670 2	1.174 9	2.400 9	0.973 6	0.438 9	9.641 1
乌江	2.002 8	0.515 1	0.276 4	0.677 7	0.140 8	0.038 6	3.651 4
长江宜宾至宜昌	9.613 8	4.301 8	3.069 2	4.767 3	1.469 8	0.690 4	23.912 3
洞庭湖水系	0.683 0	0.271 7	0.098 5	0.218 6	0.040 7	0.021 1	1.333 6
汉江	0.092 5	0.050 5	0.015 2	0.050 4	0.011 8	0.002 9	0.223 3
重庆市	16.148 5	7.059 3	4.651 7	8.473 0	2.704 3	1.264 1	40.300 9

4. 用水水平与用水效率

2020 年全市人均综合用水量 219 m^3，万元 GDP(当年价)用水量 28 m^3。农田灌溉亩[①]均用水量319 m^3，农田灌溉水有效利用系数 0.503 7；万元工业增加值(当年价)用水量为 25 m^3。居民生活人均日用水量 142 L，城镇公共人均日用水量 70 L；牲畜头均日用水量 36 L。

从水资源分区看，各水资源二级区中，人均综合用水量最高的是洞庭湖水系，最低的是岷沱江；万元 GDP 用水量最高的是汉江，最低的是岷沱江、嘉陵江；万元工业增加值用水量最高的是汉江，最低的是岷沱江。

受人口密度、经济结构、作物组成、节水水平、气候和水资源条件等多种因素影响，各区县的用水指标值差别较大。从人均综合用水量看，大于或等于 300 m^3 的有长寿区、江津区、万盛经开区 3 个区，小于130 m^3 的有渝中区、沙坪坝区、渝北区、忠县 4 个区县；从万元 GDP 用水量看，大于 50 m^3 的有江津区、城口县、酉阳县 3 个区县。

由重庆市 2005—2020 年用水量变化(图 2.1-3)来看，2011 年用水量达到最高值 86.79 亿 m^3，后面持续减少。2010 年人均用水量达到最高值 299 m^3，后面持续减少。

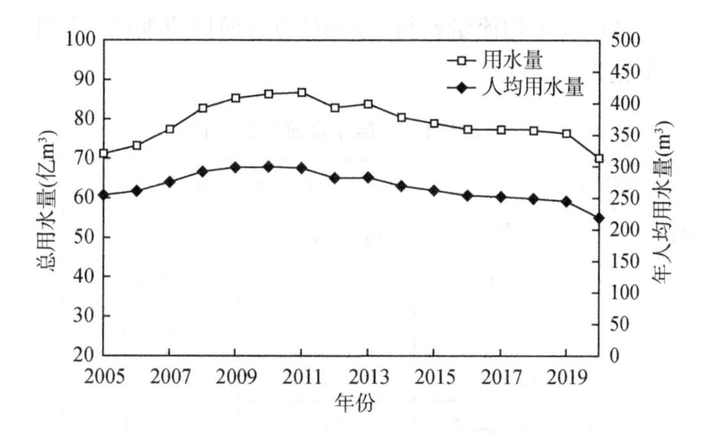

图 2.1-3　重庆市 2005—2020 年用水量变化

分析重庆市 2005—2020 年万元工业增加值用水量、万元 GDP 用水量(图 2.1-4)，可以看出万元工业增加值用水量、万元 GDP 用水量均呈现下降趋势。

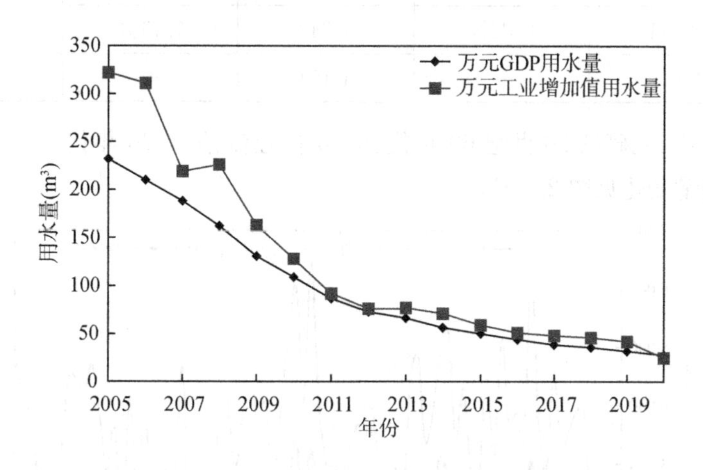

图 2.1-4　万元 GDP 用水量和万元工业增加值用水量变化

① 1 亩≈667m^2。

2.2 山地流域水资源演变分析

山地流域水资源量基本等于地表水水资源量(径流量)。本节以嘉陵江北碚水文站为例,阐述水资源演变分析方法及其应用。

在水资源演化规律方面,特别是降水、径流的年内分配、时间序列的趋势性分析、突变性分析、周期性分析以及空间变异性探索一直是研究的热点。许多学者针对降水、径流的年内和年际变化,以及空间分布上的变异规律对不同的地区和流域做了大量的研究,较深入地探讨了不同区域水循环要素的演化规律。

2.2.1 径流变化的统计特性分析

本节采用统计分析方法,对北碚站径流的年代变化、丰枯变化进行对比分析。

2.2.1.1 径流的年代变化

根据1943—2020年北碚站逐月平均流量资料,分别计算各阶段汛期(5—9月)、非汛期和全年平均流量均值和距平百分率,计算结果见表2.2-1。

表2.2-1 北碚站径流年代变化

时间	汛期平均流量		非汛期平均流量		年平均平均流量	
	均值(m^3/s)	距平值(%)	均值(m^3/s)	距平值(%)	均值(m^3/s)	距平值(%)
1943—1949年	3 463	−4.05%	1 045	−9.45%	2 058	−1.77%
1950—1959年	3 894	7.90%	934	−19.06%	2 174	3.77%
1960—1969年	3 956	9.61%	1 233	6.85%	2 373	13.27%
1970—1979年	3 218	−10.83%	970	−15.94%	1 912	−8.74%
1980—1989年	4 488	24.36%	936	−18.89%	2 424	15.70%
1990—1999年	3 059	−15.24%	826	−28.42%	1 762	−15.89%
2000—2009年	3 008	−16.65%	1 167	1.13%	1 845	−11.93%
2010—2020年	3 711	2.83%	1 243	7.71%	2178	3.96%
1943—2020年	3 609	—	1 154	—	2 095	—

从表2.2-1可以看出,北碚站20世纪60年代、80年代径流偏丰,70年代、90年代和2000—2009年径流偏枯。北碚站平均流量变化见图2.2-1。

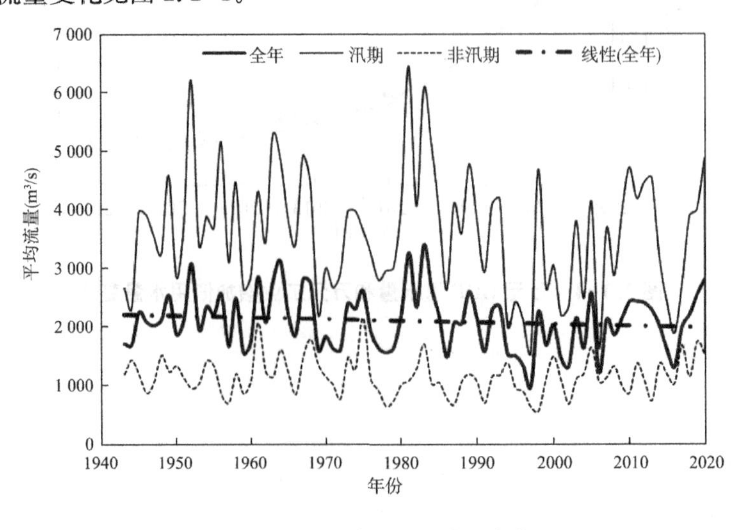

图2.2-1 北碚站平均流量变化

2.2.1.2　径流年内分配变化

径流的变化通常包含“量”和结构的变化。前者通常是指径流总量、流量等数值上的变化；而后者则注重从径流过程线的“形状”上分析，它反映不同时段内径流的比例。径流年内分配特征的标度有多种不同的方法，通常使用较多的有各月(或季)占年径流的百分数、汛期和非汛期占年径流的百分比等。除了上述方法之外，为了进一步定量分析流域水循环的变化，本节采用年内不均匀性、集中程度、变化幅度等不同指标，从不同角度分析径流年内分配特征的变化规律。以下就这些指标的含义及其计算方法作简要介绍。

(1) 不均匀性

由于气候的季节性波动，气象要素如降水和气温都有明显的季节性变化，从而在相当大程度上决定了径流年内分配的不均匀性。综合反映径流年内分配不均匀性的特征值有许多不同的计算方法。本节采用径流年内分配不均匀性系数 Cv 和径流年内分配完全调节系数 Cr 来衡量径流年内分配不均匀性。

径流年内分配不均匀性系数 Cv 的计算公式如下：

$$Cv = \sigma/\overline{R} \tag{2.2-1}$$

其中，$\overline{R}=\frac{1}{12}\sum_{i=1}^{12}R(i)$，$\sigma=\sqrt{\sum_{i=1}^{12}[R(i)-\overline{R}]^2}$，$R(i)$为年内各月径流量；$\overline{R}$ 为年内月平均径流量。可以看出，Cv 值越大，表明年内各月径流量相差越大，径流年内分配越不均匀。

径流年内分配完全调节系数 Cr，在有些文献中也称为径流年内分配不均匀性系数，开始时作为径流完全调节的一种计算，以后移用作年内分配的指标。径流年内分配完全调节系数 Cr 的定义如下：

$$Cr = \sum_{i=1}^{12}\varphi(i)[R(i)-\overline{R}]/\sum_{i=1}^{12}R(i) \tag{2.2-2}$$

$$\varphi(i)=\begin{cases}0, & R(i)<\overline{R}\\ 1, & R(i)\geqslant\overline{R}\end{cases} \tag{2.2-3}$$

(2) 集中程度

集中度 Cd 和集中期 D 的计算是将一年内各月的径流量作为向量看待，月径流量的大小为向量的长度，所处的月份为向量的方向。从1月到12月每月的方位角分别为30°,60°,…,360°，并把每个月的径流量分解为 x 和 y 两个方向上的分量，则 x 和 y 方向上的向量合成分别为 $R_x=\sum_{i=1}^{12}R(i)\cos\theta_i$，$R_y=\sum_{i=1}^{12}R(i)\sin\theta_i$，于是径流可合成为：

$$R=\sqrt{R_x^2+R_y^2} \tag{2.2-4}$$

定义集中度 Cd 和集中期 D 如下：

$$Cd = R/\sum_{i=1}^{12}R(i) \tag{2.2-5}$$

$$D=\arctan(R_y/R_x) \tag{2.2-6}$$

可以看出，合成向量的方位，即集中期 D，指示了月径流量合成后的总效应，也就是向量合成后重心所指示的角度，表示一年中最大月径流量出现的月份。而集中度则反映了集中期径流值占年总径流量的比例。从这个角度看，集中度与通常使用的汛期径流占全年径流的比例有明显相关关系。

(3) 变化幅度

径流变化幅度的大小对水利调节和水生生物的生长繁殖都有重要的影响。变化幅度过大，水资源开发利用的难度相应增加，水利调节的力度就必须相应加强。

本节用两个指标来衡量河川径流的变化幅度，一个是绝对变化幅度(ΔQ)，即最大、最小月河川径流之差；另一个是相对变化幅度 Cm，即取河川径流最大月流量(Q_{max})和最小月流量(Q_{min})之比，定义如下：

$$\Delta Q = Q_{max} - Q_{min} \tag{2.2-7}$$

$$Cm = Q_{max}/Q_{min} \tag{2.2-8}$$

分别计算北碚站各阶段的年内分配特征指标，见表 2.2-2。

表 2.2-2　北碚站径流年内分配特征

时间	不均匀性		集中程度		变化幅度	
	Cv	Cr	Cd	D	Cm	ΔQ
多年平均	3.118	0.366	0.526	7.797	17.267	6192
1943—1949 年	2.933	0.353	0.508	8.001	14.344	5515
1950—1959 年	3.295	0.383	0.556	7.690	18.584	6334
1960—1969 年	3.155	0.372	0.515	8.053	19.648	6965
1970—1979 年	3.121	0.363	0.526	7.840	17.557	5599
1980—1989 年	3.343	0.401	0.583	7.748	20.859	7161
1990—1999 年	2.873	0.335	0.497	7.468	15.082	4889
2000—2009 年	3.067	0.344	0.481	7.857	16.138	5578
2010—2020 年	3.174	0.375	0.513	7.751	15.623	7113
最大值	4.728	0.502	0.704	8.820	34.847	10678
最大值年份	2013 年	2013 年	1981 年	2001 年	1998 年	1998 年
最小值	1.943	0.253	0.247	6.342	4.961	2020
最小值年份	2006 年	2006 年	2006 年	2002 年	2006 年	2006 年

由表 2.2-2 可见，从径流年内分配的不均匀性来看，北碚站 20 世纪 40 年代、90 年代的不均匀性较小，而 50 年代和 80 年代不均匀性较大，其中以 90 年代径流年内分配的不均匀性为最小，而 80 年代最大。从径流年内分配的集中性来看，北碚站的径流年内分配集中度在 40 年代、90 年代和 2000—2009 年较小，而在 50 年代和 80 年代较大，其中以 2000—2009 年径流年内分配的集中度为最小；就集中期而言，北碚站的径流集中期为 7 月底 8 月初。从径流年内变化幅度来看，相对变化幅度和绝对变化幅度都在 80 年代最大，而相对变化幅度 40 年代最小，90 年代绝对变化幅度最小。上述指标的最小值年份大部分在 2006 年，而最大值出现的年份主要为 1998 年、2013 年。北碚站年内分配比例值见表 2.2-3。

表 2.2-3　北碚站年内分配比例年代均值　　单位：%

时间	1 月	2 月	3 月	4 月	5 月	6 月	7 月	8 月	9 月	10 月	11 月	12 月
1943—1949 年	2.0	1.7	1.9	3.6	6.2	11.5	17.6	14.6	20.6	11.9	5.4	3.0
1950—1959 年	1.8	1.6	1.8	3.7	6.9	10.3	22.9	19.9	14.9	8.7	4.7	2.8
1960—1969 年	1.7	1.4	2.0	4.7	8.8	7.3	18.5	13.7	21.4	12.3	5.6	2.7
1970—1979 年	1.8	1.5	1.7	3.9	8.2	10.2	19.5	13.0	19.7	13.1	5.0	2.5
1980—1989 年	1.5	1.3	1.5	3.0	6.6	10.0	23.5	17.8	19.6	8.9	4.1	2.2

（续表）

时间	1月	2月	3月	4月	5月	6月	7月	8月	9月	10月	11月	12月
1990—1999年	2.1	1.8	2.5	4.3	8.6	12.0	22.7	18.2	11.2	8.4	5.5	2.8
2000—2009年	2.5	2.0	2.7	4.0	6.6	10.2	18.8	15.6	16.9	12.9	4.9	2.9
2010—2020年	2.5	2.0	2.5	4.0	5.9	10.2	24.1	15.6	15.5	9.1	5.3	3.2

由表2.2-3可见，北碚站径流年内分配20世纪50年代、90年代为“单峰型”，峰值出现在7月份，其他年代为“双峰型”，峰值分别出现在7月份和9月份。

必须指出，本节只是应用有限的指标来衡量流域控制站径流年内分配的特征及其变化规律。由以上分析结果可以看出，各指标之间存在一定的相关性，但各指标又不能完全相互替代，它们从不同侧面反映了径流年内分配的特性。因此，为了更加科学准确地理解和把握径流的年内分配特征，必须进一步研究更合适的指标和方法。

2.2.2　径流变化的复杂性分析

2.2.2.1　复杂性度量方法

水循环的各个环节及其所依存的载体构成了水循环系统的复杂性。水循环系统是一个复杂的开放的巨系统。根据系统学的原理，系统的整体功能大于其各部分功能之和，即表明系统的内禀是非线性的。按协同论(Synergetics)的观点，组成系统的各要素之间、主系统与各子系统之间既相互依存、相互联系，又相互排斥、相互制约，从而构成了系统的非线性特征。对于水循环过程而言，由于系统的各个组成部分之间的关系错综复杂，不仅存在一阶的作用和响应关系，还存在高阶的影响机制，因此，其在演化过程中表现出明显的非线性。

1）分维与Hurst系数

分形的概念是B. B. Mandelbrot于1975年首先提出的。作为描述系统复杂性、非线性和混沌性特征的一个有效方法，分形的概念在物理、化学、数学、生物、材料和地球科学等领域都得到了应用。分形反映了与几何相关的一类动力学标度类型。它不仅提供了解决如湍流、相变、生长等问题的新途径，还揭示了表面上毫不相关的自然现象中的某些共同的构造原理。目前，分形正在成为混沌理论的主要研究对象。研究水循环要素的分形特征，对认识水循环系统的复杂性及其内在要素间相互作用的非线性以及水循环的演化特征有一定的促进作用。

分形的核心是自相似，而分形的特征量是分维，分维有各种不同的定义，如容量维(D_a)、信息维(D_b)、关联维(D_c)。本节采用Hurst系数的方法来计算水循环要素序列的容量维。Hurst系数(H)的计算是由H. E. Hurst提出的。Hurst在研究埃及尼罗河阿斯旺高坝的蓄水量时发现，水文观测记录组成的时间序列并不服从布朗运动及高斯分布的特征，而表现出一定的相依性。如果某一年的水量较大，次年的水量通常也较大。Hurst发现水文序列的方差与观测时间t有如下关系：

$$\Delta^2 \propto t^{2H} \tag{2.2-9}$$

对于尼罗河，H=0.91，许多河流的H=0.7，而不同于布朗运动的H=0.5。由于$2H$不是整数，所以叫分数布朗运动。不同河流的H值是不同的。Hurst的发现一开始并没有受到重视。十多年后，Mandelbrot分析了这种分数布朗运动及其统计特性，认为它具有普遍意义。研究表明，Hurst系数和容量维存在如下关系式：

$$D_a = 2 - H \tag{2.2-10}$$

2）Hurst系数的计算——R/S法

Hurst制定了一种计算H幂的方法，即调整级差方法(Re-scaled range，也称重标定域法，R/S法)，其具体计算步骤如下：

(1) 对一个时间序列 X 求平均值和标准差，即

$$\bar{x} = \sum_{i=1}^{n} x_i \tag{2.2-11}$$

$$S_n = \sqrt{\frac{\sum_{i=1}^{n} (x_i - \bar{x})^2}{n}} \tag{2.2-12}$$

(2) 计算距离平均值的差值，构成距平序列，即

$$\Delta x_i = x_i - \bar{x}, \quad 1,2,\cdots,n \tag{2.2-13}$$

(3) 对距平系列进行累加计算，构成累加系列，即

$$c_i = \sum_{i=1}^{n} \Delta x_i, \quad 1,2,\cdots,n \tag{2.2-14}$$

(4) 根据累加系列的最大值和最小值计算极差，即

$$R_n = \max(c_i) - \min(c_i) \tag{2.2-15}$$

(5) 计算序列的标准化极差，即

$$R_n^* = R_n / S_n \tag{2.2-16}$$

(6) 计算 Hurst 系数，即

$$H = \frac{\ln R_n^*}{\ln(n/2)} \tag{2.2-17}$$

在 Hurst 系数的计算中[式(2.2-11)至式(2.2-17)]，一般地，H 随时间序列的样本数 n 而变化。由统计分析可知，对于纯随机系列，当时间序列的样本数 n 趋于无穷大时，$H=0.5$。布朗运动的增量之间是相互独立的，因此相互之间的相关系数为零，对应的 $H=0.5$。然而，Hurst 利用 R/S 方法计算了 800 个时间序列(河川径流、季候泥、树木年轮、降水量和气温等)的 Hurst 系数，发现 H 在 0.5～1.0 变化，平均值为0.73。分析认为，造成这种现象的原因可能是：

(1) 序列自相关的存在。由于存在着自相关，只有当 n 趋于很大时，H 才渐进地等于 0.5。

(2) 序列的非平稳性。当 n 相当大时，影响径流、降水等因素的变化会造成序列的非平稳性，此时，序列不再是纯随机序列，因此 H 不等于 0.5。

(3) 序列具有很长的相关结构。也就是说，序列的自相关函数随滞时的衰减非常缓慢，且当滞时很大时，尽管相关系数很小，但却不能忽略。由于相关结构上的这一特性，序列的 Hurst 系数可大于 0.5。

一般可以认为，如果 $H>0.5$，表示波动较为平缓，其变量之间不再相互独立，变量之间呈正相关，即在某一时刻的变量值如果较大，那么在这个时刻之后的变量值也往往是较大的，或者说变量之间有记忆作用，当前会影响未来，而且是正影响，这种现象叫作持续效应(Persistence Effect)。H 幂表示了持续效应的强度，H 从 0.5 变化到 1，则持续效应也越明显。如果 $H<0.5$，则表示波动比布朗运动更强烈，增量之间呈负相关，称反持续效应。Hurst 系数与序列特性表见表 2.2-4。

表 2.2-4 Hurst 系数与序列特性表

Hurst 系数	序列特性
$0<H<0.5$	比布朗运动更强烈，增量之间呈负相关，称反持续效应
$H=0.5$	布朗运动的纯随机序列
$0.5<H<1$	变量之间的记忆作用(持续效应)逐渐增强

2.2.2.2　流量的 Hurst 系数

北碚站径流序列 Hurst 系数如表 2.2-5 所示，对于北碚站径流序列而言，不论是在年尺度上还是在月尺度上，其 Hurst 系数都大于 0.5。

表 2.2-5　北碚站径流序列 Hurst 系数

月份	Hurst 系数	月份	Hurst 系数	统计值	Hurst 系数
1 月	0.798	7 月	0.568	汛期径流	0.718
2 月	0.839	8 月	0.620	非汛期径流	0.701
3 月	0.714	9 月	0.747	全年径流	0.699
4 月	0.672	10 月	0.676	年最大径流	0.689
5 月	0.696	11 月	0.644	年最小径流	0.918
6 月	0.526	12 月	0.782		

北碚站的年最小径流序列的 Hurst 系数最大，说明北碚站的年最小径流具有较强的持续性特征；而 6 月径流 Hurst 系数最小，说明 6 月径流随机性较强。

2.2.3　径流变化的趋势性分析

2.2.3.1　趋势性分析方法

水循环演化的趋势性是指某一水循环要素（如降水或径流）或某一水循环过程朝着特定的方向发展变化，如某地区降水量随着时间推移呈稳定、规则的增长或减少的现象。构成水循环演化趋势性的原因一方面是气候变化，另一方面则是人类活动（用水量增加、土地利用变化等）。序列的趋势性反映了水循环要素演变的总体规律。水循环要素的演变趋势可以通过对水循环要素构成的时间序列的分析得到。

目前，常用的气象水文变化趋势分析方法有线性回归、累积距平、滑动平均、二次平滑、三次样条函数，以及 Mann-Kendall(M-K)秩次相关法和 Spearman 秩次相关法等。Mann-Kendall 秩次相关法、Spearman 秩次相关法等是简单而有效的非参数统计检验法。非参数检验方法亦称无分布检验，同传统的参数方法比较，具有明显的优越性。其优点是不需要样本遵从一定的分布，也不受少数异常值的干扰，计算也比较简便。例如，刘春蓁等用 Mann-Kendall 秩次相关法对近 50 年海河流域山区 20 个子流域的径流及降水的变化趋势进行了显著性检验。秦年秀等选取长江流域重要控制站宜昌、汉口和大通站，分别应用 1882—2000 年、1870—2000 年和 1950—2000 年的月平均流量资料，对年代际、月径流、季节性径流的变化以及径流的变化趋势及突变进行了分析研究，并使用非参数 Mann-Kendall 法来检验径流的趋势变化。徐宗学等用 Mann-Kendall 统计检验方法对黄河源区 13 个气象站点日照、气温、降水、蒸发的分布特征和变化趋势进行了分析。曹建廷等利用 Mann-Kendall 趋势检验法对长江源区直门达水文站的资料进行分析，揭示长江源区年径流量在 1956—2000 年呈微弱的减少趋势。王国庆等利用 Spearman 秩次相关法对黄河中游的无定河流域年径流系数序列进行了趋势检验，结果表明，流域年径流系数存在明显的趋势性。张建云等采用 Manm-Kendall 检验方法研究了 1950 年以来的中国六大江河的年径流量变化情况，结果表明，近 50 年来中国六大江河的实测径流量均呈下降趋势，其中海河、黄河、辽河、松花江实测径流量下降明显。康苗业等选取 1956—2017 年黄河花园口水文站的年径流量与该水文站在引黄入冀补淀工程引水期（每年 11 月至次年 2 月，以下简称引水期）的径流量为基础数据，采用 5 年滑动平均法、Manm-Kendall 趋势检验法检验年径流量、引水期径流量的变化趋势与显著性，采用不均匀系数法分析径流年内分配不均匀性，采用 Manm-Kendall 突变检验法确定径流的突变年份。陈立华等采用 Mann-Kendall 检验法对西江流域控制站洪峰洪量极值的年际趋势性进行分析，结果发现最大 1 d、3 d 洪量，年最大洪峰均呈现上升趋势。

尽管在水文气象时间序列中使用非参数检验方法比使用参数检验方法在非正态分布的数据和检验中更为适合，但是其他参数检验方法也具有方便和简洁易懂的优点。因此，本研究中应用多种方法相结合的途径诊断流域径流的变化情势。

（1）线性回归法

线性回归法通过建立水文序列 x_i 与相应的时序 i 之间的线性回归方程，进而检验时间序列的趋势性，该方法可以给出时间序列是否具有递增或递减的趋势，并且线性方程的斜率还在一定程度上表征了时间序列的平均趋势变化率，其不足是难以判别序列趋势性变化是否显著，这是目前趋势性分析中最简便的方法，线性回归方程为：

$$x_i = ai + b \tag{2.2-18}$$

式中：x_i 为水文序列；i 为相应时序；a 为线性方程斜率，表征时间序列的平均趋势变化率；b 为截距。

（2）Spearman 秩次相关检验

Spearman 秩次相关检验主要通过分析水文序列 x_i 与其时序 i 的相关性而检验水文序列是否具有趋势性。在运算时，水文序列 x_i 用其秩次 R_i（即把水文序列 x_i 从大到小排列时，x_i 所对应的序号）代表，则秩次相关系数 r 为：

$$r = 1 - \frac{6\sum_{i=1}^{n} d_i^2}{n^3 - n} \tag{2.2-19}$$

式中：n 为序列长度；$d_i = R_i - i$ 。

如果秩次 R_i 与时序 i 相近，则 d_i 较小，秩次相关系数较大，趋势性显著。

通常采用 t 检验法检验水文序列的趋势性是否显著，统计量 T 的计算公式为：

$$T = r\sqrt{(n-4)/(1-r^2)} \tag{2.2-20}$$

T 服从自由度为 $n-2$ 的 t 分布，原假设为序列无趋势，则根据水文序列的秩次相关系数计算 T 统计量，然后选择显著水平 α，在 t 分布表中查出临界值 $t_{\alpha/2}$ 。当 $|T| \geqslant t_{\alpha/2}$ 时，则拒绝原假设，说明序列随时间有相依关系，从而推断序列趋势明显；否则，接受原假设，趋势不显著。

统计量 T 可以作为水文序列趋势性大小衡量的标度，$|T|$ 越大，则在一定程度上可以说明序列的趋势性变化越显著。

（3）Mann-Kendall 秩次相关检验

对于水文序列 x_i ，先确定所有对偶值（x_i ，x_j ；$j>i, i=1,2,\cdots,n-1; j=i+1,i+2,\cdots,n$）中的 $x_i < x_j$ 的出现个数 p，对于无趋势的序列，p 的数学期望值 $E(p) = \frac{1}{4}n(n-1)$ 。

构建 Mann-Kendall 秩次相关检验的统计量：

$$U = \frac{\tau}{[\mathrm{Var}(\tau)]^{1/2}} \tag{2.2-21}$$

式中：$\tau = \frac{4p}{n(n-1)} - 1$ ；$\mathrm{Var}(\tau) = \frac{2(2n+5)}{9n(n-1)}$ ；n 为序列样本数。

当 n 增加时，U 很快收敛于标准化正态分布。

假定序列无变化趋势，当给定显著水平 α 后，可在正态分布表中查得临界值 $U_{\alpha/2}$ 。当 $|U| > U_{\alpha/2}$ 时，拒绝假设，即序列的趋势性显著。与 Spearman 秩次相关检验类似，统计量 U 也可以作为水文序列趋势性大小衡量的标度，$|U|$ 越大，则在一定程度上可以说明序列的趋势性变化（增加或减小）越显著。

2.2.3.2 径流变化趋势分析

表 2.2-6 给出北碚站实测径流序列趋势分析的结果。从表中可以看出，北碚站全年、汛期、非汛期径流

均减少。如果给定显著水平 $\alpha=0.05$，$U_{\alpha/2}=1.96$，则北碚站 1、3 月径流显著增加，年最小流量显著减少。北碚站年最小流量变化见图 2.2-2，由图可见年最小流量有明显的减少趋势。北碚站 1 月平均流量变化见图 2.2-3，由图可见 1 月平均流量有明显的增加趋势。

表 2.2-6　北碚站实测径流序列趋势分析结果

测站	秩次相关分析（U 值）	Spearman 分析（T 值）	线性回归斜率（a 值）
1 月	2.235	2.131	1.967 7
2 月	1.689	1.522	1.377 4
3 月	2.859	2.827	2.361 4
4 月	0.449	0.640	−0.322 9
5 月	−0.562	−0.488	−5.797 9
6 月	0.563	0.767	−1.502 4
7 月	−0.378	−0.283	4.840 3
8 月	−1.662	−1.714	−6.286 1
9 月	−1.662	−1.714	−22.455
10 月	−1.724	−1.784	−7.456 4
11 月	−1.257	−1.263	−1.650 0
12 月	−0.642	−0.577	0.168 7
汛期	−1.090	−1.077	−6.240 1
非汛期	−0.677	−0.616	−0.592 3
全年	−1.486	−1.518	−3.046 6
年最大	−0.343	−0.244	−7.940 9
年最小	−6.412	−7.011	−2.6551

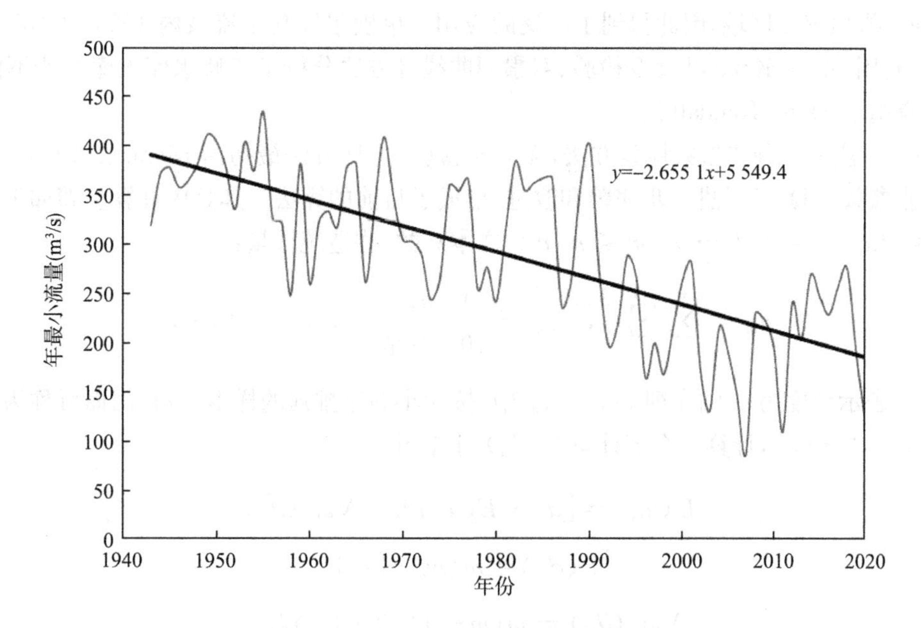

图 2.2-2　北碚站年最小流量变化图

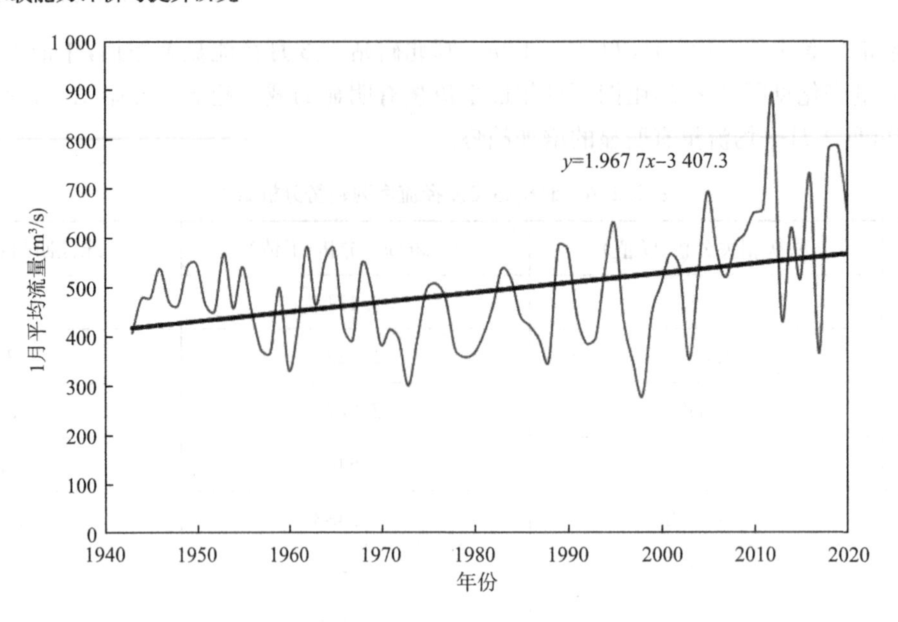

图 2.2-3　北碚站 1 月平均流量变化图

2.2.4　径流变化的突变性

2.2.4.1　突变性诊断方法

突变性也是水循环演化的另一个重要特性，突变现象是一种非线性系统的响应。在非线性系统中，常常表现为系统模型或输出的某个(些)变量发生变化。突变现象不仅在一定程度上揭示了系统的本质，而且对系统的有效调控有重要作用。掌握水循环演变规律，除分析总体趋势外，还必须判断并检验突变发生的时间、次数以及变化幅度。从统计学的角度，可以把突变现象定义为从一个统计特性到另一个统计特性的急剧变化。受气候变化、人类活动等诸多因素影响，水文情势产生变异问题。

突变诊断包括判别突变发生的时间、次数以及变化幅度。目前在突变性分析方面，主要方法包括参数检验方法和非参数检验方法。参数检验方法主要有滑动 t 检验、Gramer's 法和 Yamamoto 法等；非参数检验方法主要有 Pettitt 法、Lepage 法和 Mann-Kendall 法等。由于 Mann-Kendall 法计算简便，而且可以明确突变开始的时间，指出突变区域，因此得到了广泛的应用。单敏尔等基于流域内 1956—2018 年长序列实测径流泥沙资料，利用 Mann-Kendall 突变检验、双累积曲线等方法分析了三峡水库入库水沙不同时段变化规律。本节主要应用了 Mann-Kendall 法。

Mann-Kendall 法是一种非参数检验方法(无分布检验)。该方法最初由 Mann 在 1945 年提出，并用于序列平稳性的非参数检验，经过进一步完善和改进，形成了目前的算法。其具体计算步骤如下：

(1) 对序列 $\{x_t\}$，$t=1,2,\cdots,m$，$m \leqslant n$，n 为样本总数，构造统计量：

$$d_m = \sum_{i=1}^{m}\sum_{j=1}^{i-1} r_{ij}, \quad r_{ij} = \begin{cases} 1, & x_i > x_j \\ 0, & \text{其他} \end{cases}, \quad j=1,2,\cdots,i \tag{2.2-22}$$

其中，统计量 d_m 表示长度为 m 的序列 $x_1,\cdots,x_m$ 中，按大小顺序排列的样本个数，因而可称为顺序统计量。

(2) 令 $m=1,2,\cdots,n$，计算 n 个统计量 $U(d_m)$ 并作图

$$U(d_m) = [d_m - E(d_m)] / \sqrt{\mathrm{Var}\ (d_m)} \tag{2.2-23}$$

$$E(d_m) = m(m-1)/4 \tag{2.2-24}$$

$$\mathrm{Var}\ (d_m) = m(m-1)(2m+5)/72 \tag{2.2-25}$$

此时，$U(d_m)$ (m 固定时)渐进服从 $N(0,1)$ 分布。

(3) 将序列 $\{x_t\}$ 反向构成序列 $\{x'_t\}$ 重复前两步运算，得统计量 $U'(d_m)$，并令

$$U^*(d_m)=-U'(d_m'),\ m'=n-m+1 \tag{2.2-26}$$

(4) 将 $U(d_m)$ 和 $U^*(d_m)$ 画于同一张图上，找出两线的交点，如果该点处的 U 值满足 $|U|<1.96$，则可接受为变点的假设，检验置信水平为 $\alpha=0.05$。

2.2.4.2　径流变化的突变特征

图 2.2-4 给出北碚站年径流突变分析，就年径流而言，北碚站于 1985 年发生了显著的突变。

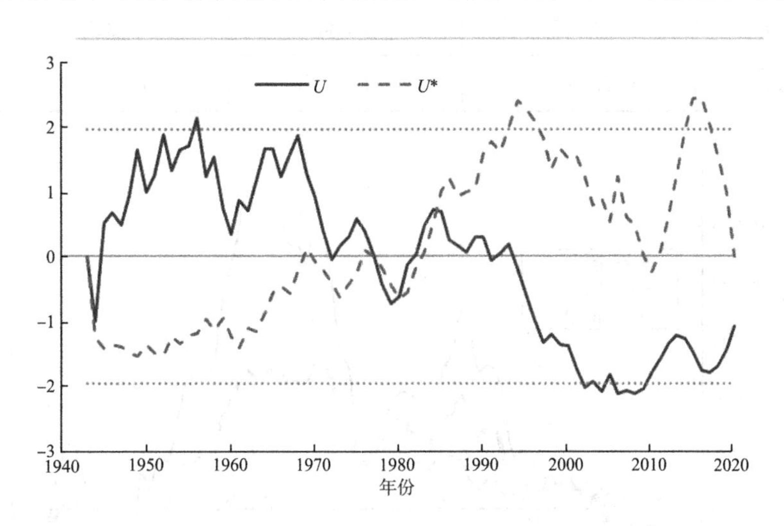

图 2.2-4　北碚站年径流突变分析

2.2.5　径流变化的阶段性

在水循环的演化过程中，常常会出现一段时间内持续多雨、河川径流偏多，而在另一段时间里又持续少雨、河川径流偏少的情形，这种现象就是水循环演化的阶段性。大量研究表明，水循环演化的阶段性是一种普遍的现象。

本节在做径流变化阶段分析时，主要应用累积距平法。

2.2.5.1　累积距平法

累积距平法是一种较常用的判断变化趋势的方法，同时通过对累积距平曲线的观察，也可以划分变化的阶段性。对于时间序列 X，其某一时刻的累积距平表示为：

$$s_t=\sum_{i=1}^{t}(x_i-\overline{x}),t=1,2,\cdots,n \tag{2.2-27}$$

其中，$\overline{x}=\dfrac{1}{n}\sum_{i=1}^{n}x_i$。利用式(2.2-27)可求得 n 个时刻的累积距平值。

2.2.5.2　径流变化的阶段特征

北碚站径流变化的阶段统计值见表 2.2-7，根据累积距平法绘出北碚站径流的累积距平曲线，如图 2.2-5 所示，嘉陵江流域北碚站年径流变化过程大体上可分为以下 4 个阶段：1968 年以前为距平不断增加的阶段，即表明北碚站处于相对丰水期；而 1969 年到 1979 年则为相对少水期，在图中表现为累积距平值呈减少的趋势；而 1980 年到 1992 年则为相对丰水期，在图中表现为累积距平值呈增加的趋势；1993 年到 2007 年则为相对少水期，在图中表现为累积距平值呈减少的趋势。汛期径流变化趋势和年径流基本一致。非汛期径流变化分为 2 个阶段：1975 年以前累积距平值呈增加趋势，而 1975 年以后累积距平值呈减少趋势。

表 2.2-7　北碚径流变化的阶段统计值

时段	1943—1968 年	1969—1979 年	1980—1992 年	1993—2020 年
汛期平均流量(m^3/s)	3 878	3 130	4 285	3 234
汛期平均流量距平(%)	7.45%	−13.27%	18.73%	−10.39%
非汛期平均流量(m^3/s)	1 217	1 143	1 058	1 144
非汛期平均流量距平(%)	5.46%	−0.95%	−8.32%	−0.87%
年平均流量(m^3/s)	2 247	1 884	2 327	1 929
年平均流量距平(%)	7.26%	−10.07%	11.07%	−7.92%

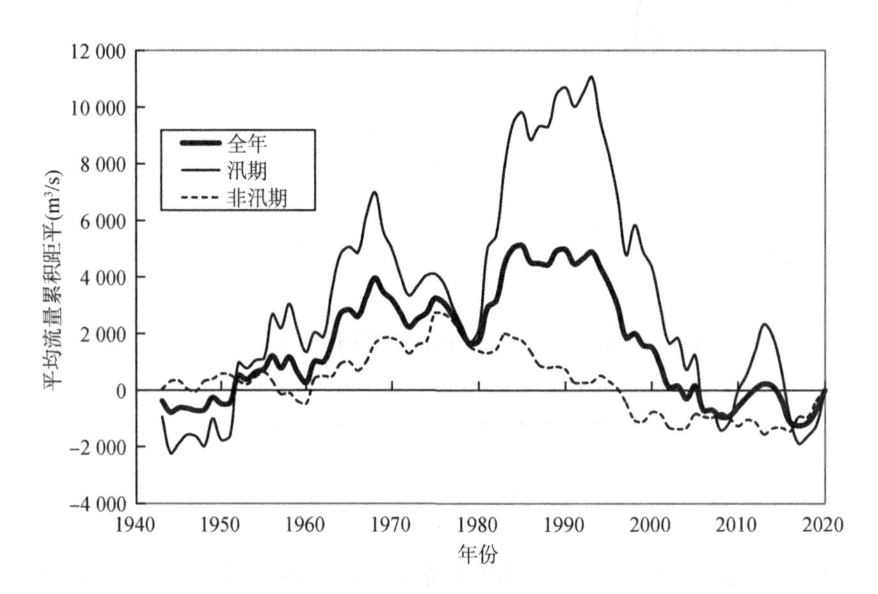

图 2.2-5　北碚站流量累积距平图

2.3　典型区域水资源模拟分析

2.3.1　荣昌区分布式水文模型

为了验证水资源评价的合理性，本节运用分布式水文模型 SWAT 模拟了天然条件下重庆市荣昌区的降水、蒸发、产流、地表汇流和地下汇流过程。

SWAT 模型运行过程较为复杂：第一步，利用处理后的 DEM 进行子流域划分和河网的形成；第二步，结合土地利用、土壤覆盖图和坡度等数据将子流域生成更为均一的水文响应单元(HRU)；第三步，将气象数据加载到模型中；最后运行 SWAT 模型，并查看结果。

SWAT 模型精度评价指标之一为 Nash 模型效率系数 R^2，即

$$R^2 = \{1 - \frac{\sum [Q(t) - QE(t)]^2}{\sum [Q(t) - \overline{Q}]^2}\} \times 100\% \tag{2.3-1}$$

式中：$Q(t)$，$QE(t)$ 分别为实测的和模拟的径流；$\overline{Q}$ 为实测径流平均值。R^2 越大表示模拟精度越高，模拟值越具有代表性。

SWAT 模型第二个精度评价指标是水量平衡相对误差 RE，其计算公式为：

$$RE = \frac{\sum[Q(t) - QE(t)]}{\sum Q(t)} \times 100\% \tag{2.3-2}$$

若 $RE=0$，则模拟值和实测值正好相等，这是模拟最好的情况，属于理想情况，几乎不存在；若 $RE>0$，则说明模拟值大于实测值；若 $RE<0$，表明模拟值小于实测值。误差应该控制在 10%以内。

当模型效率系数 $R^2>50\%$时，说明模型对研究区的模拟是适用的。模型效率系数 R^2 在适用的基础上，还具有一定的评价等级，见表 2.3-1。

表 2.3-1　模型效率系数评价等级

等级评价	甲等	乙等	丙等
R^2	≥90%	70%～<90%	50%～<70%

本节得到的实测数据，只有荣昌区福集水文站的实测数据，所以对福集水文站径流深的月、年数据进行了模拟。由于 2013 年以后有大量降水及其他气象数据资料存在缺测，且验证模型结果的径流资料为 1975—1987 年、2006—2013 年，为保证模型模拟的准确性，采用 1975—1987 年为校准期（1982 年缺测），2006—2013 年为模型验证期。模拟结果见图 2.3-1、图 2.3-2 和表 2.3-2。

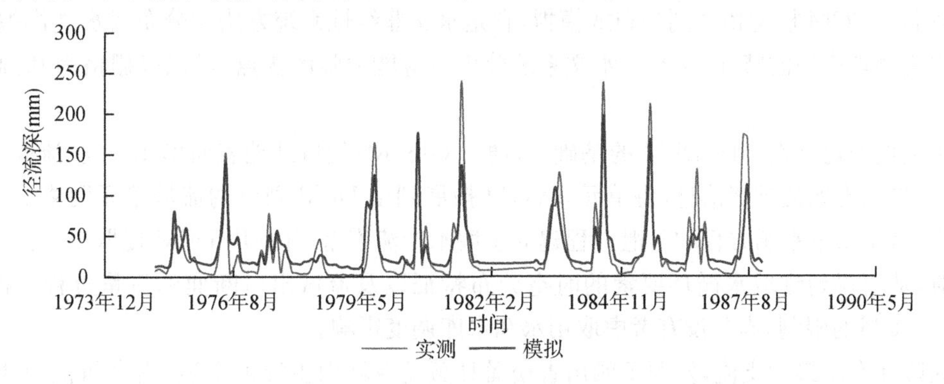

图 2.3-1　福集站月径流深实测值与模拟值对比图（校准期为 1975—1987 年）

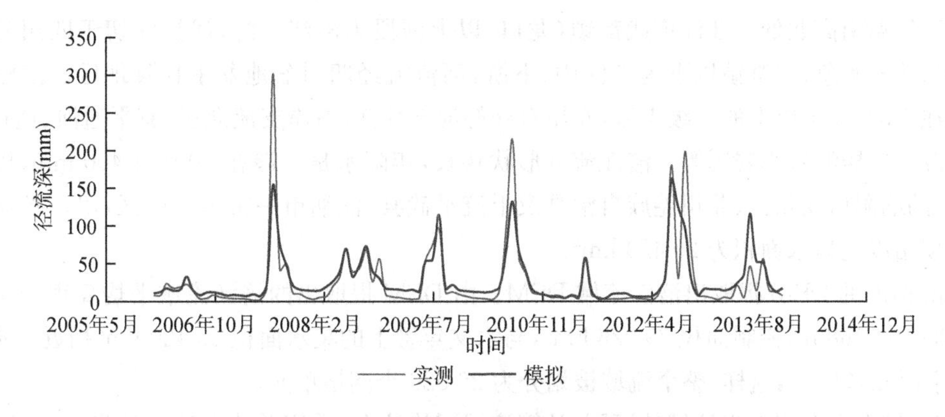

图 2.3-2　福集站月径流深实测值与模拟值对比图（验证期为 2006—2013 年）

表 2.3-2　荣昌区月径流深模拟结果验证

模型阶段	尺度	时间	合计(mm)		R^2(%)	RE(%)
			年均实测值	年均模拟值		
验证	月	2006—2013 年	319.73	347.18	70	8.59
校准	月	1975—1987 年	266.99	259.04	76	−2.98

从校准期与验证期的模拟值与实测值对比可以看出，重庆市荣昌区冬季降水少，径流深只有约 10 mm，夏季径流深基本达到 200 mm 左右。与重庆市亚热带季风气候区的气候一致，该流域雨热同期。校准期模型效率系数 R^2 是 76%，等级为乙等；年均径流深的模拟值为 259.04 mm，比实测值低7.95 mm，相对误差为 −2.98%。验证期模型效率系数 R^2 是 70%，等级为乙等；年均径流深的模拟值为 347.18 mm，比实测值高出 27.45 mm，相对误差为 8.59%。从总体的统计数据可以看出，SWAT 模型对荣昌区径流的模拟基本统一，模型参数设置合理，适于本节的水循环径流过程分析。

在 SWAT 模型构建和参数率定、验证的基础上，对荣昌区 1958—2016 年多年平均的降水、蒸发、地表径流和地下径流通量进行了分析，荣昌区多年平均降水量为 1 047.4 mm，蒸发量为664.9 mm，下渗量为 113.1 mm，径流深为地表径流、地下径流和壤中流之和 381.5 mm，径流系数为0.36。模拟出的各水循环关键过程与实际评价值相差不大，说明本次水资源评价结果比较合理。

2.3.2 涪江流域分布式日径流模型

分布式时变增益水文模型(Distributed Time Variant Gain Model, DTVGM)分为月模型、日模型、小时模型三种。根据 DEM 的精度与流域尺度的实际情况，可以在划分的子流域或网格上计算。本节 DTVGM 日径流模型是基于 DEM 网格单元上的。

DTVGM 将 TVGM 模型拓展到分布式模拟，它是水文非线性系统方法与分布式水文模拟的一种结合，既有分布式水文物理模拟的特征，又具有水文系统分析适应能力强的优点，可以以栅格为基础，也可以以子流域为基础。

分布式水文模型建立在 GIS/DEM 的基础上，通过 GIS/RS 提取陆地表面单元坡度、流向、水流路径、河流网络、流域边界和土地覆被等信息，将单元 TVGM 拓展到由 DEM 划分的流域单元网格上进行非线性地表水产流计算，基于水量平衡方程和蓄泄方程建立土壤水产流模型，并利用 DEM 提取出汇流网格进行分级网格汇流演算，从而得到流域水循环要素的时空分布特征以及流域出口断面的流量过程。模型结构如图 2.3-3所示。受资料的限制，本节没有考虑取用水和水库调度影响。

涪江是嘉陵江右岸最大支流，发源于四川省松潘县黄龙乡岷山主峰雪宝顶，集水面积约 36 400 km²，河长约 670 km。涪江干流由西北流向东南，斜穿四川盆地，于重庆市合川城南汇入嘉陵江。涪江流域属亚热带湿润气候区，气温南高北低。江油市武都镇(龙口)以上河段为涪江上游，河流深切于四川盆地盆周山地崇山峻岭之中，滩多水急；武都镇以下为涪江中、下游，河流流经四川盆地盆中丘陵地区。涪江支流较为发育，流域面积在 1 000 km² 以上的一级支流，左岸有夺补河与梓江，右岸支流众多，有平通河、通口河、安昌河、凯江、妻江、琼江(安居河)、小安溪等。涪江流域形状狭长，年降水量一般在 800～1 400 mm，以位于龙门山西南段东南麓的绵阳市安州区、北川羌族自治县及干流平武县、江油市一带为多雨区，出口控制站为小河坝水文站，小河坝站以上集水面积为 29 420 km²。

根据 1 km 精度的 DEM 提取出涪江流域 DEM。由 DEM 提取出的涪江流域平均高程为 1 159 m，高程变化范围为 250～5 168 m；控制面积 29 026 km²，与水文年鉴上的集水面积 29 420 km² 相近。水文模型计算网格大小采用 1 km×1 km，这样，整个流域被划分为 29 026 个网格单元。

根据涪江流域 DEM，提取出流域的河网，计算流域网格流向(采用单流向法)、地形指数，同时进行汇流网格等级的划分(共划分为 437 级)。

DTVGM 的分布式输入模块包括降水空间分布处理(如果考虑气温因素，还有气温空间分布处理)、土壤湿度空间分布初始化，等等；水文模型计算部分包括网格产流和分级网格汇流。

本节共使用 9 年资料进行模拟：1981 年、1984 年、1987 年、1998—2003 年，其中，1981 年涪江流域小河坝站发生有记录以来的最高水位(237.09 m)，1998 年为其次(232.07 m)，资料来源于三峡水库入库站(寸

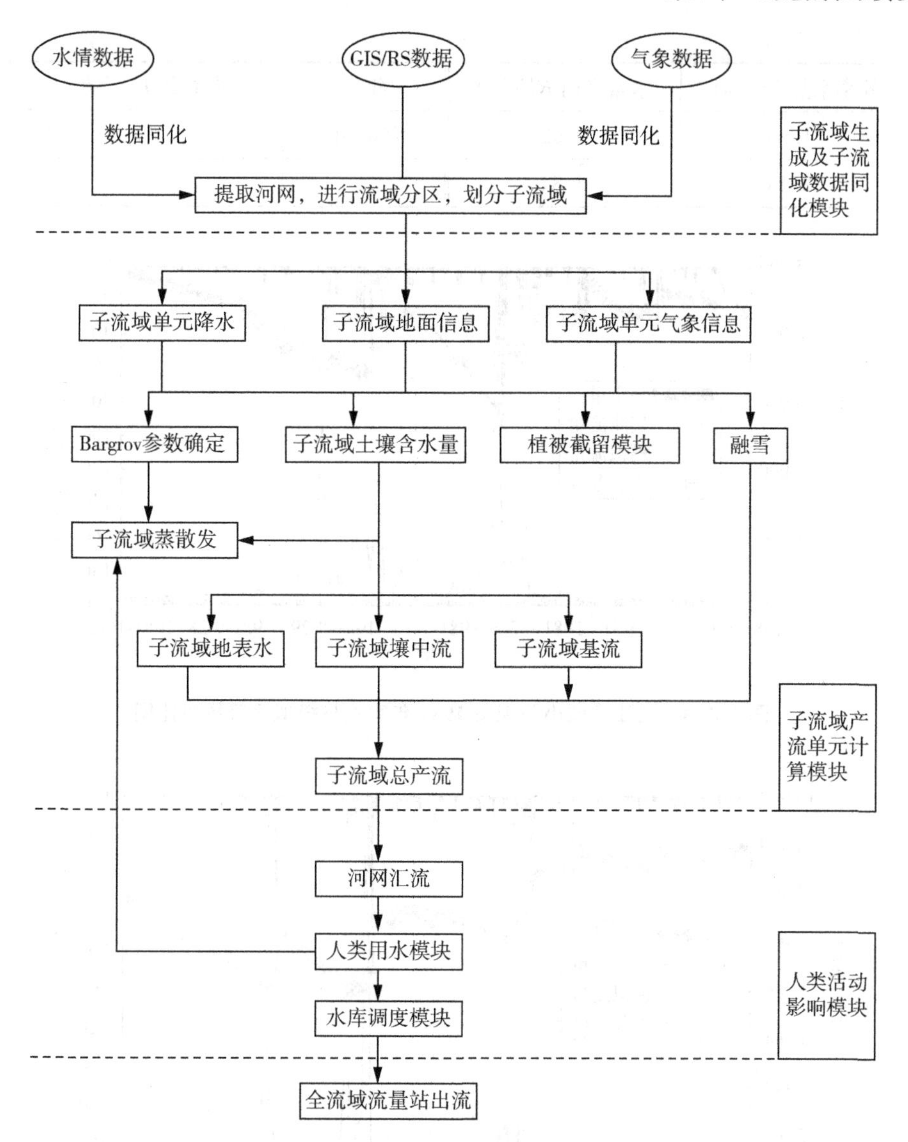

图 2.3-3　DTVGM 模型计算流程图

滩、武隆)流量预报和会商系统①。采用 1981 年、1984 年和 1987 年资料率定模型参数，1998—2003 年资料用于检验。

涪江流域日模型精度见表 2.3-3。其中 5 年的效率系数 R^2 在 75%以上，水量平衡相对误差 RE 都控制在 5%以内。1981 年，$R^2=79.32\%$，$RE=0.00\%$；1998 年，$R^2=81.36\%$，$RE=0.99\%$。1981 年和 1998 年小河坝站模拟与实测日流量对比图如图 2.3-4 和图 2.3-5 所示，模拟流量过程线与实测流量过程线吻合得较好。

由于目前以栅格(1 km)为基础的日尺度 DTVGM 的参数率定采用主观优化方法，模型运行花费时间较长，这可能影响最终的模拟结果。

表 2.3-3　涪江流域日模型模拟精度表

年份	效率系数 R^2(%)	水量平衡 RE(%)	年份	效率系数 R^2(%)	水量平衡 RE(%)
1981 年	79.32	0.00	1998 年	81.36	0.99
1984 年	67.84	−2.21	1999 年	47.38	2.79
1987 年	81.59	3.18	2000 年	81.76	3.12

① 中国长江三峡工程开发总公司梯调中心，湖北一方科技发展有限责任公司：三峡水库入库站(寸滩、武隆)流量预报和会商系统—方案修编技术报告，2006。

（续表）

年份	效率系数 R^2(%)	水量平衡 RE(%)	年份	效率系数 R^2(%)	水量平衡 RE(%)
2001 年	81.54	0.92	2003 年	69.39	−4.76
2002 年	72.13	2.84			

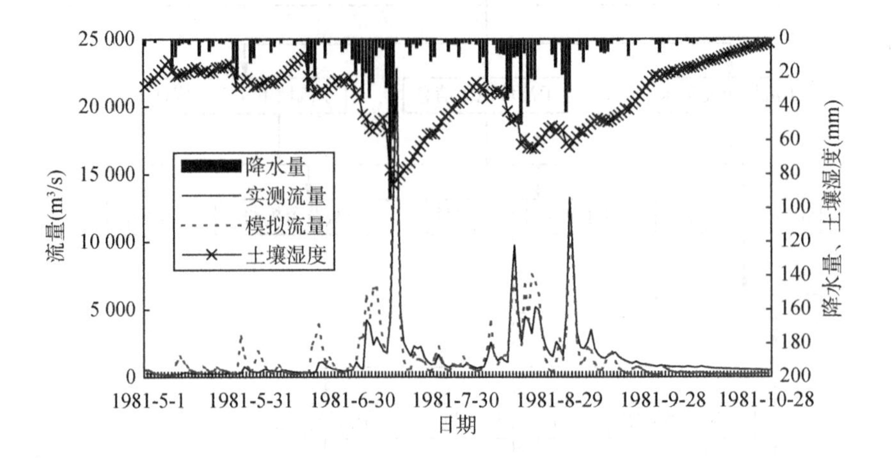

图 2.3-4　涪江流域小河坝站 1981 年实测与模拟日流量对比图

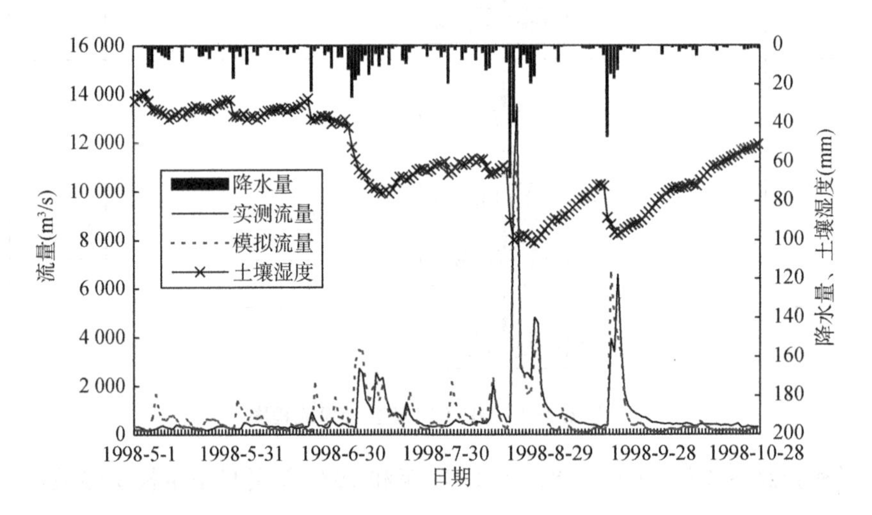

图 2.3-5　涪江流域小河坝站 1998 年实测与模拟日流量对比图

2.4　水生态环境状况分析评价

2.4.1　水生态环境状况分析评价

2.4.1.1　废污水排放量与废污水入河量

根据 2012—2017 年《重庆市水资源公报》，废污水排放量由 24.70 亿 m^3 增加到 25.07 亿 m^3，呈逐年缓慢增长趋势，年均增长率 0.245%。其中，居民生活污水及第三产业污水排放量逐年递增，第二产业废污水排放量逐年减少。详见图 2.4-1。

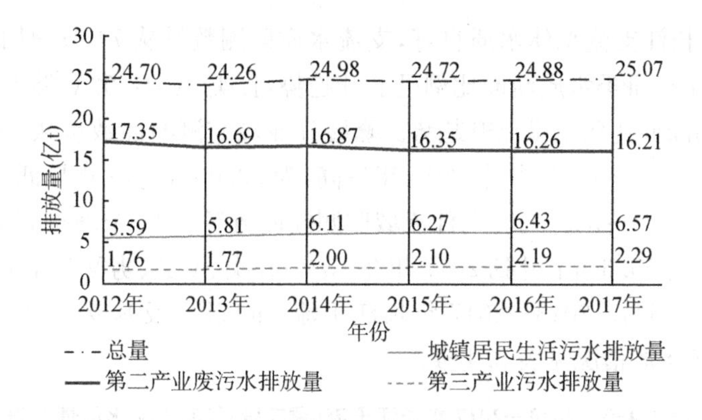

图 2.4-1 重庆市 2012—2017 年废污水排放量变化(数据来源于《重庆市水资源公报》)

2.4.1.2 主要江河及水功能区水质

1) 主要江河水质[①]

截止到 2016 年底,重庆市河流水质良好,91.6%的动态水质为Ⅰ～Ⅲ类,受污染水体仅为 8.4%,无劣Ⅴ类以上水体,重庆市水资源三级区地表水水质情况见表 2.4-1。

表 2.4-1 重庆市水资源三级区地表水水质情况表

水资源三级区	Ⅰ类	Ⅱ类	Ⅲ类	Ⅳ类	Ⅴ类
宜宾至宜昌干流	0.8%	70.3%	19.1%	7.8%	1.9%
思南以下	5.8%	45.6%	48.6%	—	—
涪江	—	32.0%	57.8%	5.1%	5.1%
广元昭化以下干流	—	80.5%	19.5%	—	—
沅江浦市镇以下	—	90.8%	2.3%	6.9%	
沱江	—	3.0%	58.3%	37.6%	1.1%
渠江	7.1%	80.9%	12.1%	—	—
丹江口以上	—	100%	—	—	—

根据 2012—2017 年《重庆市水资源公报》,重庆市主要江河水质稳中向好,2017 年,长江、嘉陵江水质为Ⅱ类,乌江、涪江、渠江水质均为Ⅲ类。2012—2017 年重庆市主要江河水质变化情况见表 2.4-2。

表 2.4-2 2012—2017 年重庆市主要江河水质变化情况表

年份	长江		嘉陵江		乌 江		涪 江		渠江	
	评价河长(km)	评价河段全年期水质	评价河长(km)	评价河段全年期水质	评价河长(km)	评价河段全年期水质	评价河长(km)	评价河段全年期水质	评价河长(km)	评价河段全年期水质
2017 年	647	Ⅱ类	173	Ⅱ类	207	Ⅲ类	112	Ⅲ类	88	Ⅲ类
2016 年	647	Ⅱ～Ⅲ类	173	Ⅲ类	207	Ⅲ类	112	Ⅲ类	88	Ⅲ类
2015 年	647	Ⅲ类	173	Ⅲ类	207	Ⅲ类	112	Ⅲ类	88	Ⅲ类
2014 年	647	Ⅲ类	173	Ⅱ类	207	Ⅲ类	112	Ⅲ类	88	Ⅲ类
2013 年	647	Ⅲ类	173	Ⅱ～Ⅲ类	207	Ⅴ类	112	Ⅲ类	72	Ⅱ类
2012 年	647	Ⅲ～Ⅳ类	173	Ⅱ～Ⅲ类	207	劣Ⅴ类	112	Ⅲ类	72	Ⅲ类

根据 2013—2017 年《重庆市环境质量状况公报》,长江干流(重庆段)总体水质为优,15 个监测断面Ⅰ～

① 重庆市水利发展研究中心,重庆市水文监测总站,重庆市水资源综合事务中心:重庆市第三次全国水资源调查评价报告,2019。

Ⅲ类水质比例为100%。长江支流总体水质良好，支流水质监测数量从74条增加到114条，监测断面数量从139个增加到196个，Ⅰ～Ⅲ类水质断面比例呈上升趋势，Ⅳ类、Ⅴ类、劣Ⅴ类水质断面比例呈下降趋势，水质满足水域功能要求的断面比例也呈上升趋势。嘉陵江流域监测断面数量从29个增加到47个，Ⅰ～Ⅲ类水质断面比例在61.7%～80%波动，其中2015年最高，为80.0%，2016年最低，为61.7%；Ⅳ类、Ⅴ类、劣Ⅴ类水质断面比例之和在20%～38.3%。乌江流域监测断面数量从18个增加到21个，Ⅰ～Ⅲ类水质断面比例大幅上升，从2013年的55.6%上升到2017年90.5%；Ⅳ类、Ⅴ类、劣Ⅴ类水质断面比例之和从2013年的44.5%下降到2017年9.5%。2013—2017年长江干流（重庆段）及其支流水质情况见表2.4-3，2013—2017年嘉陵江及乌江流域水质情况见表2.4-4。

表2.4-3　2013—2017年长江干流（重庆段）及其支流水质情况表

年份	长江干流（重庆段）			长江支流								
	总体水质	监测断面（个）	Ⅰ～Ⅲ类水质比例	总体水质	河流条数（条）	监测断面（个）	Ⅰ～Ⅲ类水质断面比例	Ⅳ类	Ⅴ类	劣Ⅴ类	水质满足水域功能要求的断面比例	库区36条一级支流72个断面水质呈富营养化的断面比例
2017年	优	15	100%	良好	114	196	82.6%	9.7%	3.6%	4.1%	86.7%	27.8%
2016年	优	15	100%	良好	113	196	79.1%	11.7%	4.6%	4.6%	83.7%	33.3%
2015年	优	15	100%	良好	79	146	81.5%	10.3%	4.1%	4.1%	88.4%	33.3%
2014年	优	15	100%	良好	79	146	77.4%	13.0%	6.2%	3.4%	86.3%	44.4%
2013年	优	15	100%	良好	74	139	73.4%	15.8%	5.0%	5.8%	82.0%	36.1%

注：数据来源于《重庆市环境质量状况公报》。

表2.4-4　2013—2017年嘉陵江及乌江流域水质情况表

年份	嘉陵江流域					乌江流域				
	监测断面（个）	Ⅰ～Ⅲ类水质比例	Ⅳ类	Ⅴ类	劣Ⅴ类	监测断面（个）	Ⅰ～Ⅲ类水质比例	Ⅳ类	Ⅴ类	劣Ⅴ类
2017年	47	68.1%	10.6%	8.5%	12.8%	21	90.5%	9.5%	—	—
2016年	47	61.7%	17.0%	4.3%	17.0%	21	90.5%	4.8%	4.7%	—
2015年	30	80.0%	3.3%	10.0%	6.7%	19	78.9%	10.5%	5.3%	5.3%
2014年	30	73.3%	10.0%	10.0%	6.7%	19	78.9%	10.5%	5.3%	5.3%
2013年	29	69.0%	17.2%	3.4%	10.3%	18	55.6%	5.6%	22.2%	16.7%

注：数据来源于《重庆市环境质量状况公报》。

2）主要江河水质变化趋势[①]

水质变化趋势分析采用中国水利水电科学研究院水环境研究所彭文启教授基于Mann-Kendall趋势检验方法开发的PWQ Trend 2010水质趋势分析专业软件进行数据分析并给出评价结论。

根据《地表水资源质量评价技术规程》（SL 395—2007），水质站水质变化趋势的显著性根据显著性水平（α）确定：

（1）$\alpha \leqslant 1\%$，水质变化（浓度变化）趋势高度显著；

（2）$1\% < \alpha \leqslant 10\%$，水质变化（浓度变化）趋势显著；

（3）$\alpha > 10\%$，水质变化（浓度变化）无趋势。

上述显著性水平结合浓度变化方向，水质变化（浓度变化）趋势评价结论共5类：高度显著上升、显著上升、无明显升降趋势、显著下降、高度显著下降。

① 重庆市水利发展研究中心，重庆市水文监测总站，重庆市水资源综合事务中心：重庆市第三次全国水资源调查评价报告，2019。

重庆市 14 个流域 15 条重点河流的 79 个水功能区中，高锰酸盐指数（COD_{Mn}）高度显著上升 5 个、显著上升 5 个、无明显升降趋势 44 个、显著下降 13 个、高度显著下降 12 个，相应占比为 6.3%、6.3%、55.7%、16.5%、15.2%；氨氮（NH_3-N）高度显著上升 9 个、显著上升 10 个、无明显升降趋势 41 个、显著下降 10 个、高度显著下降 9 个，相应占比为 11.4%、12.6%、51.9%、12.6%、11.4%，表明重庆市境内 14 个流域 15 条重点河流的 79 个水功能区除少部分河段外，高锰酸盐指数（COD_{Mn}）和氨氮（NH_3-N）2 个水质指标总体保持稳定并有所改善。

长江三峡水库的 38 个水功能区中，高锰酸盐指数（COD_{Mn}）高度显著上升 0 个、显著上升 1 个、无明显升降趋势 20 个、显著下降 11 个、高度显著下降 6 个，相应占比为 0%、2.6%、52.6%、28.9%、15.8%；氨氮（NH_3-N）高度显著上升 5 个、显著上升 3 个、无明显升降趋势 17 个、显著下降 5 个、高度显著下降 8 个，相应占比为 13.2%、7.9%、44.7%、13.2%、21.0%，表明长江三峡水库整体水质中高锰酸盐指数（COD_{Mn}）改善明显，氨氮（NH_3-N）保持稳定并有一定的改善。值得注意的是，氨氮高度显著上升的水功能区主要集中在嘉陵江段，嘉陵江干流及其支流的氨氮污染应当引起重视，加强污染治理。

2.4.2　水电开发的河流健康评估

山地流域修建了众多水电站，因此有必要对水电开发的河流进行健康评估。

河流水系是地表水资源的主要载体，是维系生态系统健康的重要因子，有效保护、合理利用水资源，不仅关系到水资源的可持续利用，也关系到流域整体生态安全和经济社会的可持续发展。河湖健康作为河湖管理的一种评估工具，其目的是建立一套河湖生态系统评估体系。河湖健康概念包含了对人类合理开发河湖现实的承认，在生态保护与水资源开发之间寻求平衡点，从而满足人们对河湖管理工具的新要求，也将服务于河湖管理。

水电梯级开发在带来经济及社会效益的同时，对河流生态系统健康状态产生了不利影响，如何平衡水电梯级开发和河流生态系统健康之间的关系对流域管理和河流可持续发展尤为重要，因此，研究水电梯级开发条件下的河流健康状况具有重要意义。

国外自 20 世纪 80 年代起开始开展河流、溪流、湖泊的健康评价工作，在开发利用河流的同时，尤其重视河流的保护工作，因此河流受扰动程度相对较小，且已建立符合各国地域特点的评价体系和标准。我国研究人员在借鉴国外的评价方法的基础上，进行了大量河流健康评价实践，如陈俊贤等以河流可达到的最佳状态为参照，用百分制赋分法评价了西南某梯级开发河流的生态健康；为了解决评价过程中主观性太强问题，我国学者将数学模型应用于河流健康评价中，结合水文、物理结构、水质、生物和社会服务功能等方面综合评价河流的健康状况。

目前，虽然针对我国水电开发下的河流健康评价研究较多，但评价研究主要集中于评价方法的改进和评价标准的确定，缺乏对水电开发前后的河流健康状况的研究，针对梯级水电开发前后的河流健康评价研究更为少见。

山区性河流段由于受沿岸乡镇发展制约，水电开发利用方式全部为低水头、河床式开发。本节评价水电梯级开发前后的河流健康状况，研究结果可为河流生态修复提供参考。

2.4.2.1　评价指标

（1）水文指标

梯级开发改变了河流的径流过程，因此，选择流速、水温、生态流量保障度等指标的变化来表征梯级水电开发对河流水文过程的影响。

水位和流量数据来自各电站调度资料和水文站的多年监测资料，由此分析流速变化情况。

水温资料选取各水电站附近的水质监测资料，同时收集气象站历年逐月气象要素统计成果。

生态流量保障程度表示保障流域生态系统结构和功能稳定性而必须维持某一流量过程的能力，计算以河流开发前的多年平均径流量为基准。

(2) 化学指标

本节主要收集水文站水质观测资料和水电站水质监测资料，采用溶解氧(DO)、总氮(TN)、总磷(TP)、五日生化需氧量(BOD_5)、化学需氧量(COD)的浓度变化表征河流的化学状况，并依据《水和废水监测分析方法》进行水质采样和实验分析。其中，DO由多参数水质监测仪测量得到，并对水样进行实验分析；通过分光计进行光色比对获得TN、TP、BOD_5和COD的指标数据。

(3) 服务功能指标

梯级电站建设后，具有发电、供水、灌溉等效益，可用年均发电量价值增量、水产品生产价值增量、能源替代价值增量等指标表征流域生态服务功能。价值增量以生态环境成本为基准，生态环境成本包括河流开发后流域损失的生态效益。结合流域河段开发任务为“以水电开发为主体”，因此本次主要考虑年均发电量价值增量指标。

水电开发的河流分析指标与数据来源情况见表2.4-5。

表2.4-5 分析指标与数据来源

指标		指标权重	数据来源
水文完整性(0.35)	月平均流速变化	0.38	水电站调度资料和水文站
	生态流量保障程度变化	0.27	水电站调度资料
	水温变化	0.35	水质监测资料
化学完整性(0.35)	DO变化	0.36	水质观测资料 库区水质监测资料
	BOD_5变化	0.15	
	COD变化	0.18	
	TP变化	0.17	
	TN变化	0.14	
生态服务功能完整性(0.30)	年均发电量价值增量(亿元)	0.30	水电站设计和运行资料

2.4.2.2 研究方法

本节利用灰色关联法评价。在进行综合健康评价时，对河流水电梯级开发的指标数据进行分析处理，获取河流开发前后汛期、枯水期2种指标数据，计算指标变化率，考虑到各种指标数据的两极不完全相同，因此在采用灰色关联法分析与评价之前，有必要对指标变化率进行归一化，即转变为[0,1]内取值数。采用如下变换方法：

$$b_j(k)=\frac{S_{\max}(k)-S_j(k)}{S_{\max}(k)-S_{\min}(k)},\qquad j=1,\cdots,L;k=1,\cdots,n \tag{2.4-1}$$

式中：$b_j(k)$为标准化数据；$S_j(k)$为指标值；$S_{\max}(k)$为单项指标的最大值；$S_{\min}(k)$为单项指标的最小值。在计算关联离散函数$\zeta_{ij}(k)$时，由于被评价的要素取值均在[0,1]，因此可用参数少并且为同标度的关联离散函数，如

$$\zeta_{ij}(k)=\frac{1-\Delta_{ij}^m(k)}{1+\Delta_{ij}^m(k)} \tag{2.4-2}$$

式中：$\Delta_{ij}(k)=|b_j(k)-a_j(k)|$；$a_j(k)$为相应指标标准化数据；$m$为大于或等于1的整数，一般取$m=1\sim4$，在本节中取为1。这样，当$\zeta_{ij}(k)=1$时，点的关联度最大；而当$\zeta_{ij}(k)=0$时，点的关联度最小。按照加权平均法计算关联度：

$$R=\sum_{k=1}^{n}\zeta_{ij}(k)W(k) \tag{2.4-3}$$

式中：R 为综合健康指数；$W(k)$第 k 个指标的权重。

2.4.2.3　评价体系

根据评估年实测指标的月均值与自然状态下河流指标的月均值的比较，制定各指标的等级标准（表 2.4-6）。

表 2.4-6　河流生态系统健康评价指标标准

指标	优	良	差	中差	极差
月平均流速变化	<0.2	0.2～<0.5	0.5～<0.7	0.7～<0.8	≥0.8
生态流量保障程度变化	<0.2	0.2～<0.3	0.3～<0.5	0.5～<0.8	≥0.8
水温变化	<0.2	0.2～<0.5	0.5～<0.7	0.7～<0.8	≥0.8
DO 变化	<0.27	0.27～<0.4	0.4～<0.67	0.67～<0.8	≥0.8
BOD_5 变化	<0.4	0.4～<0.6	0.6～<0.7	0.7～<0.8	≥0.8
TP 变化	<0.5	0.5～<0.75	0.75～<0.875	0.875～<0.95	≥0.95
TN 变化	<0.25	0.25～<0.5	0.5～<0.75	0.75～<0.992 5	≥0.992 5
COD 变化	<0.25	0.25～<0.375	0.375～<0.5	0.5～<0.75	≥0.75
年均发电量价值增量	≥0.81	0.61～<0.81	0.41～<0.61	0.21～<0.41	<0.21

参照《水能梯级开发生态影响评价》，将河流生态系统健康评价等级划分为病态、不健康、亚健康、健康和很健康（表 2.4-7）。

表 2.4-7　河流生态系统健康评价等级划分

健康等级	病态	不健康	亚健康	健康	很健康
综合健康指数 R	<0.314	0.314～<0.582	0.582～<0.749	0.749～<0.839	≥0.839

2.4.2.4　结果与分析

（1）指标变化

河流健康评价指标及其变化见表 2.4-8。

流速：梯级电站建成后，由于各梯级电站间水位相互衔接，各梯级电站的近坝段和库中段水位抬高较大，过流面积有较大增加，库区内流速变缓。

水温：根据同类工程类比分析认为，各梯级电站由于库容不大，水体热效应基本上无影响，水温变化很小。同时根据气象站气象资料，建库前后县城区附近平均气温变化很小。

梯级电站建设后，生态服务功能大幅提高。另外，水电作为清洁能源，与其他电站相比，能有效替代煤、天然气等能源，并可减少 SO_2、CO_2 等污染气体的排放。

表 2.4-8　河流健康评价指标及其变化

指标	建库前		建库后		标准化变化率	
	汛期	非汛期	汛期	非汛期	汛期	非汛期
流速变化	0.83	0.44	0.65	0.29	0.78	0.66
水温变化	18.98	13.11	18.99	13.30	1.00	0.99
生态流量保障程度变化	1.00	0.98	1.00	0.94	1.00	0.96
DO 变化	9.60	10.80	8.00	8.56	0.17	0.21

（续表）

指标	建库前		建库后		标准化变化率	
	汛期	非汛期	汛期	非汛期	汛期	非汛期
BOD_5 变化	2.00	2.00	1.80	1.40	0.90	0.70
TP 变化	0.03	0.01	0.04	0.02	0.67	0.40
TN 变化	1.69	1.10	2.41	1.80	0.57	0.36
COD 变化	4.90	3.60	5.80	5.60	0.82	0.44
年均发电量价值增量	0	0	0.98	0.48	1	1

(2) 健康评估

采用灰色关联评价法对河流健康指标进行定量评价。河段在汛期、枯水期的综合健康指数分别为0.801、0.721，说明水电梯级开发后，生态健康受到一定影响：汛期基本处于健康状态，而枯水期处于亚健康状态。枯水期受水量、气候等条件限制，各项指标的完整性指数相对较低；此外，水文完整性受影响较小，而生态服务功能完整性改善较为明显。

梯级开发对枯水期河流的化学完整性产生一定影响，影响了该流域的生态系统健康状态，但对河流的生态服务功能有明显改善。

建议：① 优化梯级调度方案，梯级电站管理部门与上游库区相关行政管理部门协调，共同维护库区水环境健康；② 建议合理利用梯级水库的调蓄库容进行生态调度，如制造人工洪峰以及维持生态基流下泄，维护水生生态系统稳定。

第三章 山地城市需水量预测

3.1 基本要求

3.1.1 需水统计及预测要求

1. 用水户及需水统计口径分类

需水预测的用水户分生活、生产和生态环境三大类，按城镇和农村两种供水系统分别进行统计与汇总，并单独统计所有建制市的有关成果。生活和生产需水统称为经济社会需水。上述分类口径简称“新口径”，“水资源开发利用情况调查评价”部分采用的分类口径简称“原口径”。“新口径”规定及其与“原口径”对照说明如下：

(1) “新口径”中生活需水仅为“原口径”生活用水中的城镇居民生活用水和农村居民生活用水(即“小生活”部分)。

(2) 生产需水是指有经济产出的各类生产活动所需的水量，包括第一产业(种植业、林牧渔业)、第二产业(工业、建筑业)及第三产业(商饮业、服务业)。“原口径”中的农业用水和工业用水均为生产用水，“新口径”中需将牲畜用水计入农业用水，“原口径”中城镇公共用水中的建筑业、商饮业、服务业用水，分别计入“新口径”第二、三产业的生产用水。对于河道内其他生产活动如水电、航运等，因其用水一般不消耗水资源的数量，本次研究中对其单独列项统计，与河道内生态需水一并取外包线作为河道内需水考虑。

(3) 生态环境需水分为维护生态环境功能和生态环境建设两类所需水量，并按河道内与河道外用水划分。“原口径”城市公共用水中的“城市绿化和河湖补水”部分，在“新口径”中计入“城镇生态环境美化需水”。

(4) 城镇统计口径为全口径统计中的城镇部分，包含国家行政设立的直辖市、市和镇，不含农村集镇；城镇和农村口径划分可参照 2008 年国务院批复的《统计上划分城乡的规定》。城市为国家行政设立的建制市(不含建制镇)，包括县级市、地级市、计划单列市和直辖市；城市统计范围现状年为建成区，规划水平年为城市规划区。

国民经济行业和生产用水分类见表 3.1-1，用水户分类及其层次结构见表 3.1-2。

表 3.1-1 国民经济行业和生产用水分类表

三大产业	7 部门	17 部门	42 部门(投入产出表分类)	部门序号
第一产业	农业	农业	农业	1
第二产业	高用水工业	纺织	纺织业、服装皮革羽绒及其他纤维制品制造业	7、8
		造纸	造纸印刷及文教体育用品制造业	10
		石化	石油加工及炼焦业、化学工业	11、12
		冶金	金属冶炼及压延加工业、金属制品业	14、15

续表

三大产业	7部门	17部门	42部门(投入产出表分类)	部门序号
第二产业	一般工业	采掘	煤炭采选和洗选业、石油和天然气开采业、金属矿采选业、非金属矿和其他矿采选业、煤气生产和供应业、自来水的生产和供应业	2、3、4、5、24、25
		木材	木材加工及家具制造业	9
		食品	食品制造及烟草加工业	6
		建材	非金属矿和其他矿采选业	13
		机械	通用专用设备制造业、交通运输设备制造业、电气机械及器材制造业、机械设备修理业	16、17 18、24
		电子	电子及通信设备制造业、仪器仪表及文化办公用机械制造业	19、20
		其他	工艺品及其他制造业、废品及废料处理业	21、22
	电力工业	电力	电力及蒸汽热水生产和供应业	23
	建筑业	建筑业	建筑业	26
第三产业	商饮业	商饮业	商业、饮食业	30、31
	服务业	货运邮电业	货物运输及仓储业、邮电业	28、29
		其他服务业	信息传输、计算机服务和软件业、金融保险业、房地产业、租赁和商务服务业、研究与试验发展业、综合技术服务业水利环境和公共设施管理业、居民服务和其他服务业、教育事业、卫生社会保障和社会福利业、文化体育和娱乐业、公共管理和社会组织	29、32、33、34、35、36、37、38、39、40、41、42

表 3.1-2　用水户分类及其层次结构

一级	二级	三级	四级	备　注
生活	生活	城镇生活	城镇居民生活	仅为城镇居民生活用水(不包括公共用水)
		农村生活	农村居民生活	仅为农村居民生活用水(不包括牲畜用水)
生产	第一产业	种植业	水田	水稻等
			水浇地	小麦、玉米、棉花、蔬菜、油料等
		林牧渔业	灌溉林果地	果树、苗圃、经济林等
			灌溉草场	人工草场、灌溉的天然草场、饲料基地等
			牲畜	大牲畜、小牲畜
			鱼塘	鱼塘补水
	第二产业	工业	高用水工业	纺织、造纸、石化、冶金
			一般工业	采掘、食品、木材、建材、机械、电子、其他[包括电力工业中非火(核)电部分]
			火(核)电工业	循环式、直流式
		建筑业	建筑业	建筑业
	第三产业	商饮业	商饮业	批发零售业、住宿餐饮业
		服务业	服务业	邮电业、其他服务业、城市消防用水、公共服务用水及城市特殊用水

（续表）

一级	二级	三级	四级	备　注
生态环境	河道内	生态环境功能	河道基本功能	基流、冲沙、防凌、稀释净化等
			河口生态环境	冲淤保港、防潮压碱、河口生物等
			通河湖泊与湿地	通河湖泊与湿地等
			其他河道内	根据河流具体情况设定
	河道外	生态环境功能	湖泊湿地	湖泊、沼泽、滩涂等
		其他生态建设	城镇生态环境美化	绿化用水、城镇河湖补水、环境卫生用水等
			其他生态建设	地下水回补、防沙固沙、防护林草、水土保持等

注：① 农作物用水行业和生态环境分类等因地而异，可根据各地区情况确定；② 分项生态环境用水量之间有重复，提出总量时取外包线；③ 河道内其他非消耗水量的用户包括水力发电、内河航运等，未列入本表，但文中已作考虑；④ 生产用水应分成城镇和农村两类口径分别进行统计或预测；⑤ 建制市成果应单列。

2. 经济社会发展指标预测

近期经济社会发展指标，以各级政府制定的国民经济和社会发展计划及规划和有关行业发展规划为基本依据；中远期经济社会发展指标可结合有关部门中长期规划成果进行预测。

由于未来经济社会发展存在不确定因素，不同发展阶段、不同发展模式对水资源的需求量是不同的，因此，可根据当地水资源条件和水资源承载能力等因素，提出不同发展情景下的经济社会发展指标预测成果。对各种发展情景指标进行综合分析后，提出经济社会发展指标的推荐方案。经济社会发展指标，可先按行政区划进行预测，再根据情况，分解到各计算分区，并进行协调平衡。

3. 需水预测方法

不同用水行业（户），需水预测方法不同；同一用水行业（户），也可用多种方法预测。要求需水预测采用多种方法，以净定额及水利用系数预测方法为基本方法，同时也可用趋势法、机理预测方法、人均用水量预测法、弹性系数法等其他方法进行复核。对各种方法的预测成果，应进行相互比较和检验，经综合分析后提出需水预测成果。

各规划水平年的净定额，要结合节约用水的分析成果、考虑产业结构与布局调整的影响并参考有关部门制定的用水定额标准，确定预测取用值。

4. 经济社会需水量预测

经济社会需水量应提出净需水量和毛需水量预测成果。净需水量可采用用户终端净定额方法预测，净灌溉定额为农作物田间灌溉定额，工业和生活净用水定额为用户终端定额。

在净需水量预测成果基础上，根据节约用水和供水预测的有关成果，分析输配水设施的节水措施、用水管理等，估算水利用系数，进行毛需水量预测。毛需水量的计算口径应注意与供水断面相一致。进行需水预测时，应充分考虑当地水资源条件、供水可能、用水与节水水平、需水管理、水价及水市场因素对需求的调节作用。

5. 需水方案

影响需水量预测成果的因素较多，不同经济社会发展情景、不同产业结构和用水结构、不同用水定额和节水水平，水资源的需求量会有较大差异。这些差异可通过不同的需水方案来反映。要进行不同需水方案分析研究，经综合分析并参照节水方案，完成"基本方案"和"强化节水方案"两套需水方案预测成果。

在现状节水水平和相应的节水措施基础上，基本保持现有节水投入力度，并考虑20世纪80年代以来用水定额和用水量的变化趋势，所确定的需水方案为"基本方案"；在"基本方案"基础上，进一步加大节水投入力度，强化需水管理，抑制需水过快增长，进一步提高用水效率和节水水平等各种措施后，所确定的需水方案为"强化节水方案"。"基本方案"和"强化节水方案"预测的需水成果，应和节约用水部分的方案成果相协调。

6. 需水预测成果要求

要求经济社会发展和经济社会需水量指标，按计算分区分城镇和农村统计；河道内生态环境用水，按流域水系列项统计；参与水资源供需平衡分析的河道外生态环境用水，按计算分区分城镇和农村统计。要求对建制市城市进行需水预测，成果要逐个分别统计。

7. 成果合理性分析

成果合理性分析包括发展趋势分析，结构分析，用水效率分析，人均指标分析以及国内外同类地区、类似发展阶段的指标比较分析等。特别要注意，根据当地水资源承载能力，分析经济社会发展指标和需水预测指标与当地水资源条件、供水能力的协调发展关系，验证预测成果的合理性与现实可能性。

3.1.2 经济社会发展指标分析

1. 人口与城市(镇)化

人口指标包括总人口、城镇人口和农村人口。预测方法可采用模型法或指标法，亦可是已有规划成果和预测数据，但应说明资料来源。

人口指标预测要求采用全国第七次人口普查所规定的统计口径。现状年人口应采用全国第七次人口普查成果。目前各地水资源公报中的城镇人口数大多采用非农业人口指标，应按第五次人口普查中的城镇人口数据进行核对，并分解到各水资源分区，同时估算各水资源分区的农村人口数。各规划水平年人口预测，如相关部门已有人口发展规划，可作为预测的基本依据，但需要根据第七次人口普查数据口径进行必要的修正或重新预测，并分解到计算分区。

城市(镇)化预测，应结合国家和各级政府制定的城市(镇)化发展战略与规划，充分考虑水资源条件对城市(镇)发展的承载能力，合理安排城市(镇)发展布局和确定城镇人口的规模。城镇人口可采用城市化率(城镇人口占全部人口的比率)方法进行预测。

在城乡人口预测的基础上，进行用水人口预测。城镇用水人口是指由城镇供水系统、企事业单位及自备水源供水的人口；农村用水人口则为由农村地区供水系统供水(包括自给方式取水)的人口。

城镇用水人口包括常住人口(可采用户籍人口)和居住时间超过6个月的暂住人口。暂住人口所占比重不大的，可直接采用城镇人口作为城镇用水人口。对于流出人口比较多的农村，也应考虑其流出人口的影响。

2. 国民经济发展指标

国民经济发展指标按行业进行预测。规划水平年国民经济发展预测要按照我国经济发展战略目标，结合基本国情和区域发展情况，符合国家有关产业政策，结合当地经济发展特点和水资源条件，尤其是当地水资源的承载能力。除规划发展总量指标数据外，应同时预测各主要经济行业的发展指标，并协调好分行业指标和总量指标间的关系。各行业发展指标以增加值指标为主，以产值指标为辅。有条件的地区，可建立宏观经济模型进行预测。

生产用水中有部分用水是在河道内直接取用的(如水电、航运、水产养殖等)，因而对于直接从河道内取用水的行业发展指标及其需水量需单列，在计算包括这些部门的河道外工业需水时，应将其相应的河道内取水部分的产值扣除，以避免重复计算。

由于火(核)电工业用水的特殊性，除了统计和预测整个电力工业增加值与总产值指标外，还需统计和预测火(核)电工业的装机容量和发电量，并对直流式火(核)电发电机组的用水单独处理。

建筑业的需水量预测采用单位竣工面积定额法，因而需统计和预测现状及不同水平年的新增竣工面积。新增竣工面积可按建设部门的统计确定，或根据人均建筑面积推算。

3. 农业发展及土地利用指标

农业发展及土地利用指标包括总量指标和分项指标。总量指标包括耕地面积、农作物总播种面积、粮食作物播种面积、经济作物播种面积、主要农产品总产量、农田有效灌溉面积、林果地灌溉面积、草场灌溉面积、鱼塘补水面积、大小牲畜总头数等。分项指标包括各类灌区、各类农作物灌溉面积等。

现状耕地面积采用第三次全国国土调查资料进行统计。预测耕地面积时，应遵循国家有关土地管理法规与政策以及退耕还林还草还湖等有关政策，考虑基础设施建设和工业化、城市化发展等占地的影响。在耕地面积预测成果的基础上，按照各地不同的复种指数，预测农作物播种面积；按照粮食作物和经济作物播种面积的组成，测算粮食、棉花、油料、蔬菜等主要农作物的总产量。农作物总产量预测，要充分考虑科技进步、灌区生产潜力和旱地农业发展对提高农作物产量的作用。

各地已有的农田灌溉发展规划可作为灌溉面积预测的基本依据，但要根据新的情况，进行必要的复核或调整。农田灌溉面积发展指标应充分考虑当地的水、土、光、热资源条件以及市场需求情况，调整种植结构，合理确定发展规模与布局。根据灌溉水源的不同，将农田灌溉面积划分成井灌区、渠灌区和井渠结合灌区三种类型。

根据畜牧业发展规划以及对畜牧产品的需求，考虑农区畜牧业发展情况，进行灌溉草场面积和畜牧业大、小牲畜头数指标预测。根据林果业发展规划以及市场需求情况，进行灌溉林果地面积发展指标预测。

4. 城市发展预测

除进行有关城乡发展指标的预测外，还要对国家行政设立的建制市城市进行经济社会发展指标和需水量的预测。

3.1.3　经济社会需水预测

1. 生活需水预测

生活需水分城镇居民和农村居民两类，采用人均日用水量方法进行预测。

根据经济社会发展水平、人均收入水平、水价水平、节水器具推广与普及情况，结合生活用水习惯和现状用水水平，参照建设部门已制定的城市(镇)用水标准，参考国内外同类地区或城市生活用水定额，分别拟定各水平年城镇和农村居民生活用水净定额；根据供水预测成果以及供水系统的水利用系数，结合人口预测成果，进行生活净需水量和毛需水量的预测。

对于城镇和农村生活需水量年内相对均匀的地区，可按年内月平均需水量确定其年内需水过程。对于年内用水量变幅较大的地区，可通过典型调查和用水量分析，确定生活需水月分配系数，进而确定生活需水的年内需水过程。

(1) 城乡需水量预测统计

根据各用水户需水量的预测成果，对城镇和农村需水量可以采用直接预测和间接预测两种预测方式，汇总出各计算分区内的城镇需水量和农村需水量预测成果。城镇需水量主要包括：城镇居民生活用水量，城镇范围内的菜田、苗圃等农业用水量，城镇范围内工业、建筑业以及第三产业生产用水量，城镇范围内的生态环境用水量等；农村需水量主要包括：农村居民生活用水量，农业(种植业和林牧渔业)用水量，农村工业、建筑业和第三产业生产用水量，以及农村地区生态环境用水量等。直接预测方式是把计算分区分为城镇和农村两类计算单元，分别进行计算单元内城镇和农村需水量预测(包括城镇和农村各类发展指标预测、用水指标及需水量的预测)。间接预测方式是在计算分区需水量预测成果基础上，按城镇和农村两类口径进行需水量分配；参照现状用水量的城乡分布比例，结合工业化和城镇化发展情况，对城镇和农村均有的工业、建筑业和第三产业的需水量按人均定额或其他方法处理并进行城乡分配。

(2) 城市需水量预测

城市需水量预测范围限于城市建成区和规划区。城市需水量按用水户分项进行预测，预测方法同各类用水户。一般情况城市需水量不应含农业用水，但对于确有农业用水的城市，应进行农业需水量预测；对于农业用水占城市总用水比重不大的城市，可简化预测农业需水量，并要求注明农业供水水源。城市用水中的消防用水、公共服务用水及其他特殊用水，计入服务业用水。

2. 农业需水预测

农业需水包括农田灌溉和林牧渔业需水。

(1) 农田灌溉需水

对于井灌区、渠灌区和井渠结合灌区，根据节约用水的有关成果，分别确定各自的渠系及灌溉水利用系数，并分别计算其净灌溉需水量和毛灌溉需水量。农田净灌溉定额根据作物需水量并考虑田间灌溉损失进行计算，毛灌溉需水量根据计算的农田净灌溉定额和比较选定的灌溉水利用系数进行预测。

(2) 林牧渔业需水

林牧渔业需水包括林果地灌溉、草场灌溉、牲畜用水和鱼塘补水4类。根据当地试验资料或现状典型调查，分别确定林果地和草场灌溉的净灌溉定额；根据灌溉水源及灌溉方式，分别确定渠系水利用系数；结合林果地与草场发展面积预测指标，进行林果地和草场灌溉净需水量和毛需水量预测。鱼塘补水量为维持鱼塘一定水面面积和相应水深所需要补充的水量，采用亩均补水定额方法计算，亩均补水定额可根据鱼塘渗漏量及水面蒸发量与降水量的差值加以确定。

(3) 农业需水量月分配系数

农业需水具有季节性的特点，为了反映农业需水量的年内分配过程，要求提出各分区农业需水量的月分配系数。农业需水量月分配系数可根据种植结构、灌溉制度及典型调查加以综合确定。

3. 工业需水预测

工业需水分高用水工业、一般工业和火(核)电工业三类需水。高用水工业和一般工业需水可采用万元增加值用水量法进行预测，高用水工业需水预测可参照原国家经济贸易委员会编制的工业节水方案的有关成果。火(核)电工业用水分循环式和直流式两种用水类型，采用单位发电量(亿 kW·h)用水量法进行需水预测，并以单位装机容量(万 kW)用水量法进行复核。

4. 建筑业和第三产业需水预测

建筑业需水预测以单位建筑面积用水量法为主，采用建筑业万元增加值用水量法进行复核。第三产业需水可采用万元增加值用水量法进行预测，根据这些产业发展规划成果，结合用水现状分析，预测各规划水平年的净需水定额和水利用系数，进行净需水量和毛需水量的预测。

3.2 城市需水量概念及组成

3.2.1 城市需水量预测

1. 城市需水量预测的概念

城市需水量预测是指根据城镇用水的规律和趋势，用某种方法来分析规划期内该城镇发展需要的用水量。这种方法，就是研究用水量与预测因子(一种或多种影响因素)之间相互作用的关系，以及这种关系的数学表示方法；利用该数学方法可以预测该城镇未来的需水量。

需水量预测需要充分考虑资源约束和节约用水，研究各规划水平年，并按城市实际生活、农业、工业、建筑业、第三产业和生态用水口径进行分类，同时需要区别农村用水，区分河道内与河道外用水，以及高用水行业与一般用水行业，对各口径分别进行净需水量与毛需水量的预测。

2. 遵循原则

在实际应用中，需水量预测应遵循以下几条原则：

(1) 以各规划水平年经济社会发展指标为依据，贯彻可持续发展和节水控水的原则，兼顾社会、经济、生态和环境等各部门的用水需求。

(2) 考虑市场经济和科技进步对需水的影响，分析研究产业结构变化、生产工艺变革和农业种植结构变化等因素对需水的影响。

(3) 考虑水资源紧缺对需水增长的抑制，分析研究节水技术、措施的采用与推广等对需水的影响。

(4) 调查现状，收集基础资料，并结合历史情况进行规律分析和合理的趋势外延，需水预测应当符合当地特点和用水习惯。

3. 需水量预测周期

城镇需水长远期规划采用长期预测，预测周期一般长达6～10年甚至更长；城镇需水中期规划采用中期预测，预测周期一般为1～5年。城镇需水的中长期预测均要考虑人口、GDP、水价、产业结构等多方面因素；短期预测考虑按月、周、天为预测周期或预测未来一天24 h的需水量，本章节所述城镇需水量预测指中长期预测。

3.2.2　国内需水量预测研究现状

20世纪50年代开始，西方国家着手需水预测工作，将其作为水资源管理手段并纳入政府部门职能。我国需水量预测研究起步较晚，于80年代在全国各级行政区进行了多层次的需水量预测研究工作，组织了全国水资源评价工作并编制了《中国水资源利用》，专章讲解了水资源供需分析。

由此，国内陆续开展了中长期需水量的预测工作，包括简便易操作的趋势分析方法和时间序列法，但是无法反映用水特点变化，因此也无法反映出经济社会需水系统的内在规律。由于预测方法的局限性和城镇用水情况的复杂性，城镇需水量预测的结果经常不合理，在不同程度上给水行政管理部门在水资源上的决策造成误导。我国从1992年下半年开始，开展了新一轮的需水量预测研究工作，为实现我国的水资源可持续发展提供了依据。

我国需水预测广泛采用分产业预测的方法，预测结果在很大程度上受制于对未来经济社会发展状况的预测分析和各产业的用水指标或定额。

我国幅员辽阔，地形地貌变化较大，不同地区的城镇建设结构不同，发展要求也不同，因此对于不同地区的城镇，需水量预测工作所使用的方法、模型也不尽相同。需水量预测发展至今，随着计算机技术的进步，预测的精度和广度都有所提高。目前，相关的需水量预测模型多达300来种，我国有不少学者研究了需水量预测的各种模型、方法，来满足不同地区的城镇需水量预测工作，每种方法都有其特定的使用环境。

孔增峰等采用了人均综合用水指标法、分类用水指标法、年均增长率法来预测哈尔滨市2020年的需水量。彭晨蕊等在总结了国内外需水量预测方法适用性的基础上，根据北方某城市中心城区建成时间长、用水量历史数据系列长等特点，采用了规范指标法、季节指数平滑法、PSO－BP法(粒子群算法)、统计资料分析法来预测生活需水量，采用单位用地耗水量指标法、工业生产函数法等方法来预测工业用水量。曾蒙秀等就小样本情况下的需水量预测进行研究，此类情况时间序列短，原始数据序列随机且波动大，通过灰色GM(1,1)模型与自回归滑动平均模型(ARMA)相结合的方法预测钦州市需水量。肖杭在对南京市浦口区需水量进行预测时主要采用指标法和定额法，实用性较强，其中，生活需水量预测采用了人均日用水量法，工业需水量预测采用了万元增加值用水量法、单位竣工面积定额法、重复利用率提高法等多种方法，生态需水量采用了面积定额法进行预测，结合当地规划资料，预测结果符合实际发展规律。唐鹏飞建立了基于缓冲算子的混合蛙跳算法和灰色模型[SFLA－GM(1,1)]的城市年需水量预测模型，预测精度大幅提升。刘卫林针对需水量预测非线性输入输出的特性，提出了需水量预测最小二乘支持向量机模型(LS－SVM)，并应用于河北省南水北调受水区。刘俊良等建立了基于系统动力学的需水量预测仿真模型，并应用于河北省某城市需水量预测。赵玲萍等建立灰色残差-马尔可夫耦合模型来预测农业需水量。佟长福等将小波分析理论、灰色模型和时间序列预测法组合进行鄂尔多斯市农业需水量预测，为非平稳时间序列预测提供新的思路。展金岩采用回归分析、灰色预测及网络模型对需水量进行综合预测，建立基于熵值法加权的需水量组合预测模型，为深圳市水资源分析提供技术支持。

合理的需水量预测是城镇进行总体规划尤其是水资源规划的基础，是城市水资源承载能力分析的重要组成部分，是城市水资源可持续发展的基础。一个城镇的需水量预测可为各级水行政主管部门提供满足未来经济社会发展和人们生活需要的数据，为城镇合理的水资源规划、管理和可持续利用提供可靠的理论依据，具有非常重要的理论和现实意义。

用水量的预测方法有很多种，国内学者在研究基础上将不同模型、方法应用于不同地区的城镇需水量预测工作，因此每种方法都有其特定的使用环境。从国家标准和技术规范上看，不同模型、方法在应用上没有严格的规定，因此在选择某地的预测方法、模型时可能存在一些主观性，且如果应用的方法不适合当前的用水状况，将会产生较大的预测误差。另一方面，虽然需水量预测的方法众多，但是各城镇需水量预测的过程受地理环境、气象、政策、经济发展状况、生活习惯等众多因素的影响，且用水具有周期性和随机性的特性，也要考虑预测结果精度问题，因此，至今没有一种预测方法或预测模型是适用于各个城镇的用水状况的，各个方法、模型均有一定的适用范围，不具备普适推广的实力。

从目前需水预测工作以及长期发展来看，定额法仍将是需水量预测的主要方法，虽然用水定额是在一定时期内的技术条件下的经济活动中统计出来的，但其采用参数的不确定性依然在较大程度上影响水量的预测。随着人们对经济社会用水规律认识的逐步加深，如何选择指标也将发生认知上的变化。目前，万元GDP或工业增加值的方法将逐步退出，让位于以单位产品定额耗水量为基础的预测方法，相应的国民经济不同产业、行业、经济部门的水资源投入-产出矩阵将成为未来需水预测的重要工具。

过去对经济发展和用水需求的客观规律认识不够，误以为随着经济发展，用水量也必须不断增加，对需水量的预测普遍偏高。科技水平的提高，经济结构的变化，以及节水控制、污染防治和水价调控等各种因素，保证了城镇居民用水，提高了人们的节水意识，工农业的用水定额将不断降低，用水量将趋近零增长甚至负增长。21世纪，水资源已经成为经济社会发展的重要制约因素。水资源供需平衡战略指出，水资源管理应当体现“以供定需”的要求。要从过去的以需定供，转变为在加强需水管理、提高用水效率的基础上，保证供水。正如中央多次指出，提高用水效率是一场革命。目前我国的用水效率还很低，单位水量产出明显低于发达国家，节水还有很大潜力。节约用水和科学用水，应成为水资源管理的首要任务，比如全面建设节水高效农业，推行工业的清洁生产，实现污水资源化和开发利用微咸水和海水。

3.2.3 山地城市需水量预测的用水组成

《水资源供需预测分析技术规范》(SL 429—2008)中要求，需水预测应按照统一的用水统计口径，可根据需要进行更细的分类。

考虑到用水的复杂性和影响城市用水因素的多变性，采用分类预测的思想，将城镇需水量预测按用水性质分为生活需水量预测、生产需水量预测和生态需水量预测三部分。

3.3 山地城市需水量预测模型

城市需水量预测能为水资源规划、管理部门及供水单位的运行和决策提供科学依据，是城市水资源统筹规划、高效利用、优化配置的基础，是水资源承载能力分析、评价的前提，为水资源承载能力提升方案提供有效数据，对于实现水资源合理规划、可持续利用以及经济社会可持续发展具有重要的意义。

3.3.1 常见城市需水量预测方法

按照需水预测，根据数据处理方式的不同，预测方法大致分为时间序列法、结构分析法和系统方法三类。

(1) 时间序列法

时间序列法即通过研究历年实际用水量随时间的内在变化规律，对其未来状态做出预测的方法。时间序列法包括趋势法、指数平滑法、自回归滑动平均模型(ARMA)、马尔可夫法等。该类方法通常要求有较完整、较长的历史数据。

(2) 结构分析法

结构分析法即通过分析城市用水系统的内部结构，根据各因素间的消长变化规律，对未来需水量进行预测的方法。结构分析法包括回归法、弹性系数法、指标分析法、比较法、统计资料分析法、经验公式法等。在缺少完整历史数据的情况下，多采用结构分析法。

(3) 系统分析法

系统分析法一般通过系统分析、系统结构描述、模型建立与校准、模型模拟(运行)与政策分析、模型检验与评估五个步骤完成预测。系统分析法包括灰色预测法、人工神经网络模型法、系统动力学法等。系统分析法信息综合性较强，但预测原理及模型通常较复杂。

由于各城镇用水的影响因素多且复杂，我国目前没有通用的城市需水量预测方法。上述各种方法的预测结果精度也不一定和模型方法的复杂程度成正比，甚至预测结果不尽如人意。尽管影响因素较多，彰显城市个性的用水最主要影响因素却不尽相同，针对城市个性定制的不同预测方法不具备普适性。综合看来，目前常用的需水量预测方法有指标法、定额法、多元回归分析法、时间序列法、灰色预测法及人工神经网络模型法等。近年来，数字模型方法越来越流行，其优势在于它能更好反映宏观经济系统和水资源系统之间的复杂关系，但是也存在趋势预测、分产业预测等方法的缺点。

3.3.1.1 指标法

指标法在城市需水量预测中的应用较早，水量指标主要包括人均指标、地均指标、单产用水指标等。

在国内城市需水量预测中，人均指标法应用很多，因其方法简便，相关的研究也很多。人均综合用水量指标的需水预测模型基于城市区域人均综合用水量指标与生活用水量指标间较为稳定的比例关系，实际应用广泛。按照建设用地规模和分类的单位用地指标法应用也不少。

工程领域采用的用水量指标主要参照以下三本规范：《城市给水工程规划规范》(GB 50282—2016)、《城市居民生活用水量标准》(GB/T 50331—2002)和《室外给水设计标准》(GB 50013—2018)。总的说来，规范采用的统计数据有一定年限，无法较好反映近年来用水实际情况。相较而言，《室外给水设计规范》(GB 50013—2006)被更多采用，该规范统计分析了各代表城市统计年鉴中的用水资料，分成特大城市、大城市和中小城市三类，并给出了这三类行政区居民生活用水指标和综合生活用水指标量化范围，更能反映城市实际用水情况，在缺乏实际的用水资料时可选用。

3.3.1.2 定额法

定额法与指标法在城镇需水量预测中有一些类似，相比于指标法的过于宽泛，定额法更多地考虑了城镇的用水规律和用水特点，所采用的用水量定额往往更符合实际。定额法可作为指标法的一种，在实际应用中的预测精度较高，适用范围广，在进行城市区域尤其是城市核心区域需水量预测时，多使用分类用水定额作为用水量指标。

由于各城市用水量增长、人均用水各项指标变化不稳定和无规律，无法在全国范围内采用统一的用水定额。因此，在使用定额法进行需水量预测时，必须考虑各地不同的气候特点、地理位置、居民生活习惯、人口、市政设施的完善程度、GDP、水价、产业结构等因素的影响。考虑需水量组成时，可采用分类定额法。

$$W = W_D + W_I + W_A + W_E \tag{3.3-1}$$

即总需水量 W 一般由生活需水量 W_D、工业需水量 W_I、农业需水量 W_A 和生态需水量 W_E 组成。该方法有效反映了人口、社会经济的发展对用水量变化的影响，并能根据它们的变化对公式做适当调整，简单、易操作，在实际应用中的预测精度较高，广泛应用于各地，但是要求历史用水统计资料较齐全。

需要注意的是，一般情况城市需水量不含农业需水量 W_A，但对确有农业用水的城市，应进行农业需水量预测；对于农业用水占城市总用水比重不大的城市，可简化预测农业需水量。城市用水中的消防用水、公共服务用水及其他特殊用水，一般计入服务业用水中。

1) 生活需水量 W_D

生活需水分城镇居民和农村居民两类，可采用人均日用水定额和人口预测结果进行生活净需水量和毛需水量的预测。拟定各水平年城镇和农村居民生活用水净定额时，需考虑的影响因子包括经济社会发展水平、人均收入水平、水价水平、节水应用情况以及当地生活用水习惯和现状用水水平，需结合当地建设部门已制定的城市(镇)用水标准和规划，和参考国内外同类地区或城市生活用水定额。

确定生活需水的年内需水过程时，则应考虑两种情况。若生活需水量年内相对均匀，可按年内月平均需水量确定其年内需水过程；若生活需水量年内用水量变幅较大，可通过典型调查和用水量分析，确定生活需水月分配系数，进而确定生活需水的年内需水过程。

2）农业需水量 W_A

农业需水包括农田灌溉需水和林牧渔业需水。

（1）农田灌溉需水

农田净灌溉定额根据作物需水量考虑田间灌溉损失进行计算，毛灌溉需水量根据计算的农田净灌溉定额和比较选定的灌溉水利用系数进行预测。

农田净灌溉定额，可选择具有代表性的农作物的灌溉定额，结合农作物播种面积预测成果或复种指数加以综合确定。预测农田净灌溉定额，需考虑的主要影响因子包括田间节水措施、科技进步，需结合灌溉试验有关成果作为确定灌溉定额的基本依据；对于资料条件比较好的地区，其农田灌溉定额可采用彭曼公式计算农作物蒸腾蒸发量、扣除有效降雨并考虑田间灌溉损失后的方法计算而得；有条件的地区可采用降雨长系列计算方法设计灌溉定额，若采用典型年方法，则应分别提出降雨频率为50%、75%和95%的灌溉定额。灌溉定额根据水资源丰枯程度可分为充分灌溉和非充分灌溉两种类型。

（2）林牧渔业需水

林牧渔业需水包括林果地灌溉、草场灌溉、牲畜用水和鱼塘补水4类。受降雨条件影响较大，有条件的或用水量较大的要提出降雨频率分别为50%、75%和95%情况下的预测成果，其总量不大或不同年份变化不大时可用平均值代替。

通过当地试验资料或现状典型调查，分别确定林果地和草场灌溉的净灌溉定额、渠系水利用系数、发展面积预测指标，再进行林果地和草场灌溉净需水量和毛需水量预测；牲畜用水根据牲畜存栏数量与用水定额进行预测；鱼塘补水量为维持鱼塘一定水面面积和相应水深所需要补充的水量，采用亩均补水定额方法计算，亩均补水定额可根据鱼塘渗漏量及水面蒸发量与降水量的差值加以确定。

（3）农业需水量年内分配

农业需水具有季节性的特点，农业需水量月分配系数可根据种植结构、灌溉制度及典型调查加以综合确定。

3）工业需水量 W_I

工业需水分为高用水工业、一般工业和火(核)电工业三类。

高用水工业和一般工业需水可采用万元增加值用水量法进行预测，高用水工业需水预测可参照原国家经济贸易委员会编制的工业节水方案的有关成果。火(核)电工业用水分循环式和直流式两种用水类型，采用单位发电量(亿kW·h)用水量法进行需水预测，并以单位装机容量(万kW)用水量法进行复核。预测时，需结合有关部门已制定的工业用水定额标准等基本依据。远期工业用水定额的确定，可参考目前经济比较发达、用水水平比较先进的国家或地区现有的工业用水定额水平结合本地发展条件确定。

工业用水定额预测考虑的主要影响因素包括行业生产性质及产品结构、用水水平、节水程度、企业生产规模、生产工艺、生产设备及技术水平、用水管理与水价水平、自然因素与取水(供水)条件等。

多数地区工业用水年内分配相对均匀，仅对年内用水变幅较大的地区，通过典型调查进行用水过程分析，计算工业需水量月分配系数，确定工业用水的年内需水过程。

4）建筑业和第三产业需水预测

建筑业需水预测主要采用单位建筑面积用水量法、建筑业万元增加值用水量法，第三产业需水预测采用万元增加值用水量法，根据这些产业发展规划成果，结合用水现状分析，预测各规划水平年的净需水量和毛需水量。按照月需水量以及典型调查确定用水量的年内需水过程。

5）生态环境需水量 W_E

生态环境需水量是指为维持生态与环境功能和进行生态环境建设所需要的最小需水量，按河道内和河道外两类生态环境需水口径分别进行预测。

河道内生态环境用水一般为维持河道基本功能和河口生态环境的用水。河道外生态环境用水分为城镇生态环境美化和其他生态环境建设用水等。

不同类型的生态环境需水量的计算方法不同。城镇绿化用水、防护林草用水等以植被需水为主体的生态环境需水量，可采用定额预测方法；湖泊、湿地、城镇河湖补水等，以规划水面面积的水面蒸发量与降水量之差为其生态环境需水量。对于以植被为主的生态需水量，要求对地下水水位提出控制要求。一般城市生态需水量 W_E 主要是指以植被需水为主体的生态环境需水量。

6) 河道内其他需水预测

河道内其他生产活动用水(包括航运、水电、渔业、旅游等)一般来讲不消耗水量，但因其对水位、流量等有一定的要求，估算此类用水量主要是为了做好河道内控制节点的水量平衡。

7) 需水预测汇总 W

在生活、生产和生态(环境)三大用水户需水预测基础上，进行河道内和河道外需水预测成果的汇总。

3.3.1.3　多元回归分析法

多元回归分析法是分析多个因素(自变量)如何影响另一事物(因变量)的过程，以及其数量变化关系，表现这一关系的数学公式称为多元回归模型。实际需水预测中大多采用多元线性回归模型，假定 Q_t 为预测用水量(m^3)，是一个可观测的随机变量，受到 m 个非随机因素 X_m (主要包括人口、GDP、城市建设用地面积等)和随机因素 ε 的影响，存在如下线性关系：

$$Q_t = \beta_0 + \beta_1 X_1 + \cdots + \beta_m X_m + \varepsilon \tag{3.3-2}$$

式中：β_0 、β_1 、β_m 是 $m+1$ 个未知的参数(回归系数)；通常假定 $\varepsilon \sim N(0,\sigma^2)$ 。

对于实际问题，要建立多元回归方程，首先要估计出这 $m+1$ 个未知参数。为此，要进行 n 次独立观测，得到 n 组样本数据 $(x_{i1}, x_{i2}, \cdots, x_{im}; Q_i)$ ，即

$$\begin{cases} Q_1 = \beta_0 + \beta_1 x_{11} + \beta_2 x_{12} + \cdots + \beta_m x_{1m} + \varepsilon_1 \\ Q_2 = \beta_0 + \beta_1 x_{21} + \beta_2 x_{22} + \cdots + \beta_m x_{2m} + \varepsilon_2 \\ \qquad \vdots \\ Q_n = \beta_0 + \beta_1 x_{n1} + \beta_2 x_{n2} + \cdots + \beta_m x_{nm} + \varepsilon_n \end{cases} \tag{3.3-3}$$

其中，ε_1 ，ε_2 ，…，ε_n 相互独立且都服从 $N(0,\sigma^2)$ 。多元回归分析法尤其是多元线性回归法具有预测方法简单、模型简捷、预测成本相对较低等优点。由于用水影响因素复杂且难以确定，用水量和影响因素之间并不一定都是线性关系，当用水量发生波动时，该模型将受到影响，可能导致预测结果误差较大。在实际应用中，也采用主成分分析法对多重共线性问题进行解决，即采用将数据从高维降低到低维的方式选出几个不具有相关关系(关系不大)的综合指标作为主成分，建立其与因变量的回归方程。

3.3.1.4　时间序列法

时间序列法是比较常用的一类统计分析方法，也称为时间序列趋势外推法。它主要研究历年用水量随时间的变化规律，以此来预测未来需水量发展趋势。

如在预测城镇生活需水量的时候，考虑在一定范围内，其增长速度比较有规律，采用趋势外延的方法和简单的相关关系可预测未来某个年份的需水量 W_t 。

$$W_t = W_0 (1+d)^n \tag{3.3-4}$$

式中：W_0 为起始年份的生活需水量；d 为用水量年增长率；n 为预测年份和起始年份的时间差。

值得注意的是，由于近些年从国家到地方加大了节水政策的力度，各地节水政策的施行导致用水量的变化，尤其是工业用水量和城镇生活用水量变化较大。用该法进行分析时，采用不同长短的资料系列时要重点分析资料的一致性。

生长曲线预测法是时间序列法中比较有代表性的方法，它是预测事件的一组观测数据(历年用水量)随时间的变化符合生长曲线的规律，以生长曲线模型进行预测的方法。这个规律由多个不同变化速度的阶段

组成，一般为发生、发展、成熟三个阶段，每一个阶段的变化速度各不相同，发生阶段变化速度较缓慢，发展阶段变化速度加快，成熟阶段变化速度又变得缓慢或趋于稳定。生长曲线有多种形式，如多项式增长曲线、简单指数曲线、修正指数曲线、Gompertz 曲线、Logistic 曲线等。

在需水量预测工作中，Gompertz 曲线（事物的发展是一个从萌芽、成长到饱和的周期过程）描述的现象更接近历年用水量随时间的变化规律，适用于需水量的长期预测，在利用历史数据的同时，考虑了规划水平年需水量 W 的上极限值：

$$W = W_m / (1 + A\,e^{-kt}) \tag{3.3-5}$$

式中：W_m 为需水量的上限值；A、k 为模型参数。

3.3.1.5 灰色预测法

灰色系统理论是一种基于数学理论的方法，灰色模型简称 GM 模型，对于一些信息不充分或含有未确认信息的系统，这种方法能将这些有限的、不完全的信息，无规律的数据序列转化为易于建模的新序列，建立灰色微分预测模型，可对事物发展规律做出模糊性的长期描述。这里的灰色是指系统的某些特性，如模糊的结构关系、随机动态变化、数据不完全甚至具有不确定性，等等。

GM(1,1)模型是一种动态模型，表示 1 阶的、1 个变量的微分方程模型，是灰色预测法中最常用的一种方法，GM(1,1)模型是基于随机的原始时间序列，按时间累加后形成的新的时间序列呈现的规律，可用一阶线性微分方程解来逼近。实验证明，当原始时间序列隐含着指数变化规律时，GM(1,1)模型的预测精度会更好。在需水量预测中进行用水量因素分析时，该方法可以准确地分析出最主要的影响因素及其发展变化规律，采用灰色预测法进行需水量预测工作时，建立模型所需的信息量较少、精度较高，分析得出的结果具有相关性强、离散性小等特点，适合缺乏资料的地区。但是受模型自身限制，其用于近期和中期预测的效果更好。GM(1,1)模型的基本原理是，假定有 n 年的原始用水量 $x^{(0)}$ 数列：

$$x^{(0)} = (x^{(0)}(1), x^{(0)}(2), \cdots, x^{(0)}(n)) \tag{3.3-6}$$

其 1 次累加生成数列 $x^{(1)}$ 为：

$$x^{(1)} = (x^{(1)}(1), x^{(1)}(2), \cdots, x^{(1)}(n)) \tag{3.3-7}$$

其中，$x^{(1)}(k) = \sum_{i=1}^{k} x^{(0)}(i), k = 1, 2, \cdots, n$。

定义 $x^{(1)}$ 的灰导数为：

$$d(k) = x^{(0)}(k) = x^{(1)}(k) - x^{(1)}(k-1) \tag{3.3-8}$$

数列 $x^{(1)}$ 的邻值生成数列 $z^{(1)}$，即

$$z^{(1)} = (x^{(1)}(2), x^{(1)}(3), \cdots, x^{(1)}(n)) \tag{3.3-9}$$

$$z^{(1)} = \alpha x^{(1)}(k) + (1-\alpha)\, x^{(1)}(k-1) \tag{3.3-10}$$

因此，GM(1,1)模型的灰色微分方程为：

$$x^{(0)}(k) + a z^{(1)}(k) = b \tag{3.3-11}$$

将 $k = 2, 3, \cdots, n$ 代入上述方程，求出矩阵的参数 a、b 值。

3.3.1.6 人工神经网络模型法

人工神经网络是一种模仿人脑神经网络的计算系统。大脑从所经历的事物中学习，这些系统也是如此，即通过比较样本来学习任务，通常没有特定的目标。

人工神经网络模型法中最具有代表性的模型是 BP 网络。BP 是“误差反向传播”的简称，BP 网络是一

种与最优化方法（如梯度下降法）结合使用，用来训练人工神经网络的常见方法。利用 BP 网络建立预测城市需水量模型时，将非线性可微分的需水量预测公式用在其多层网络中来回进行权值训练，直至误差满足要求。

人工神经网络模型法使用简单、预测精度高，在未来的需水量预测中有很大的利用空间。但是历史数据会对预测结果是否合理产生很大的影响，只有在指标体系和训练样本数据较好的情况下，才会使预测值更接近实际值。

3.3.2　影响需水量主要因素

按照水资源供需分析技术规范，与需水预测有关的经济社会发展指标应包括人口及城市化率、国民经济发展指标、农业发展及土地利用指标等。人口因素包括总人口、城镇人口、农村人口、城市化率等。国民经济发展因素包括地区生产总值及其组成结构、工业总产值（增加值）及发展速度。农业发展及土地利用指标应包括农田灌溉面积、林果地灌溉面积、牧草场灌溉面积、鱼塘面积、牲畜存栏数等。

影响城镇需水量预测的因素有很多，除此之外，还有国家或地区发展规划政策、可持续发展要求等，以及城镇给排水系统等基础配套设施的建设现状与城镇规划要求之间的矛盾等。

虽然这些因素都影响着城镇需水量，但是每个城镇的主要因素和每个因素影响程度是不同的。为了建立更加准确而实际的需水量预测模型，需要评价不同因素对城镇需水量的影响程度。

3.3.2.1　城镇用水人口的变化

人口因素一直是影响城镇用水量最主要的因素之一。

据统计，从 2005 年到 2020 年，重庆市人口从 2 798 万人增加到 3 209 万人，城镇人口从 1 266 万人增加至 2 229 万人，增加了 76.1%；城市化率呈上升趋势，从 45.2%升高至 69.5%，增加了24.3%。图 3.3-1 为 2005—2020 年重庆市的用水总量和用水人口数的关系图。

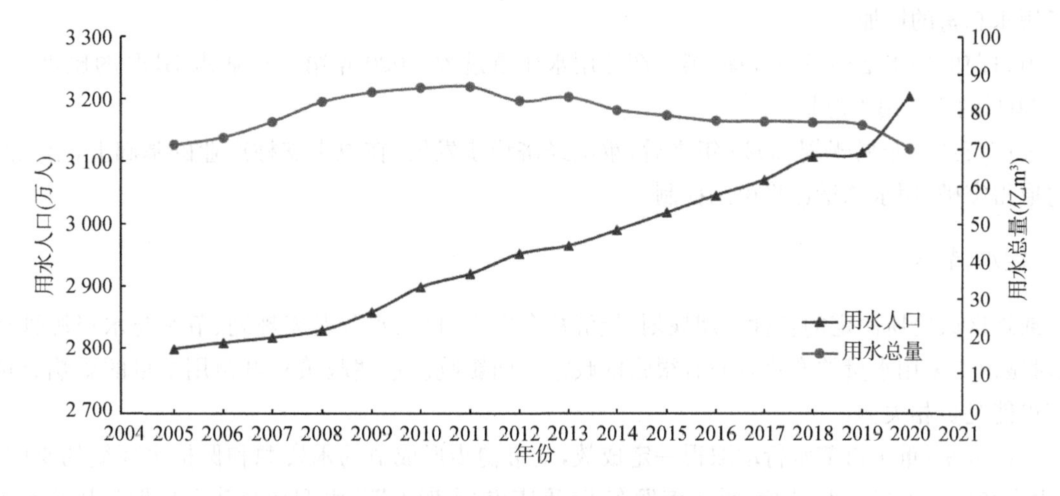

图 3.3-1　2005—2020 年重庆市的用水总量和用水人口数的关系图

由上图可知，2011 年以前用水总量逐年增加，之后逐年降低，这和重庆市施行最严格水资源管理制度相关；而用水人口逐年增加。这说明人口数和用水总量在长期内并非呈正相关，人口因素不是用水总量的唯一决定性因素。

3.3.2.2　GDP 对城镇需水量的影响

据统计，重庆市 GDP 从 2005 年的 3 448.35 亿元增加到 2020 年的 25 002.79 亿元，增速降至 6%～7%的中速水平，符合国务院发展研究中心在“中国发展高层论坛 2013”经济峰会上的经济预期；人均 GDP 从 1.2万元增长至 7.8 万元。万元 GDP 用水量从 2005 年的 210 m³/万元逐年下降至 2020 年的 28 m³/万元。

从资源环境角度来看，中国在追求 GDP 增长的过程中对环境生态的破坏十分严重，资源和环境的承载能力快速下降至接近极限值的现状已让我国无法再实现 GDP 高速增长。

GDP 的增长与区域需水量密切相关，万元产值用水量被广泛应用于工业耗水量的评估中，以寻求 GDP 增长与区域需水量的关系。研究 GDP 增长极限时(规划年)的需水量是为了明确该区域未来一定时间范围内的需水量目标，从而有针对性地制定相关政策措施来保证社会经济发展所需的水量。

在城镇需水量预测中，常将公共生活用水包含在生活用水量中进行预测，考虑 GDP 变化和公共生活用水之间的密切关系，需水量预测中可通过第三产业产值和万元第三产业产值用水量预测第三产业用水量。

在城镇用水量中，工业用水量一直在用水总量中占较大的比例。工业用水量影响因素较多，不同地区、行业的工业用水量差异很大，即使是同一行业的不同企业，节水效率、生产工艺的不同也会影响工业用水量。万元工业增加值用水量法在预测中能很好地反映工业用水效率，适用性更强。

农业用水量因气候条件、农业灌溉方式、种植作物种类等不同有很大差异，加上降雨量的时空分布不均，不少地区经常发生旱、涝灾害，导致农作物严重减产。各地区的农业总产值包括农、林、牧、渔业的全部生产产值，即为第一产业总产值。农业总产值和农业用水量大体呈正相关。

3.3.2.3 产业结构

随着经济的发展，重庆市产业结构也在发生变化，从 2005 年到 2020 年，第一产业比重从 13.20%降至 2017 年的 6.36%后增加至 2020 年的 7.21%；第二产业比重 2006 年最高，为 48.03%，2007 年至 2015 年在 45%～47%内波动，2016 年之后逐步减少至 2020 年的 39.96%；第三产业比重从 41.58%增加至 2019 年的 53.64%后略降低至 2020 年的 52.83%。2020 年三次产业占比为 7.21∶39.96∶52.83。

重庆市第二产业比重开始降低是工业用水减少的前奏，其根本原因是产业结构升级与工艺技术进步，实质是高耗水的重化工行业规模的萎缩或转移。第三产业的快速发展替代了部分高耗水产业，在一定程度上缓解了用水总量的增加。

重庆市目前的用水结构较不合理，第一产业用水比重过大，2020 年第一产业占 GDP 的比重为 7.21%，占用了约 30%的全市用水总量。

按照重庆市产业布局规划，2020 年之后，重庆经济稳步发展，在原来支柱产业的基础上，第三产业和高新科技将取得突破，用水总量也将得到控制。

3.3.2.4 控水、节水

国家或地区政府所制定的各种远期规划、经济社会发展目标、水务发展规划、节水与水资源管理方面的政策等，对城镇未来用水量的变化方向有很强的政策导向影响。这些政策对城镇用水量的影响有可能是正相关也有可能是负相关。

“十三五”以来，重庆市节水行动取得一定成效，全市初步形成节约水资源和保护水环境的空间格局、产业结构、生产和生活方式。2021 年，重庆市发布了《重庆市“十四五”节水型社会建设规划》，从节水重点行业领域着手，落实“节水优先”方针，拟在“农业节水增效、工业节水减排、城镇节水降损、非常规水利用”四个方面实施深度节水控水的计划。

农业节水增效从优化调整农业产业结构、推进现代农业产业园建设、构建现代农业产业园格局、推进节水灌溉工程建设、推广渔业畜禽养殖节水等方面进行。工业节水减排主要从产业优化布局入手，落实产业投资准入要求，淘汰高耗水行业落后产能，重点实施企业节水技术改造，推进现有企业和园区开展以节水为重点内容的绿色高质量转型升级和循环化改造，加快节水及水循环利用设施建设。城镇节水降损是将节水落实到城市管理、用水消费各环节，实现优水优用、循环循序利用，包括但不仅限于控制供水管网漏损、建筑节水、园林绿化节水、严控服务业用水、推进农村生活节水等方面。重庆市积极推进创建国家节水型城市，力争早日实现全市 40%以上区县达到重庆市节水型城市创建标准的阶段目标。非常规水利用需要全市统筹节水与再生水利用，将再生水纳入水资源统一配置，促进再生水、雨水、矿井水等非常规水多元、梯级和安全利用，逐年提高非常规水利用比例；结合海绵城市建设，加强雨水集蓄利用。

落实计划的重要保障之一就是实施高效节水管理，需要从取用水过程监控、深化水价水权改革、广泛开展全民节水宣传、加强节水教育培训等方面进行。总体来说，控水、节水对需水量的影响是积极的负相关。

3.3.3　需水量预测方法选择

根据不同地区基础资料完备程度的不同、不同方法的特点及适用范围，选取适宜山地城市的需水量预测方法。

事实上，考虑城镇用水的组成时，每种用水户需水量的预测方法是不同的。生活需水量预测方法很多，城镇生活需水，在一定范围内，其增长速度相对有规律，可采用趋势外延（用水增量趋势法）和简单相关法推求，常采用的方法有：定额法、回归分析法、时间序列法、指标法、灰色预测法、人工神经网络模型法等。值得注意的是，长系列的时间序列应考虑近几年节水变化引起的用水量变化，保持资料一致性。工业需水量预测方法中较常见的有万元产值指标法、增长率法、重复利用率提高法、分块预测法[考虑火（核）电和其他工业用水、特殊工业用水分开]、生产函数预测法、趋势外延法、相关法（工业用水的统计参数与工业增加值的相关关系）等。建筑业和第三产业用水量预测方法常见的有万元增加值用水量法（定额法）、单位建筑面积用水量法等。农业需水量常用的预测方法有经验公式法、比较与外延法、回归分析法和增长率法。

3.3.4　山地城市需水预测模型

3.3.4.1　组合预测模型

用于需水量预测的单一预测模型存在局限性，各种预测方法都有其自身的优点和不足，在开展山地城市需水量预测的过程中，必须结合山地城市的实际情况和发展需求，合理选择一种或几种预测方法。

在山地城市需水量预测中适宜采用组合预测模型，即将两个及以上单一模型组合起来对需水量进行预测。组合预测模型的基本思想是利用每个模型的特性在数据中捕获不同的信息，再组合起来建立一种新的预测模型，在一定程度上可以改善模型的预测精度，提升模型稳定性。

3.3.4.2　分布式城市需水模型

近年来，分布式城市需水模型逐渐热门起来，相比传统的城市需水量预测方法，分布式模型参数与研究区域地块单元具有空间联系，模型模拟得到的结果是基于单元尺度的分布式需水量数据。由于山地城市空间结构具有分散式的特点，依据江河、山地、丘陵进行板块划分，分割开后，可采用二次建模的分布式模型，先依据地形自然分割划分大的组团（利用总量模型预测），再根据组团内的用水户特点进行二次分割。

板块与单元的二次分割等多种方法的组合能够充分反映山地城市空间结构、用水特性和发展趋势。

3.3.4.3　国民经济水资源投入产出模型

在实际工作中，“三条红线”控制以及各项政策、规划的约束，模型参数仍然存在一定的不确定性，在一定程度上将影响需水量预测。随着人们对经济社会用水规律认识的逐步加深，国民经济不同产业、行业、经济部门的水资源投入-产出矩阵将成为未来需水预测的重要工具。采用水资源投入产出技术分析方法研究得出水资源耗水量与国民经济的数量关系，可作为需水量预测中的重要参数。

1）水资源投入产出技术分析原理

使用投入产出技术建立水资源耗水量模型时，水资源投入产出技术分析方法想要研究各个产业的完全耗水量情况，需要在价值型投入产出表之外“单独”地引入各部门生产中消耗的水资源量。

投入产出表是利用矩阵形式记录国民经济各部门在固定时期生产活动的投入和产出，并展现国民经济各个产业部门之间互相制约、互相依存的经济关系，是用投入产出核算国民经济体系的关键构成部分。产业部门耗水量是指生产过程中损耗的、无法回收利用的净耗水量。将产业部门耗水量作为一种特定消耗量放进投入产出表中，构成水资源经济投入产出表，并计算各个耗水系数，这些系数用以定量研究水资源各产业经济的内在联系。

在此基础上把生产部门看成一个黑箱，只计算投入和流出此产业的水量差，简化生产部门内部的循环与回水用量。根据投入产出分析模型，将产业部门的耗水量引入投入块，即可得到国民经济水资源经济投入产出表。

2）水资源经济投入产出模型

水资源投入产出模型的行模型：中间使用＋最终使用＝总产出。

$$\sum_{j=1}^{n} X_{ij} + Y_i = X_i, \qquad i = 1,2,\cdots,n \tag{3.3-12}$$

对于用水量投入部门，则为

$$\sum_{j=1}^{n} W_j + W_y = H, \qquad j = 1,2,\cdots,n \tag{3.3-13}$$

式中：$\sum_{j=1}^{n} X_{ij}$ 为第 i 部门供给各产业部门的中间产出；Y_i 为第 i 部门提供的最终产出；X_i 为第 i 部门总产出；$\sum_{j=1}^{n} W_j$ 为各产业部门中间产出耗水量之和；W_y 为产业部门最终产出耗水量；H 为产业部门总产出耗水量。

水资源投入产出模型的列模型：中间投入＋最终投入(增加值)＝总投入。

$$\sum_{i=1}^{n} X_{ij} + N_j = X_j, \qquad j = 1,2,\cdots,n \tag{3.3-14}$$

式中：$\sum_{i=1}^{n} X_{ij}$ 为第 j 部门中间产出所占用的其他产业部门投入；N_j 为第 j 部门最终产出占用投入；X_j 为第 j 部门占用总投入。

3）产业部门耗水分析模型

(1) 产业直接耗水系数 P_j (m^3/万元)

P_j 是指某个产业部门单位产出而消耗的水资源量：

$$P_j = \frac{H_j}{X_j}, \qquad j = 1,2,\cdots,n \tag{3.3-15}$$

n 个产业部门的 n 个直接耗水系数组成向量为 $P_j(P_1, P_2, \cdots, P_n)$。

(2) 产业完全耗水系数 CP_j (m^3/万元)

该系数是指某产业部门每增加一万元产值的最终产品，整个产业经济系统所累积增加的耗水量(为直接耗水系数与间接耗水系数之和)。

$$CP_j = P_j (\boldsymbol{I} - \boldsymbol{A})^{-1} \tag{3.3-16}$$

式中：$\boldsymbol{A}$ 为国民经济投入产出直接消耗系数矩阵；$\boldsymbol{I}$ 为单位矩阵；$(\boldsymbol{I} - \boldsymbol{A})^{-1}$ 为列昂惕夫矩阵。

(3) 产业耗水乘数 MP_j

它是某一行业增加单位产值整个经济系统所增加的耗水量，用于反映经济行业发展用水的乘数效应，为完全耗水系数与直接耗水系数的比值。

$$MP_j = CP_j / P_j \tag{3.3-17}$$

3.4 基于SD模型的渝北区需水量预测分析

3.4.1 研究区概况

渝北区水资源总量相对较为丰富，但主要为过境水，由于水资源时空分布不均，水土资源与人口分布、经济发展布局不平衡等原因，造成局部地区缺水，如遇特枯年份，缺水将更为严重，如2006年四川、重庆部分地区持续高温少雨导致严重伏旱，给渝北区的经济社会发展造成了巨大损失。

为了认真贯彻落实中央和重庆市“实行最严格水资源管理制度”的精神，逐步建立符合渝北区经济社会发展的水资源量合理分配和高效利用体系。在对全区水资源状况调查分析的基础上，按照高效、可持续利用原则，通过工程和非工程措施，对各行业之间进行水量的合理调配，以建立全区的水资源综合合理配置体系，实现水资源、区域经济社会发展与生态环境保护相互协调。由此，进行渝北区需水量预测是非常重要的环节。

3.4.2 预测模型

水资源系统包括需水和供水两部分。需水系统由生活、生产和生态环境三大类组成，生活需水分城镇居民生活用水和农村居民生活用水。生产需水分为第一产业（农林牧渔业）需水、第二产业（工业、建筑业）需水、第三产业（服务业）需水。其中，农业需水由农林灌溉与渔业、牲畜需水组成，农业需水受农林灌溉面积、牲畜数量及用水定额影响，主要为农业种植业灌溉需水；生活需水由总人口及人口用水习惯决定；工业需水取决于工业总产值和工业用水定额。

生态环境需水量预测不仅要考虑城镇河流、湖泊补水，湿地、绿地用水，地下水补水；还包括大气降水、径流自然满足的水量对生态需水量的影响。按大类生态环境需水分为河道内和河道外生态需水。这里主要考虑河道外生态需水，主要为城镇生态环境美化需水量，参考《城市给水工程规划规范》中对城镇绿地、道路浇洒、林地等单位用地用水定额，这里根据城镇发展考虑城镇绿地占比，按照单位面积绿化用水概算综合定额来计算。

表3.4-1 用水户分类及层次结构表

一级	二级	三级	四级	备注
生活	生活	城镇生活	城镇居民生活	不包括绿地用水
		农村生活	农村居民生活	不包括牲畜用水
生产	一产	种植业	水田	水稻等
			水浇地	小麦、玉米、棉花、蔬菜等
			灌溉林果地	果树、苗圃、经济林等
		林牧渔业	鱼塘补水	—
			牲畜	大牲畜、小牲畜
	二产	工业	一般城镇工业	—
			工业组团	—
		建筑业	建筑业	—
	三产	服务业	城镇公共用水	—
生态环境	河道内	生态环境功能	—	已经扣除，不计入供需平衡
	河道外	城镇生态环境美化	—	城镇绿地

供水系统由地表水、地下水组成，主要包含蓄水工程、石河堰和引水堰工程、提水工程等。渝北区现有供水设施主要包括中小型水库、山坪塘、塘库提水工程、江河提灌站、城镇水厂、企事业单位自提水工程、城

镇人饮工程、石河堰等。

渝北区水资源现状决定了地表水和地下水水资源可开采量，蓄提引水工程决定了可供水量。供需水不平衡会造成缺水问题，缺水程度在一定程度上影响各部分需水量。通过缺水程度可以反映渝北区水资源短缺程度。

现有水利工程存在的问题主要表现在以下几个方面：

(1) 水资源时空分布不均匀，开发潜力较大

渝北区主要河流有御临河、后河、温塘河、朝阳河、平滩河和东河，多年平均地表水资源总量为 8.53 亿 m^3，可利用量约为 2.61 亿 m^3，2020 年人均地表水资源量为 389 m^3，远低于重庆市人均地表水资源量 1 727 m^3，高于主城区中心城区人均地表水资源量 287 m^3。但渝北区水资源时空分布不均匀，呈现西北偏多东南偏少的特征，且径流年内年际分配不均匀，主要集中在 4—10 月，与经济社会发展格局不相适应。

渝北区依托长江和嘉陵江，过境水资源十分丰富，可以被利用。现状水资源开发利用率约 17.56%，本地水资源开发利用程度较低，同时考虑到长江、嘉陵江丰富的过境水量，可认为渝北区水资源开发具有较大的空间。

(2) 供水工程分布不均，缺乏骨干水源工程

渝北区地势由北向南倾斜，条形山地与宽缓丘陵谷地相间排列，构成以山岭槽谷为主，深浅丘错落和沿江河谷阶地地貌，相对高差较大，历年来各地供水工程的发展又不平衡，由此造成渝北区供水工程分布不均的状况。目前，渝北区的主要供水工程分布在后河流域以及御临河沿岸，且由南至北逐渐减少；在海拔相对较高地区，主要分布着引泉供水工程、地下水源工程等小型水利工程。

渝北区缺乏调蓄能力较强的水库，目前建成的仅有 3 座中型水库，分别为观音洞水库、新桥水库和两岔水库。3 座水库总库容为 10 016 万 m^3，兴利库容为 6 442 万 m^3，其供水和调蓄能力有限，与目前渝北区的经济社会发展速度不相适应。随着两江新区的产业布局和一批工业园区的设立，对重点水源保障工程的要求必然会越来越高。

(3) 经济社会的发展对水的需求矛盾更为突出

根据《重庆市城乡总体规划(2007—2020)》，渝北区属于重庆市主城区，纳入主城区城乡总体规划，规划采用组团、重点乡镇和城郊小城镇发展模式，大力发展先进制造业、高新技术产业以及现代农业和服务业，未来渝北区将实现经济社会跨越式发展，城镇化水平持续提高。据预测，至 2030 年渝北区城镇化率将达到 90%以上，城镇化程度明显提高，城镇供水安全保障的要求相应提升。

从全区角度看，渝北区现状水量虽尚有富余，但除北部新区主要依靠嘉陵江丰富的过境水提水解决外，当遭遇特枯年份($P=95\%$)时，御临河流域和朝阳河流域由于受到地形地势和技术经济条件等限制，不能充分有效地利用当地水资源，其供水仍将得不到解决，随着全区经济的快速发展和城镇化率的提高，水的供求矛盾将更加突出。

系统流图是系统动力模型基本变量和符号的有机组合。根据系统内部各因素之间因果关系设计系统流图，可以反映出系统内部各因果关系中不同变量的性质和特点。通过流图中关系的量化(采用 SD 模拟软件 Vensim 进行模型的构建与量化)就能达到模拟的目的。渝北区水资源系统是一个复杂的系统，它与人口、经济、生态、社会关系密切，因此把它分为人口、经济(农业、工业)、生态、水资源 4 个子系统，各个子系统相互联系，相互影响。

3.4.3 模型建立

在对系统中各个变量之间因果关系分析的基础上，构建了 5 个状态方程、多个速率方程和辅助方程以及表函数，以显示其定量关系。

总需水量 W_T 由生活需水量 W_D、工业需水量 W_I、农业需水量 W_A、公共服务业需水量 W_G 和生态需水量 W_E 组成。

$$W_T = W_D + W_I + W_A + W_G + W_E \tag{3.4-1}$$

生活子系统、工业子系统、农业子系统和公共服务业子系统、生态子系统主要变量的计算方式见下列公式：

$$W_D = W_{UD} + W_{RD} = P_{UD} \times Q_{UD} + P_{RD} \times Q_{RD} \tag{3.4-2}$$

$$W_I = V_I \times Q_I \tag{3.4-3}$$

$$W_A = W_{ir} + W_{BL} + W_{SL} = A_{ir} \times Q_{ir}/\eta + P_{BL} \times Q_{BL} + P_{SL} \times Q_{SL} \tag{3.4-4}$$

$$W_G = V_G \times Q_G \tag{3.4-5}$$

$$W_E = W_{UE} = A_U \times Q_{UE} \tag{3.4-6}$$

式中：W_D 表示生活需水量；W_{UD} 和 W_{RD} 分别表示城镇生活需水量和农村生活需水量；P_{UD} 和 P_{RD} 分别表示城镇人口和农村人口；Q_{UD} 和 Q_{RD} 分别表示城镇生活用水定额和农村生活用水定额；W_I 表示工业需水量；V_I 表示工业增加值；Q_I 表示万元工业增加值用水定额；W_A 表示农业需水量；W_{ir}、W_{BL} 、W_{SL} 分别表示灌溉需水量、大牲畜需水量和小牲畜需水量；Q_{ir} 、Q_{BL} 、Q_{SL} 分别表示综合净灌溉定额、大牲畜用水定额和小牲畜用水定额；A_{ir} 表示灌溉面积；η 表示平均灌溉水利用系数；P_{BL} 、P_{SL} 分别表示大牲畜、小牲畜存栏数量；W_G 表示公共服务业需水量；V_G 表示第三产业产值；Q_G 表示单位产值综合用水定额；W_{UE} 表示城镇生态环境美化需水量，由绿化面积占比城镇建成区面积 A_U 及单位面积用水量定额 Q_{UE} 来计算。

总供水量 GW_T 由地表水供水量 GW_S 和地下水供水量 GW_{UG} 组成，GW 表示供需差额。

现状年为 2020 年，*SD* 模型采用 2003—2015 年 13 年数据作为模拟阶段，获得拟合参数，依据结构分析法对参数进行更新用以校准模型，校准资料采用 2016—2020 年数据，用于不同情景下渝北区规划水平年 2030 年需水量和供需平衡模拟预测。

渝北区需水量预测系统动力学模型的需水相关数据主要包括社会经济数据、水资源数据，其中，人口、工业、灌溉、牲畜等社会经济数据来源于统计年鉴，以及与国民经济发展相关的各项发展规划；供水相关资料来源于重庆市水库登记、渝北区取水许可登记、渝北区现状及规划供水工程调查汇总以及重庆市、渝北区的水资源公报等。

数据总的约束条件为水资源管理“三条红线”，根据《重庆市人民政府办公厅关于印发重庆市实行最严格水资源管理制度考核办法的通知》(渝府办发〔2013〕95 号)得到。

3.4.4　模型校准与运行

模型校准是将参数输入模型运行后的模拟结果，与历史上的数据进行比较，以此验证模型的可靠性。模型中的参数主要为常数和初始值，以及模型校准表函数。

由于 SD 模型在模拟过程中采用插值的形式对表函数中间年份参数进行取值，本次模型校准着重考虑各行业发展规划后，将模型内经济社会发展指标、农业发展及土地利用指标实时更新后的值作为参数重新代入进行预测，使得模型模拟的趋势与历史数据表现的趋势大致一致。本次校准项目为人口子系统、经济子系统(工业、农业)与水资源子系统，被校准变量有生活需水量、工业需水量、农业需水量和总需水量。模型模拟结果与历史数据基本吻合，相对误差控制在 8%以内，参数可运用于模型预测阶段。

采用结构分析法中的统计资料分析法对《重庆市渝北区国民经济和社会发展第十三个五年规划纲要》、《重庆市渝北区国民经济和社会发展第十四个五年规划和二〇三五年远景目标纲要》以及渝北区相关部门提供的各行业发展规划等中的经济社会指标进行统计分析，并对渝北区 2015 年、2020 年的经济社会发展指标、农业发展及土地利用指标进行合理性评价，作为表函数的中间年份参数代入模型进行更新修正，预测规划年 2025 年和 2030 年的各项需水量。

(1) 人口与城镇化率

随着渝北区在全市集聚和辐射力的逐步增强，常住人口将继续保持增长态势，城镇化率也将逐步提高，并由加速期过渡到成熟期。由于渝北区相当一部分区域包含在两江新区内，同时是核心区的重要生态屏障，未来将承担对核心区内老旧城区和人口过密区的人口疏解功能，对于新增转移人口具有较大的吸引力，预计近期常住人口将保持稳定增长，城镇化率也将稳定提升，并在未来达到较高水平后，进入相对缓和状态。

渝北区现状 2020 年常住人口 219.15 万人，其中城镇人口 195.16 万人，农村人口 23.99 万人，城镇化率达到 89.05%。按照渝北区人口自然增长率统计，2003—2015 年人口平均自然增长率 7.3%，2015—2018 年人口自然增长率 3.8%，预测 2018—2025 年人口自然增长率取 2%，2026—2030 年取 1.5%。

综合多方面预测，预计 2025 年、2030 年城镇化率将分别提高到 90.64%和 91.90%，2025 年、2030 年渝北区城镇人口分别增加至 219.75 万人和 240.02 万人。渝北区人口发展校准及预测结果见表 3.4-2。

表 3.4-2　渝北区人口发展校准及预测结果

项目	2015 年	2020 年	2025 年	2030 年
人口自然增长率(%)	5.1	2.8	2.0	1.5
城镇化率(%)	82.26	89.05	90.64	91.90
常住人口(万人)	185.79	219.15	242.44	261.18
城镇人口(万人)	152.83	195.16	219.75	240.02
农村人口(万人)	32.96	23.99	22.69	21.16

(2) 国民经济各行业主要发展指标预测

随着发展阶段的转换、基数的奠高，渝北区经济进入增速换档下台阶期。综合多方面预测，预计 2025 年、2030 年渝北区工业增加值分别为 737.33 亿元和 936.50 亿元，建筑业增加值分别为 164.67 亿元和 212.33亿元，第三产业增加值分别为 2 007.67 亿元和 2 685.51 亿元。渝北区产业增加值校准及预测结果见表 3.4-3。

表 3.4-3　渝北区产业增加值校准及预测结果　　单位:亿元

项目	2015 年	2020 年	2025 年	2030 年
工业增加值	642.28	538.42	737.33	936.50
建筑业增加值	63.11	117.26	164.67	212.33
第三产业增加值	653.90	1 326.08	2 007.67	2 688.51

(3) 农业发展与土地利用

根据《重庆市中型灌区节水配套改造"十四五"规划报告》，并结合《渝北区土地利用总体规划(2006—2020 年)》《重庆市渝北区"十四五"节约用水规划》等成果预测农田有效灌溉面积、林果地灌溉面积和鱼塘补水面积。

渝北区农业发展指标预测成果详见表 3.4-4。虽然渝北区城市的发展、城市人口的增加导致城市用地规模不断扩大，耕地面积逐步减少，但近期水利工程的规划布局、渠系配套设施的完善、现代农业的加快推进等将使有效灌溉面积持续增长，并在远期维持在稳定水平。预计到 2025 年全区农田有效灌溉面积、林果地灌溉面积、鱼塘补水面积分别为 11 万亩、7.01 万亩和 2.83 万亩；到 2030 年全区农田有效灌溉面积增至 14 万亩，林果地灌溉面积将维持不变，鱼塘补水面积将小幅增加到 3.28 万亩。全区牲畜数量将较为平稳，预计到 2025 年全区大、小牲畜分别为 0.22 万头和 5.68 万头；到 2030 年大、小牲畜分别为 0.21 万头和 5.77 万头。

表 3.4-4　渝北区农业发展指标预测成果表

水平年	农田有效灌溉面积(万亩)	林果灌溉面积(万亩)	鱼塘补水面积(万亩)	牲畜(万头)	
				大牲畜	小牲畜
2025 年	11	7.01	2.83	0.22	5.68
2030 年	14	7.01	3.28	0.21	5.77

3.4.5　国民经济需水指标评价

3.4.5.1　生活用水定额

渝北区生活需水分城镇居民和农村居民两类，其中城镇居民生活需水量为城镇居民综合生活需水量，包括城镇居民生活、城镇公共（建筑业、第三产业），均采用人均日用水定额方法进行预测。渝北区规划水平年的居民生活用水定额是在2020年现状生活实际用水水平基础上，根据经济社会发展水平、人均收入水平、水价水平、节水器具推广与普及的实际情况，结合不同地区生活用水习惯，参照《重庆市第二三产业用水定额(2020年版)》(渝水〔2021〕56号)及国内类似地区的用水水平，结合渝北区的发展目标最终制定。在制定相应用水定额的过程中既考虑随着生活水平的提高，用水量呈增长趋势，同时又考虑随着科技的发展、政策法规的健全、认识的提高、节水力度的增大，用水量有减少趋势两方面的影响。

渝北区现状年城镇居民生活用水定额为150 L/(人·d)，预计到2025年和2030年，渝北区城镇居民生活用水定额分别为160 L/(人·d)和170 L/(人·d)。渝北区现状年农村居民生活用水毛定额为108 L/(人·d)，预计到2025年和2030年，渝北区农村居民生活用水定额保持不变，仍为108 L/(人·d)。

3.4.5.2　工业用水定额

根据渝北区现状情况，参照国内类似地区的用水水平，结合渝北区的发展目标，通过调整工业结构和产业优化升级、逐步提高水价、提高工业用水重复利用水平和推广先进的用水工艺与技术等措施，预测制定渝北区不同水平年的工业用水定额指标。

工业分为高用水工业、一般工业和火（核）电工业，渝北区无火（核）电用水。本次按照综合工业进行预测，采用万元工业增加值定额预测法，其中工业用水量按新鲜水量计，不包括企业内部的重复利用水量。

综合预测渝北区工业、建筑业、第三产业用水定额，详见表3.4-5。2025年和2030年渝北区万元工业增加值用水定额分别为18.3 m^3/万元、14.6 m^3/万元，建筑业用水定额分别为6.30 m^3/万元、6.10 m^3/万元，第三产业用水定额分别为2.70 m^3/万元、2.60 m^3/万元。

表3.4-5　渝北区工业、建筑业、第三产业用水定额　　单位：m^3/万元

水平年	万元工业增加值用水定额	建筑业用水定额	第三产业用水定额
现状年	22.0	6.54	2.79
2025年	18.3	6.30	2.70
2030年	14.6	6.10	2.60

3.4.5.3　农林畜牧用水定额

农田灌溉用水按耕地类型可分为水田和水浇地，本节中农业用水定额采用新口径，灌溉综合用水定额采用权重系数法进行计算。

结合渝北区目前已有现代都市农业规划，并参考《长江流域水资源综合规划》和重庆市的相关规划成果，综合考虑渝北区种植结构现状以及不同规划水平年作物种植结构的调整、灌溉节水技术提高等因素，预测在多年平均、$P=50\%$、$P=75\%$和$P=95\%$四种来水情况下的农田灌溉用水定额。综合预测渝北区农林畜牧用水定额成果详见表3.4-6。

考虑灌溉水利用系数的提高，预计到2025年，在多年平均、$P=50\%$、$P=75\%$和$P=95\%$来水情况下，渝北区农田灌溉综合用水定额分别为335 m^3/亩、346 m^3/亩、387 m^3/亩和434 m^3/亩；到2030年，在多年平均、$P=50\%$、$P=75\%$和$P=95\%$来水情况下，农田灌溉综合用水定额分别为315 m^3/亩、325 m^3/亩、365m^3/亩和409 m^3/亩。

预测到2025年，渝北区林果地灌溉毛定额、鱼塘补水毛定额分别为44 m^3/亩和306 m^3/亩；到2030年，

林果地灌溉毛定额、鱼塘补水毛定额分别为 40 m³/亩和 293 m³/亩。

预测到 2025 年和 2030 年，渝北区大牲畜用水定额分别为 37 L/(头·d)和 35 L/(头·d)，小牲畜分别为 32 L/(头·d)和 31 L/(头·d)。

表 3.4-6　渝北区农林畜牧用水定额

水平年	农田灌溉用水定额(m³/亩)				林果地灌溉毛定额(m³/亩)	鱼塘补水用水毛定额(m³/亩)	牲畜用水定额[L/(头·d)]	
	多年平均	$P=50\%$	$P=75\%$	$P=95\%$			大牲畜	小牲畜
现状年	355	366	410	460	47	318	38	33
2025 年	335	346	387	434	44	306	37	32
2030 年	315	325	365	409	40	293	35	31

3.4.5.4　生态用水定额

生态环境需水量主要为城镇绿化和环卫用水。随着城镇化率的提高，城镇人口急剧增长，城镇环境生态问题也越来越尖锐，必须利用生态手段，提高城市生态调控能力，实现生态城市景观格局的合理性和功能的完整性。根据渝北区实际情况，生态用水主要为城镇生态用水，本节以城镇人口为基数，根据人均生态需水定额预测城镇生态用水。

现状年城镇生态需水定额为 5.5 m³/人，由于城镇绿化和环卫用水相对较为稳定，2025 年和 2030 年的生态需水定额维持现状不变。

3.4.6　需水量预测

综合上述分析，渝北区规划年用水定额见表 3.4-7。

表 3.4-7　渝北区规划年用水定额

年份	生活		第一产业($P=75\%$)					第二产业		第三产业	生态
	城镇居民	农村居民	农田灌溉	林果灌溉	鱼塘补水	大牲畜	小牲畜	工业	建筑业		
	[L/(人·d)]		(m³/亩)			[L/(头·d)]		(m³/万元)		(m³/人)	
现状年	150	108	410	47	318	38	33	22.0	6.54	2.79	5.5
2025 年	160	108	387	44	306	37	32	18.3	6.30	2.70	5.5
2030 年	170	108	365	40	293	35	31	14.6	6.10	2.60	5.5

(1) 生活需水量预测

根据前面预测的城镇、农村人口发展指标，以及城镇居民生活、农村居民生活用水定额指标，渝北区城镇和农村生活需水量见表 3.4-8，到 2025 年和 2030 年，预计渝北区城镇居民生活需水量分别为 12 833 万 m³和 14 893 万 m³，农村居民生活需水量分别为 894 万 m³和 834 万 m³，故 2020 年和 2030 年生活需水总量分别为 13 727 万 m³和 15 727 万 m³。

表 3.4-8　渝北区生活需水量预测成果表　　单位：万 m³

规划年	城镇居民生活需水量	农村居民生活需水量	合计
2025 年	12 833	894	13 727
2030 年	14 893	834	15 727

(2) 农业需水量预测

根据农业发展与土地利用指标预测结果以及在多年平均、$P=50\%$、$P=75\%$、$P=95\%$四种来水情况下预测的农田灌溉定额，牲畜用水定额，林果地灌溉定额和鱼塘补水定额，考虑不同的灌溉水利用系数，计算预测渝北区农林畜牧需水量，详见表3.4-9。预计到2025年，渝北区林牧渔需水量合计为1 243万m^3，在多年平均、$P=50\%$、$P=75\%$、$P=95\%$来水情况下，农田灌溉需水量分别为3 685万m^3、3 806万m^3、4 257万m^3、4 774万m^3；到2030年，渝北区林牧渔畜需水量合计为1 309万m^3，在多年平均、$P=50\%$、$P=75\%$、$P=95\%$来水情况下，农田灌溉需水量分别为4 410万m^3、4 550万m^3、5 110万m^3、5 726万m^3。

表3.4-9　渝北区农林畜牧需水量预测成果表　　单位：万m^3

水平年	农田灌溉综合需水量				林果地灌溉需水量	鱼塘补水需水量	牲畜需水量	
	多年平均	$P=50\%$	$P=75\%$	$P=95\%$			大牲畜	小牲畜
2025年	3 685	3 806	4 257	4 774	308	866	3	66
2030年	4 410	4 550	5 110	5 726	280	961	3	65

(3) 工业、建筑业和第三产业需水预测

渝北区工业、建筑业和第三产业需水量预测成果见表3.4-10。到2025年和2030年，预计渝北区工业需水量分别为13 493万m^3和13 673万m^3；建筑业需水量分别为1 037万m^3和1 295万m^3；第三产业需水量分别为5 421万m^3和6 990万m^3。

表3.4-10　渝北区工业、建筑业和第三产业需水量预测成果　　单位：万m^3

规划年	工业需水量	建筑业需水量	第三产业需水量
2025年	13 493	1 037	5 421
2030年	13 673	1 295	6 990

(4) 生态环境需水预测

根据城镇人口、人均生态用水定额计算生态需水量，预计渝北区2025年和2030年生态需水量分别为1 209万m^3和1 320万m^3。

(5) 总需水量预测

渝北区总需水量预测见表3.4-11。预计渝北区2025年、2030年需水总量多年平均分别为39 816万m^3、44 725万m^3，$P=75\%$情况下分别为40 388万m^3、45 425万m^3。

表3.4-11　不同发展情景下总需水量预测　　单位：万m^3

规划年	多年平均	$P=50\%$	$P=75\%$	$P=95\%$
2025年	39 816	39 937	40 388	40 905
2030年	44 725	44 865	45 425	46 041

3.5　城市需水量预测的应用——供需水平衡

供需水平衡是指一定行政区域、经济区域或流域不同时期的可供水量和需水量保持平衡的关系。

分析不同时期不同部门供需水平衡的意义在于明确预测对象所在区域内的水资源利用现状和未来盈缺的时空分布，找出区域内的水资源供需矛盾，制定开源节流的总体规划、具体政策，实现城镇的可持续供水和安全供水。

3.5.1　供需水平衡分析方法

供需水平衡分析方法从大的方面划分，主要包括以下两种方式。

(1) 系列法。按雨情、水情的历史系列资料进行逐年的供需平衡分析计算，如水资源系统动态模拟法。

(2) 典型年法。仅根据雨情、水情具有代表性的几个不同年份进行分析计算，不必逐年计算。其优点是可以克服资料不全的问题。一般要对 $P=50\%$、$P=75\%$和 $P=90\%$(或 95%)三种频率代表年的供需水进行分析。

3.5.2 供需水时空分析

1. 从时间上分析

区域水资源计算时段可分别采用年、季、月、旬和日，选取的时段长度要适宜，时段分得太长，往往会掩盖供需矛盾，缺水期往往处在很短期的几个时段里；时段分得太短，收集资料难度和计算工作量都会大增。某些对精度要求不高的分析，也可以年作为计算时段。

(1) 根据各分区选择控制站，以控制站的实际来水系列进行频率计算，选择符合某一设计频率的实际典型年份。

(2) 计算各典型年的来水总量，可以选择年天然径流系列或年降水量系列进行频率分析计算。

山地城市如重庆降雨较多，缺水既与降雨有关，又与用水季节径流调节分配有关，故可以有多种系列选择。常采用的一种方法是按实际典型年的来水量进行分配，但地区内降雨、径流的时空分配受所选择典型年支配，具有一定的偶然性，故为了克服这种偶然性，通常选用频率相近的若干个实际年份进行分析计算，并从中选出对供需平衡偏于不利的情况进行分配。

从可持续发展观点来看，供需水分析可划分为现状的供需分析和不同发展阶段(不同水平年)的供需分析。

2. 从空间上分析

水资源供需分析，从分析的范围考虑，可划分为计算单元的供需分析、整个区域的供需分析、河流流域的供需分析。就某一区域来说，其可供水量和需水量在空间上的分布是不均匀的。进行分区水资源供需分析研究，便于弄清水资源供需平衡要素在各地区之间的差异，以便根据不同地区的特点采取不同的措施和对策。将大区域划分成若干个小区后，可以简化计算，便于工作的开展。

进行分区时尽量考虑三个原则：

(1) 尽量按流域、水系划分，对地下水开采区应尽量按同一水文地质单元划分，这样便于算清水账。

(2) 尽量照顾行政区划的完整性，这样便于资料的收集和统计，且有利于水资源开发利用和保护的决策和管理。

(3) 尽量不打乱供水、用水、排水系统。

3.5.3 工作内容

水资源供需分析要弄清研究区域现状和未来几个阶段的水资源供需状况，这几个阶段的水资源供需状况与区域的国民经济和社会发展有密切关系，并应与该区域可持续发展的总目标相协调。

1. 水平年

一般情况下，需要研究分析四个水平年的情况，分别为：现状水平年(又称基准年，系指现状情况以该年为标准)；近期水平年(基准年以后 5 年或 10 年)；远景水平年(基准年以后 15 年或 20 年)；远景设想水平年(基准年以后 30～50 年)。

2. 供水系统

一个地区的可供水量来自该区的供水系统。供水系统从工程分类，包括蓄水工程、引水工程、提水工程和调水工程；按水源分类，可分为地表水工程、地下水工程和污水再生回用工程。

3. 可供水量

可供水量是指不同水平年、不同保证率或不同频率条件下通过工程设施可提供的符合一定标准的水量，包括区域内的地表水和地下水、外流域的调水、污水处理回用和海水利用等。

在供水规划中，按照供水对象的不同，应规定不同的供水保证率，即在多年供水过程中，供水得到保证的年数占总年数的百分数，按照规范要求，居民生活供水保证率要求在 95%以上，工业用水供水保证率要达到 90%或 95%,农业用水的供水保证率一般在 50%或 75%,等等。

两种确定供水保证率的方法如下:

(1) 在多年供水过程中有保证年数占总供水年数的百分数。今后多年是一个计算系列,在这个系列中,不管哪一个年份,只要有保证的年数足够,就可以达到所需保证率。

(2) 规定某一个年份(如 2000 年这个水平年),这一年的来水可以是各种各样的,现在将某系列各年的来水都放到 2000 年这一水平年进行供需分析,计算其供水有保证的年数占系列总年数的百分数,即为 2000 年这一水平年的供水遇到所用系列的来水时的供水保证率。

4. 供需水平衡分析

从供需分析的深度看,可划分为不同发展阶段(不同水平年)的一次供需分析、二次供需分析和三次供需分析。

一次供需分析:即初步供需分析,不一定要进行供需平衡和提出供需平衡分析的规划方案。

二次供需分析:要求供需平衡分析和提出供需平衡分析的规划方案。特别是当供需不平衡时,对解决缺水的途径要进一步分析论证并做出规划方案。

三次供需平衡分析:如果供需分析仍有较大缺口,应进一步加大调整产业布局和结构的力度,采取调水措施,以达到供需平衡和水资源可持续利用的目的。

3.5.4 渝北区供需水平衡分析

3.5.4.1 一次供需分析

一次供需分析是在不考虑增加新建水源工程和新供水措施,仅考虑人口自然增长、经济发展、城市化等需水量情况下,由现状工程的供水能力与各水平年正常增长的需水要求组成各水平年的一组方案,提出水资源供需分析中的余缺水程度,得到水资源合理配置方案可行域下限,以及最大缺水量。

渝北区现有供水设施主要包括中小型水库、山坪塘、塘库提水工程、江河提灌站、城镇水厂、企事业单位自提水工程、城镇人饮工程、石河堰等。其中水库、山坪塘、石河堰的用水户主要为农业用水和农村饮水,塘库提水工程、江河提灌站的用水户主要为农业灌溉,城镇水厂、城镇人饮工程的用水户主要为城镇居民生活用水、城镇公共用水和城镇生态用水。

在现状工程可供水量分析的基础上,结合规划水平年需水预测成果,进行规划水平年一次供需平衡分析,详见表 3.5-1。其中由于考虑了水源数量的退减、工程功能任务的调整以及工程渗漏淤积、老化失修、配套设施不完善等因素,在现状供水工程布局下,一次供需平衡各规划水平年可供水量小于基准年可供水量。按照模型预测结果,渝北区 2030 年多年平均情况下缺水 13 643 万 m^3,缺水率 30.50%,其中 2030 年城镇生活需水量 14 893 万 m^3,现状供水工程下缺水量达到 4 095 万 m^3;农业(包括农村居民用水和一产用水)缺水量 1 897 万 m^3。

表 3.5-1 渝北区规划水平年一次供需平衡成果表(2030 年)

频率	需水量(万 m^3)	可供水量(万 m^3)	缺水量(万 m^3)	缺水率
多年平均	44 725	31 082	13 643	30.50%
P=50%	44 865	31 082	13 783	30.72%
P=75%	45 425	29 315	16 110	35.47%
P=95%	46 041	28 043	17 998	39.09%

一次供需平衡结果表明,渝北区现状工程供水能力无法满足未来日趋增长的用水需求,且规划水平年需水缺口较大,将直接影响到渝北区的经济社会发展。

3.5.4.2 二次供需分析

在一次供需平衡的基础上，考虑已建水利工程续建配套、挖潜改造，同时根据缺水量及其分布情况，在现状工程的基础上，进一步采取工程措施，因地制宜地规划新建一批水源工程，适当开源，增加供水能力，并进行规划水平年的二次供需平衡分析。

1）已有工程挖潜改造

（1）病险水库除险加固、山坪塘整治

对部分水库进行除险加固，主要措施包括加固坝体和坝基、改造放水设施等。另外，对大湾镇、统景镇等11个乡镇的山坪塘进行整治，主要措施包括清淤、加固护坡等。在进行病险水库除险加固和山坪塘整治后，累计可恢复新增供水量分别为29.30万m^3和86.30万m^3，相对渝北区日趋增长的需水量来说，作用有限。

（2）节水配套改造

对玉峰山镇、统景镇等部分城镇的供水管网进行改造，降低漏损率，提高用水效率。同时对新桥水库灌区、丰收水库灌区和团丘水库灌区3个灌区工程进行节水配套改造。

2）新建/在建重点水源工程

在规划水平年，为实现地方经济快速发展、全面建成小康社会的宏伟目标，供水需求将随之增加，供需缺口也将逐渐增大。渝北区在配套挖潜的基础上，仍需将水资源的进一步开发利用作为主要的增加供水方式，新建蓄、引、提等重点水源工程，为经济快速发展和社会进步提供安全可靠的水资源保障。结合渝北区及周边地区供水实际，重点水源工程主要包括水库和引、提水工程。

（1）中型水库

为改善渝北区水资源调蓄能力不足、供水保证率不高的状况，对供水能力不足、水资源开发利用率低、蓄水工程兴利库容占水资源总量比重较小的工程性缺水地区，若地表水资源较为丰富，且具备修建中型水库的地形、地质条件，则规划修建中型水库，以提高对水资源的调控能力。根据渝北区的实际情况，在建的水库有苟溪桥水库及碑口水库2座中型水库。

苟溪桥水库：该水库是一座以城乡供水为主，兼顾农村饮水及改善城区居住环境的中型骨干水利工程，坝址位于朝阳河干流苟溪桥上游河段，总库容约1 071万m^3，兴利库容约929万m^3，同时向城区工业和生态供水。

碑口水库：该水库主要为两江新区龙石片区提供用水保障，同时起到提高下游城市防洪能力和改善下游水生态的作用。水库坝址位于御临河干流石船镇麻柳沱河段，总库容约1 350万m^3，兴利库容约1 200万m^3，新增灌溉面积约1.82万亩。

（2）引提水及连通工程

悦来水厂扩建提水工程：悦来水厂三期扩建工程于2021年投入运行，供水规模为40万t/d，加上现有供水规模合计为80万t/d，水源仍采用嘉陵江提水，扩建后可向渝北区新增年供水量8 359万m^3。

鱼嘴水厂二期提水工程：该工程位于江北区鱼嘴镇，属于外区域供水工程，二期工程扩建规模为20万t/d，以长江作为水源，服务范围为两江新区龙盛片区（包括江北区鱼复片区和渝北区龙石片区）、渝北区洛碛镇、渝北区关旱片区、江北区东渝唐家沱组团、江北区五宝功能区等。建成后，渝北区可新增年供水量3 295万m^3。

根据以上工程规划和措施，到2030年，在多年平均、$P=50\%$、$P=75\%$和$P=95\%$来水情况下，合计新增可供水量分别为12 483万m^3、12 483万m^3、11 910万m^3和11 650万m^3，并通过对现有水源工程统计，到2030年各类水源工程总可供水量分别达到43 565万m^3、43 565万m^3、41 225万m^3和39 593万m^3。

渝北区二次供需平衡分析成果见表3.5-2。到2030年，渝北区多年平均情况下缺水1 161万m^3，缺水率2.59%，$P=75\%$情况下缺水4 200万m^3，缺水率9.25%。虽然通过开发当地水利工程，在一定程度上缓解了各行业用水需求，降低了工程性缺水带来的影响，但是由于重庆市各区县供水基本相互独立，水资源无法在大范围内流通交互，整体水资源配置无法做到互通调配，供水保障程度仍不高，因此到规划水平年依然需要通过其他工程为区域供水。

表 3.5-2　渝北区规划水平年二次供需平衡成果表(2030 年)

频率	需水量(万 m^3)	现状可供水量(万 m^3)	规划工程新增可供水量(万 m^3)	缺水量(万 m^3)	缺水率
多年平均	44 725	31 082	12 483	1 160	2.59%
P=50%	44 865	31 082	12 483	1 300	2.90%
P=75%	45 425	29 315	11 910	4 200	9.25%
P=95%	46 041	28 043	11 650	6 348	13.79%

3.5.4.3　三次供需平衡

规划通过新增川渝东北一体化水资源配置工程，渝北区内新增供水量可达到 6 344 万 m^3，因此规划供水工程的逐步实施，特枯年份(P=95%)的供水能力基本可以满足日益增长的用水需求，渝北区的城乡供水安全能够得到有效保证。

3.6　基于投入产出分析的重庆产业用水量研究

3.6.1　基础资料

(1) 重庆市 2000 年、2002 年、2005 年、2007 年、2010 年等 5 个年份的投入产出表及投入产出延长表。

(2) 重庆市 2000 年、2002 年、2005 年、2007 年、2010 年各年份的三大产业用水量。

各产业部门耗水数据：农业部门耗水数据直接取自重庆市水资源公报中农业用水量；其他产业部门耗水数据采用相对标准的编制方法，即将取自第二产业、第三产业的用水总量，按照各自最终消费对“自来水的生产和供应业”部门的消耗比例进行分配，各自分配所得的用水量即为该产业的耗水量。

3.6.2　模型建立

计算重庆市国民经济投入产出直接消耗系数，并组成直接消耗系数矩阵表，建立重庆市 2000 年、2002 年、2005 年、2007 年、2010 年国民经济水资源投入产出表。

3.6.3　模型分析

3.6.3.1　直接耗水系数

耗水系数是产业部门在生产过程中耗水强度大小的直接衡量指标，通常用来反映各生产部门在生产活动中水量的消耗高低以及对水资源的依赖程度，反映水在各产业部门的利用效率。

直接耗水系数反映各产业部门在生产本部门产品过程中的直接用水强度，表示产业部门每生产出万元 GDP 所消耗的水量，它在对水资源投入产出进行分析时使用最为广泛。

2010 年，产业部门直接耗水系数排在前十位的分别是：农业、建筑业、木材加工及家具制造业、非金属矿及其他矿采选业、纺织业、燃气生产和供应业、自来水的生产和供应业、金属制品业、通用专用设备制造业、造纸印刷及文教体育用品制造业。

计算重庆市 2000—2010 年平均直接耗水系数，其散点趋势图见图 3.6-1。2000—2010 年直接耗水系数平均值总体上呈现下降趋势。2000—2007 年下降趋势较快，从 80.146 下降到 13.057，这几年中，各个产业部门用水工艺、设备、用水技术都在不断提升，故直接耗水系数下降较快。而 2007—2010 年，平均直接耗水系数降低趋势变缓慢，仅从 13.057 降到 11.901。随着科学技术的发展，截至 2007 年，产业部门的用水工艺得到很大的提升，在一定程度上在提高用水工艺和设备就更困难，所以这两个年之间的直接耗水系数差距较小，下降较缓慢。

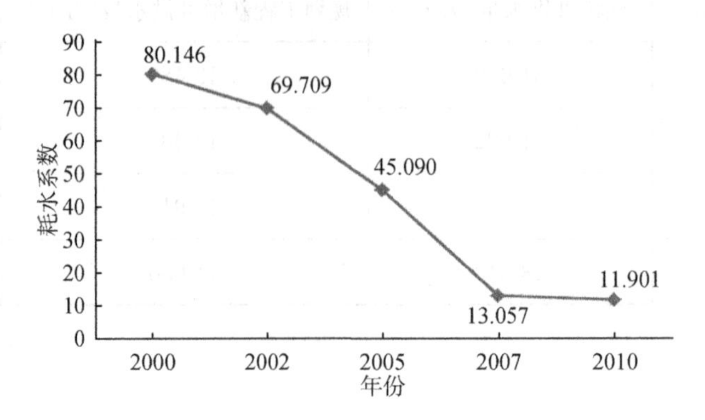

图 3.6-1　重庆市历年平均直接耗水系数散点趋势图

3.6.3.2　完全耗水系数

与直接耗水系数相比较，完全耗水系数能更加精准地衡量各个生产部门的生产活动对水资源产生的完全压力。它不局限于产业部门的某一个生产环节，可以度量该产业部门体系，所涵盖的耗水不仅指本部门的直接耗水，还包括为了生产本部门产品所需要的中间投入在其他各个生产部门所损耗的水量。

2010 年，产业部门完全耗水系数排在前十位的分别是：农业、建筑业、纺织业、木材加工及家具制造业、食品制造及烟草加工业、工艺品及其他制造业、非金属矿及其他矿采选业、住宿餐饮业、石油和天然气开采业、服装皮革羽绒及其他纤维制品制造业。从产业部门来看，与直接耗水系数不同的行业包括食品制造及烟草加工业、工艺品及其他制造业、住宿餐饮业、石油和天然气开采业、服装皮革羽绒及其他纤维制品制造业，表明这些部门的中间投入耗水量较大。

计算重庆市 2000—2010 年平均完全耗水系数，其散点趋势图见图 3.6-2。这十年期间，重庆市产业完全耗水系数总体呈下降趋势。2000—2002 年下降趋势较小，2002—2005 年、2005—2007 年下降趋势很大，2007—2010 年总体持平，有小幅的下降趋势。总的来说，这十年期间重庆市产业部门生产耗水量减少，从 188.363 减小到 32.452，表明节水效果得到大幅提升。

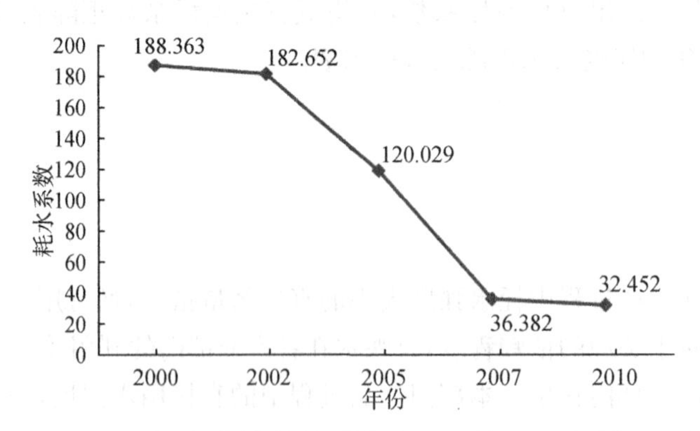

图 3.6-2　重庆市历年平均完全耗水系数散点趋势图

3.6.3.3　间接耗水系数

由完全耗水系数减去直接耗水系数，剩余的耗水部分就是间接耗水系数，它在一定水平上说明发展该产业部门对本地区水资源总需求的间接影响，具有很强的隐蔽性，不容易被察觉，但是也不能忽视。

2010 年，产业部门间接耗水系数排在前十位的分别是：食品制造及烟草加工业、纺织业、工艺品及其他制造业、木材加工及家具制造业、住宿餐饮业、石油和天然气开采业、服装皮革羽绒及其他纤维制品制造业、煤炭开采和洗选业、水利环境和公共设施管理业、非金属矿和其他矿采选业。其中，煤炭开采和洗选业、水利环境和公共设施管理业两个行业的完全耗水系数未排进前十，水利环境和公共设施管理业的直接耗水系数很小。

计算重庆市 2000—2010 年平均间接耗水系数，其散点趋势图如图 3.6-3。这十年期间，重庆市产业间接耗水系数经过 2000—2002 年小幅增长后开始下降，2002—2005 年有很大的下降趋势，从 112.942 降至 74.939；2005—2007 年下降趋势最大，从 74.939 降至 23.325；2007—2010 年只有微小的趋势，从 23.325 降至 20.552。

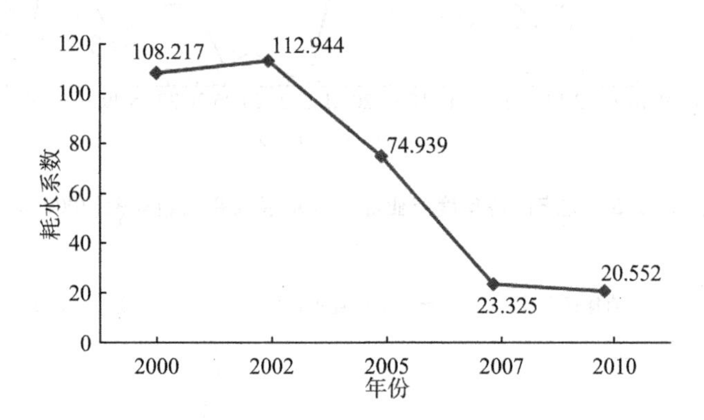

图 3.6-3　重庆市历年平均间接耗水系数散点趋势图

3.6.3.4　直接、间接耗水系数比较分析

由于间接耗水的隐蔽性，人们习惯用直接耗水系数 P_j 来衡量产业部门耗水情况，却遗忘该产业部门的发展对本区域水资源量总需求的间接影响。因此，评价一个产业部门耗水需求，要综合考虑间接耗水系数和直接耗水系数。根据重庆市各产业部门耗水计算结果，取三类耗水系数绘制折线图，详见图 3.6-4 至图3.6-8。

根据分析，重庆产业耗水系数之间有以下四种情形：① 产业部门直接耗水系数与间接耗水系数同高；② 产业部门直接耗水系数与间接耗水系数同低；③ 产业部门直接耗水系数高、间接耗水系数低；④ 产业部门直接耗水系数低、间接耗水系数高。

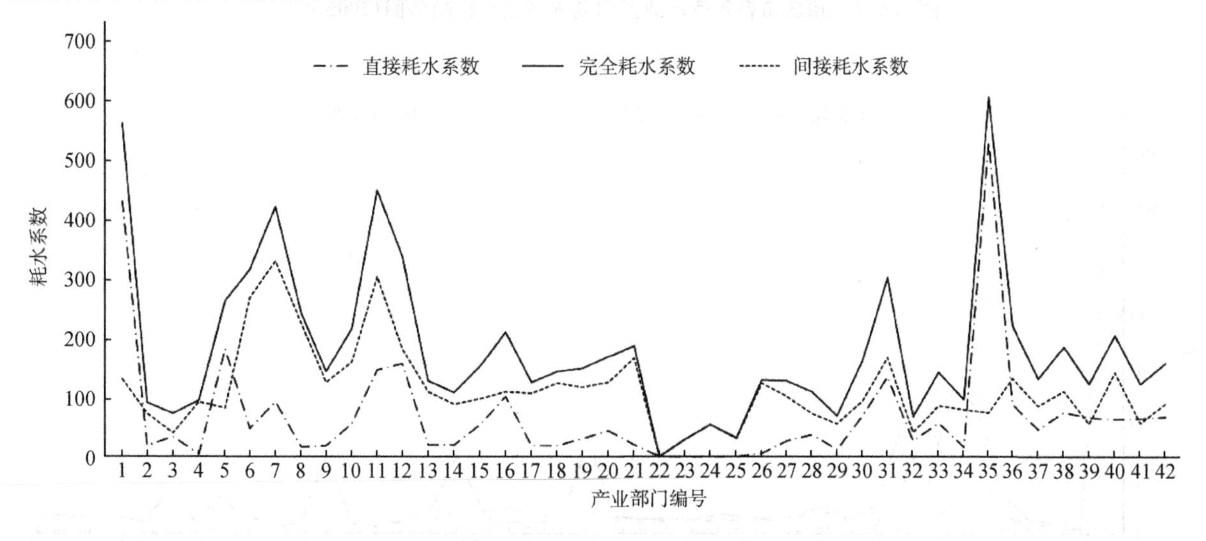

图 3.6-4　重庆市各年度产业部门耗水系数变化趋势图(2000 年)

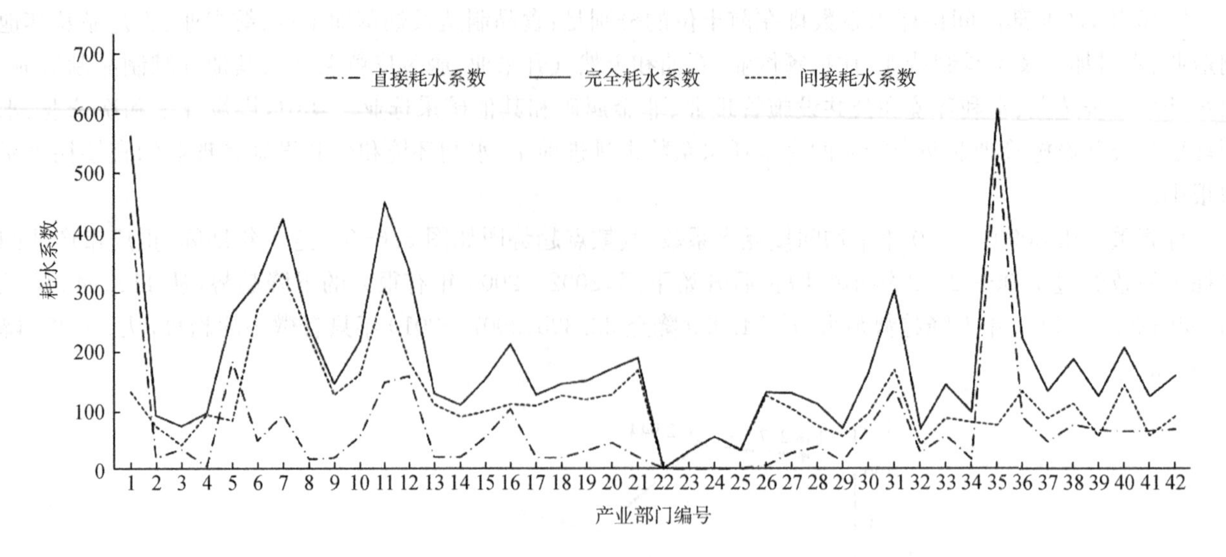

图 3.6-5　重庆市各年度产业部门耗水系数变化趋势图(2002 年)

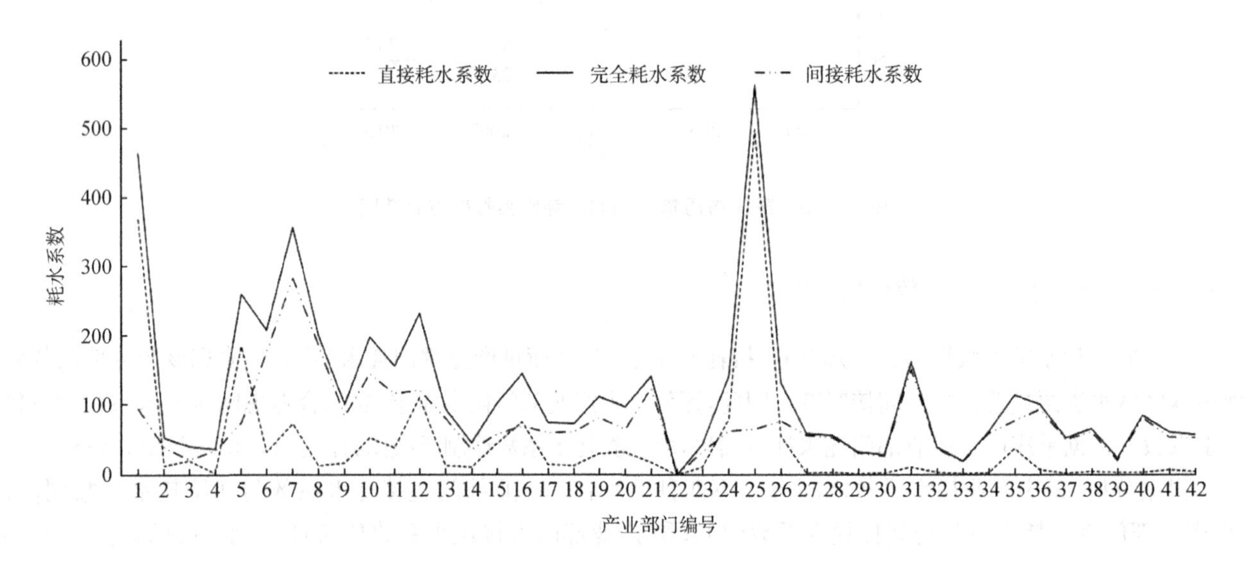

图 3.6-6　重庆市各年度产业部门耗水系数变化趋势图(2005 年)

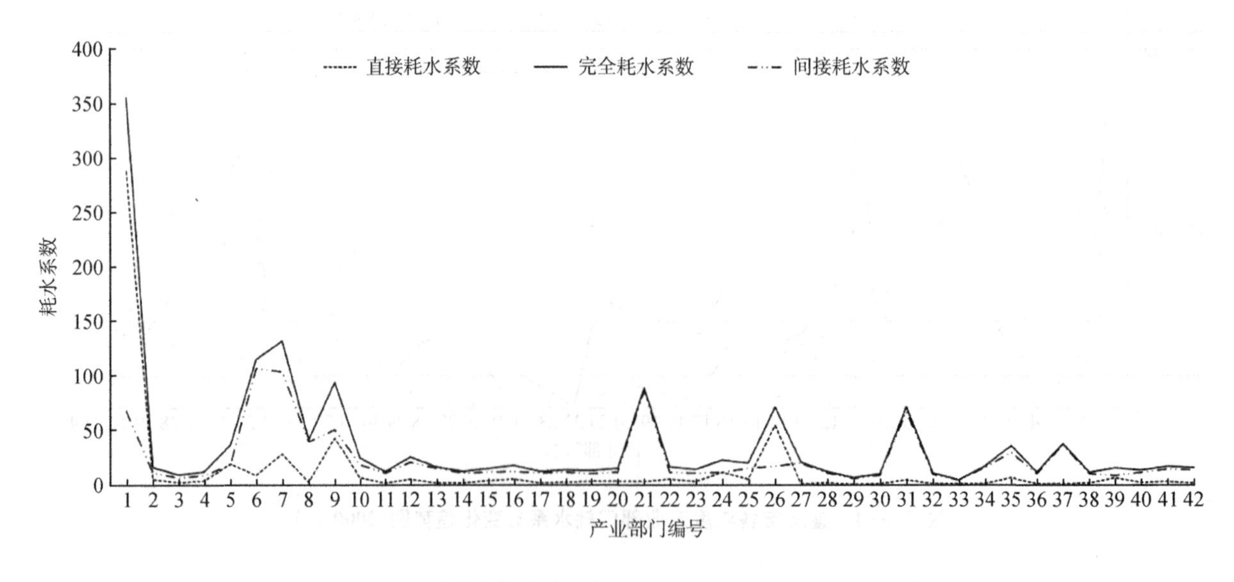

图 3.6-7　重庆市各年度产业部门耗水系数变化趋势图(2007 年)

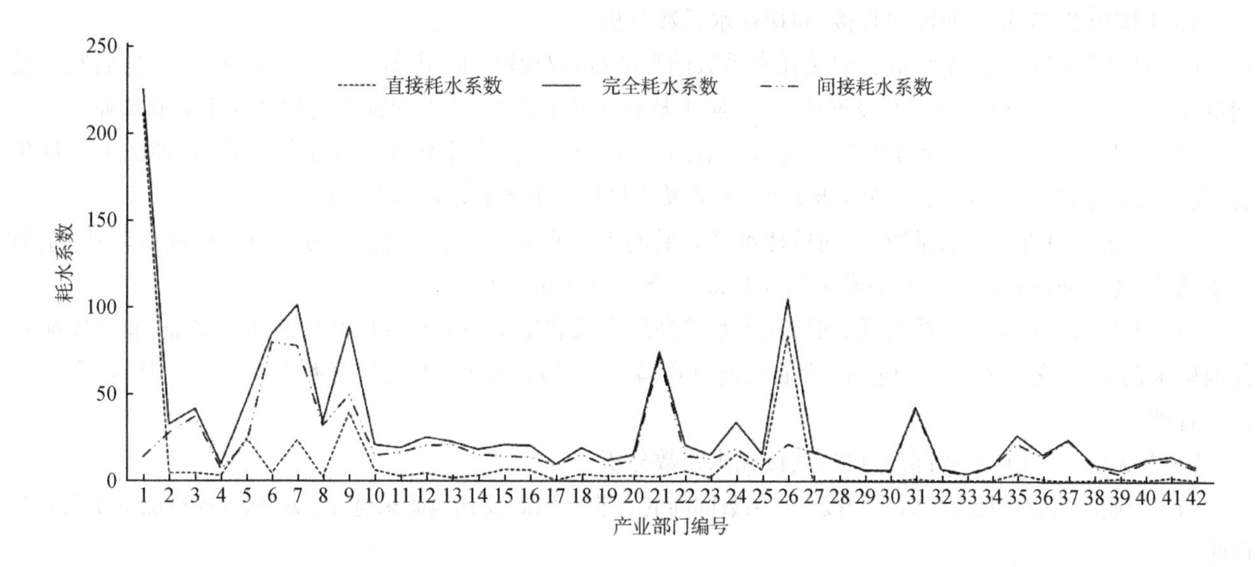

图 3.6-8　重庆市各年度产业部门耗水系数变化趋势图(2010 年)

1）重庆市 2000 年产业部门直接、间接耗水系数分析

（1）产业部门直接耗水系数与间接耗水系数同高的有农业、非金属矿和其他矿采选业、食品制造及烟草加工业、纺织业、化学工业、燃气生产和供应业、住宿餐饮业。

（2）产业部门直接耗水系数与间接耗水系数同低的有煤炭采选和洗选业、废品及废料处理业、电力及蒸汽热水生产和供应业、货物运输及仓储业、金融保险业。

（3）产业部门直接耗水系数高、间接耗水系数低的有石油和天然气开采业、金属矿采选业、教育事业、文化体育和娱乐业。

（4）产业部门直接耗水系数低、间接耗水系数高的有木材加工及家具制造业、造纸印刷及文教体育用品制造业、工艺品及其他制造业。

2）重庆市 2002 年产业部门直接、间接耗水系数分析

（1）产业部门直接耗水系数与间接耗水系数同高的有石油加工及炼焦业、化学工业、住宿餐饮业、纺织业。

（2）产业部门直接耗水系数与间接耗水系数同低的有电力热力生产和供应业、煤炭开采和洗选业、废品及废料处理业、燃气生产和供应业、信息传输计算机服务和软件业、自来水的生产和供应业、租赁和商务服务业。

（3）产业部门直接耗水系数高、间接耗水系数低的有非金属矿和其他矿采选业、通用专用设备制造业、房地产业、旅游业、教育事业、文化体育和娱乐业、公共管理和社会组织。

（4）产业部门直接耗水系数低、间接耗水系数高的有服装皮革羽绒及其他纤维制品制造业、电气机械及器材制造业、食品制造及烟草加工业、建筑业、木材加工及家具制造业。

3）重庆市 2005 年产业部门直接、间接耗水系数分析

（1）产业部门直接耗水系数与间接耗水系数同高的有石油加工及炼焦业、农业、纺织业、造纸印刷及文教体育用品制造业、化学工业。

（2）产业部门直接耗水系数与间接耗水系数同低的有邮电业、金属矿采选业、信息传输计算机服务和软件业、废品及废料处理业、批发零售业、卫生社会保障和社会福利业、住宿餐饮业。

（3）产业部门直接耗水系数高、间接耗水系数低的有燃气生产和供应业、非金属矿及其他矿采选业、金属制品业、通用专用设备制造业、自来水的生产和供应业、石油和天然气开采业、建筑业。

（4）产业部门直接耗水系数低、间接耗水系数高的有服装皮革羽绒及其他纤维制品制造制品业、交通运输及仓储业、研究与试验发展业。

4) 重庆市 2007 年产业部门直接、间接耗水系数分析

(1) 产业部门直接耗水系数和间接耗水系数同高的有农林牧渔业、木材加工及家具制造业、食品制造及烟草加工业、纺织业、研究与试验发展业、非金属矿及其他矿采选业、造纸印刷及文教体育用品制造业。

(2) 产业部门直接耗水系数和间接耗水系数同低的有信息传输计算机服务和软件业、石油加工及炼焦业、金融保险业、房地产业、综合技术服务业、居民服务和其他服务业、批发零售业。

(3) 产业部门直接耗水系数高、间接耗水系数低的有煤炭开采和洗选业、电力热力生产和供应业、金属矿采选业、建筑业、教育事业、石油和天然气开采业、燃气生产和供应业。

(4) 产业部门直接耗水系数低、间接耗水系数高的有服装皮革羽绒及其他纤维制品制造业、非金属矿和其他矿采选业、工艺品及其他制造业、交通运输及仓储业、住宿餐饮业、租赁和商务服务业、水利环境和公共设施管理业。

5) 重庆市 2010 年产业部门直接、间接耗水系数分析

(1) 产业部门直接耗水系数和间接耗水系数同高的有非金属矿及其他矿采选业、纺织业、木材加工及家具制造业。

(2) 产业部门直接耗水系数和间接耗水系数同低的有交通运输设备制造业、居民服务和其他服务业、邮电业、信息传输计算机服务和软件业、批发零售业、金融保险业、房地产业、租赁和商务服务业、公共管理和社会组织、煤炭开采和洗选业、卫生社会保障和社会福利业。

(3) 产业部门直接耗水系数高、间接耗水系数低的有金属制品业、农业、造纸印刷及文教体育用品制造业、通用专用设备制造业、建筑业、金属矿采选业、自来水的生产和供应业。

(4) 产业部门直接耗水系数低、间接耗水系数高的有交通运输及仓储业、住宿餐饮业、水利环境和公共设施管理业。

3.6.3.5 耗水乘数分析

耗水乘数可反映整个产业部门耗水的经济效益,从另外一个角度衡量产业部门的耗水潜力大小。耗水乘数是在以增加 GDP 为经济发展目标的前提下,以自身作为研究的出发点建立节水型国民经济体系,往往更加具有针对性。但是从本质上来说,耗水乘数也是在直接耗水系数的基础上做的更进一步研究,其物理意义固然不如以总产出为基础的直接耗水系数清晰、明了,但是它的经济意义却更胜一筹。

2010 年产业部门耗水乘数排在前十位的分别是:交通运输及仓储业、食品制造及烟草加工业、住宿餐饮业、工艺品及其他制造业、邮电业、租赁和商务服务业、批发零售业、非金属矿和其他矿采选业、服装皮革羽绒及其他纤维制品制造业。其中,交通运输及仓储业、邮电业、租赁和商务服务业、批发零售业等行业排位靠前,但其直接耗水系数和间接耗水系数并未排进前十。

计算重庆市 2000—2010 年各年耗水乘数平均值,其散点趋势图如图 3.6-9 所示。2000—2002 年,耗水乘数大幅增长,从 3.431 增长到 15.113。2002—2005 年有大幅下降,从 15.113 降至 9.635。2005—2007 年比较平稳,有微小下降情况,从 9.635 降至 9.146。2007—2010 年有微小的增长趋势,且超过 2005 年,从 9.146增至 9.661。总体上,2005 年之前呈现大起大落的态势,2005 年后慢慢趋于平稳。

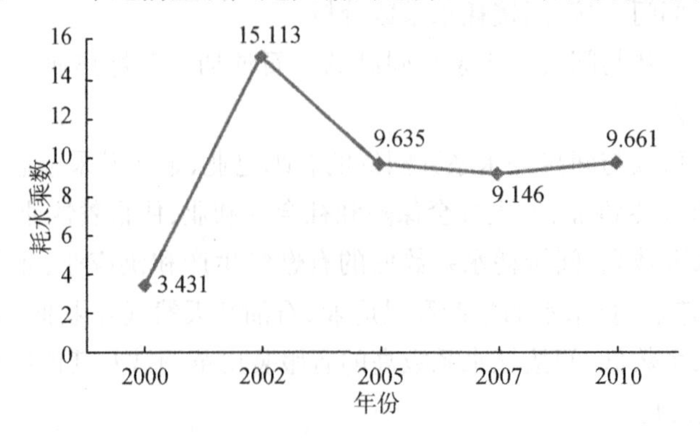

图 3.6-9 重庆市历年完全耗水乘数散点图

3.6.3.6　耗水比例系数分析

产业部门的耗水比例系数是指各产业部门的直接耗水系数、间接耗水系数和耗水乘数分别占当年相应整个产业部门各自总耗水系数的比例，分为完全耗水比例系数、直接耗水比例系数和间接耗水比例系数三个参数。

本节以2010年为例。2010年产业部门直接、完全、间接耗水比例系数分析见图3.6-10。

(1) 就比例系数而言，农业、建筑业最为突出。

(2) 直接耗水比例系数>完全耗水比例系数>间接耗水比例系数的产业部门有非金属矿及其他矿采选业、农业、建筑业、燃气生产和供应业、木材加工及家具制造业。

(3) 间接耗水比例系数>完全耗水比例系数>直接耗水比例系数的产业部门有服装皮革羽绒及其他纤维制品制造业、住宿餐饮业、卫生社会保障和社会福利业、交通运输设备制造业、食品制造及烟草加工业、化学工业、非金属矿及其他矿采选业、居民服务和其他服务业、电气机械及器材制造业、工艺品及其他制造业、邮电业、信息传输计算机服务和软件业、批发零售业、研究与试验发展业、综合技术服务业、水利环境和公共设施管理业、金属冶炼及压延加工业、文化体育和娱乐业、交通运输及仓储业、纺织业。

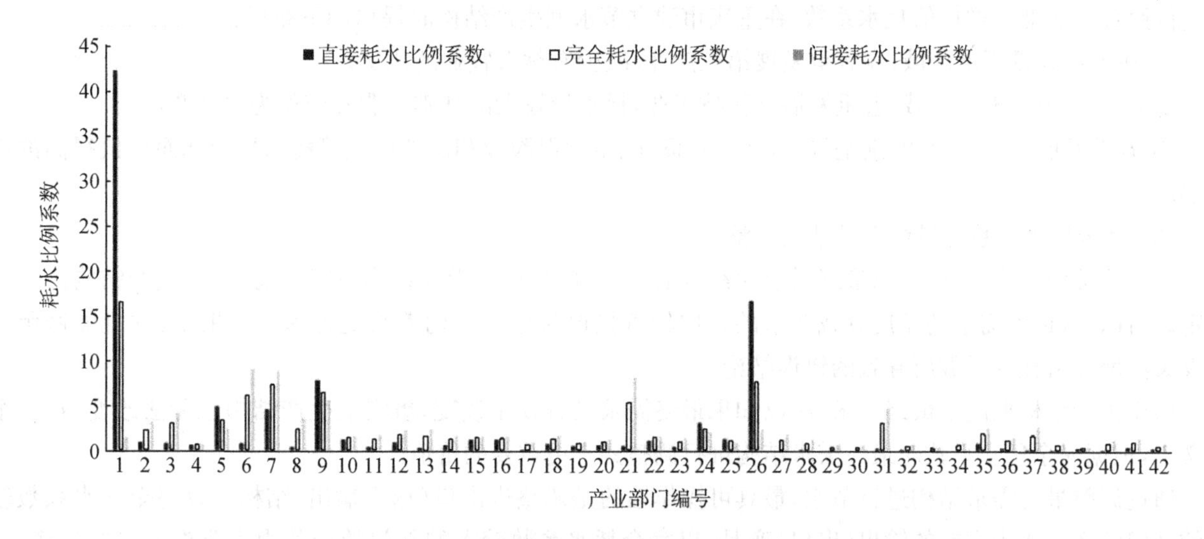

图3.6-10　重庆市2010年产业部门耗水比例系数图

3.6.4　模型应用

重庆市正处于高速发展时期，与水相关的资源环境压力不断增大，存在不同程度的水资源短缺与用水效率不高、水污染严重与水生态环境退化、水资源过度开发与利用不当、河湖健康状况恶化等问题。水资源问题愈加复杂和严峻，这些都对社会可持续发展、重庆市节水型国民经济产业部门结构体系造成了严重威胁，而投入产出分析方法是研究水量损耗的有用方法之一。

3.6.4.1　模型分析结果

重庆市产业部门的耗水特性可分为四类，即高耗水高产出、低耗水低产出、高耗水低产出和低耗水高产出。且高耗水高产出类型比例大，主要集中在第二产业。

分析近十年来重庆市产业部门的直接耗水系数、间接耗水系数和完全耗水系数的散点趋势图，可知重庆市单位产值耗水呈现下降的趋势，并逐渐趋于平稳状态。

分析近十年重庆市直接、完全、间接耗水比例系数的大小关系，重庆市产业部门的间接耗水比例系数更大，生产单位产品时直接耗水与间接耗水相差巨大，同步性较差，耗水隐蔽性很高。

3.6.4.2 产业结构调整

模型分析结果表明，重庆市需适当调整产业部门结构，适当限制高耗水产业部门的发展速度和生产规模，尤其对高耗水低产出产业部门严格把关限制；对低耗水高产出产业部门实行鼓励、扶持政策。

在实际工作中，重庆市节水型国民经济产业部门体系的结构调整，应从节水型国民经济产业部门体系方向、农业产业、工业产业、高新技术产业与服务业五个方面来进行，避免在结构调整时方向不明确。

1）节水型国民经济产业部门体系

建立节水型国民经济产业部门体系从这四个方面入手：调整产业部门生产结构、调整产品最终需求结构、改变水资源中间投入结构、改善水资源利用率。这四个方面各有侧重点，为重庆节水型国民经济产业部门体系建立提供了较全面的决策依据。

(1) 增加值用水系数与生产结构调整

增加值已取代总产出成为部门产出以及经济总量的主要测度指标，所以使用增加值用水系数作为提出生产结构调整方向的基础。从节水角度出发进行生产结构调整的一般原则可以概括为：减少高增加值耗水系数产业部门的比例，增大低增加值耗水系数产业部门的比例。所以增加值耗水系数是生产结构调整的引导。依照各产业部门增加值耗水系数，在重庆市建立节水型生产结构时提出如下布局：

① 在水资源量不足区域，应着重发展第三产业，减少农林畜牧业的比例；

② 在水资源量不足区域，着重发展高科技工业，耗水量较大的基础工业不应作为主导产业；

③ 着重发展第三产业，特别是旅客运输业、商业、金融保险业和房地产业等耗水量较低而产值很高的产业部门。

(2) 完全耗水系数与最终需求结构调整

在产业部门生产活动中，以最终需求为经济活动动力，通常在投入结构一定的前提下，生产结构由它来决定。所以，从最终需求的角度寻找节水的方向较直接地从生产结构着眼更为深刻的根本，并且能避免一些仅关注增加值耗水系数所导致的错误结论。

由于生产结构取决于最终需求，所以如果最终需求没有发生改变，事实上生产结构也无法改变，在这个意义上，根据完全用水系数对最终需求结构进行调整具有更重要的价值。

通过调整最终需求结构进行节水，最具可操作性的是调整进出口（输入输出）结构。以完全耗水系数较小的部门的产品作为主要的输出（出口）产品，以完全耗水系数较大的部门的产品为主要输入（进口）产品，即提高前者进出口比例、降低后者进出口比例是节水的主要方向。

2）农业产业

过去十年中，重庆市农业直接耗水系数和完全耗水系数非常高，是高耗水产业。但农业作为基础产业，不仅不能抑制其发展，而且还应鼓励其强劲发展。

大力发展现代农业，用先进设施装备农业，积极发展设施农业，加强节水灌溉示范区建设，大力推广滴灌技术，逐步减少高消耗的大水漫灌的农业水业务，积极发展节水农业。优化调整重庆市农业产业布局，加快现代农业园区建设，打造功能完善的现代化农产品配送基地、各具特色的旅游休闲农业基地和都市农业产业。强化农业基础设施，提高农业综合生产能力，增强农业科技自主创新能力，提升农业发展水平。

3）工业产业

近年来，重庆市工业生产粗放型增长方式已有所改善，随着工业生产的快速增长，经济效益逐步完善。全市工业部门的资本结构进一步合理化，降低了经营风险。通过采取措施、淘汰落后生产力、加强技术创新、完善市场调控机制等方法，稳步推进节约、清洁生产，大力发展绿色循环工业经济，取得了明显的效果。万元能耗工业增加值下降了5%，经济增长逐步向节约化显现。通过深化改革，促进重大项目的发展，不断优化工业生产结构。

4）高新技术产业

近几年，高新技术部门实行自主创新，紧紧围绕“又好又快”发展的总体要求，强化了城市的发展，着力推进经济结构调整和经济增长方式。

壮大以信息、生物为主体的高技术产业；加快完善产业技术创新体系；加强优秀的管理体制创新和运行机制创新，从研究实验，到产业技术开发、企业技术创新和创新服务等体系，推动自主创新能力建设。通过提高自主创新能力，完善高新技术业技术创新体系，推动行业发展。

5）服务业

随着重庆市居民收入的增加和服务消费大环境的逐渐改善，居民服务性消费的消耗量逐渐增加，居民消费对服务行业发展的拉动作用进一步上升。这主要包括，重庆市物流业快速发展，在渝城市交通基础设施建设加快，物资集散能力不断增强，物流辐射的范围进一步扩大。旅游业在国民经济和社会发展中的比重逐步提高，成为重庆市的社会经济重要行业部门之一。房地产行业成为国民经济增长的关键组成部分。另外，重庆市以商贸为代表的传统服务业持续增长，电子商务稳步前进；以金融、信息、中介为代表的新兴服务业加快发展，服务业内部结构进一步优化。

3.7　生态需水量计算

3.7.1　基本要求

（1）目标与准则

生态环境用水是指为维持生态与环境功能和进行生态环境建设所需要的最小需水量。我国地域辽阔，气候多样，生态环境需水具有地域性、自然性和功能性特点。生态环境需水预测要以《全国生态环境建设规划》为指导，根据本区域生态环境所面临的主要问题，拟定生态保护与环境建设的目标，明确主要内容，确定其预测的基本原则和要求。

（2）内容与方法

根据修复和美化生态环境的要求，可按河道内和河道外两类生态环境需水口径分别进行预测。根据各分区、各流域水系不同情况，分别计算河道内和河道外生态环境需水量。

河道内生态环境用水一般为维持河道基本功能和河口生态环境的用水。河道外生态环境用水分为城镇生态环境美化和其他生态环境建设用水等。

不同类型的生态环境需水量的计算方法不同。城镇绿化用水、防护林草用水等以植被需水为主体的生态环境需水量，可采用定额预测方法；湖泊、湿地、城镇河湖补水等，以规划水面面积的水面蒸发量与降水量之差为其生态环境需水量。对于以植被为主的生态需水量，要求对地下水水位提出控制要求。其他生态环境需水，可结合各分区、各河流的实际情况采用相应的计算方法。

3.7.2　预测方法

生态与环境需水量预测因其经济和自然的双重属性，相比于其他用水量的预测更为复杂，至今没有明确统一的计算方法。其原因主要有三点：一是生态需水量预测的计算方法不够成熟；二是生态用水量的基础资料不足；三是生态需水量的计算涉及生态学、水文水资源学、环境学、地理学等多门学科的知识，更加复杂。

（1）河道内生态环境需水

河道基本功能需水量包括生态基流、冲沙、稀释净化等。常见计算方法有湿周法、Tennant 法、分项计算法。

湿周法是指建立流量 Q 与湿周的相关关系，在关系图上找出突变点，所对应的流量即为河道生态流量推荐值，它适用于小型河流或者流量很小且稳定的河流或者泥沙含量小的河流。

Tennant 法是 Tennant 在试验研究的基础上认为年均流量的 10%是河流生态环境得以维持的最小流量。一年内按汛期和非汛期两个时段的流量百分比有所不同。

分项计算法是将生态基流、输沙需水量、水生生物需水量分别计算，再进行累加的方法。生态基流常采用最小月流量平均法、典型年最小流量法、Q_{95}法。输沙需水量为了保持河道水流泥沙冲淤平衡，采用多年平均输沙量和多年平均汛期含沙量进行计算。水生生物需水量采用累加法，根据具体生物物种生活习性确定各物种每个月生物需水量，再逐月进行累加。

(2) 河道外生态环境需水

河道外生态环境需水主要考虑城镇生态环境美化需水，包括城镇绿地生态需水量、城镇河湖补水量、城镇环境卫生需水量等。主要采用方法为定额法，城镇河湖补水也可采用水量平衡法。

另外，涉及的林草植被建设需水量，采用面积定额法计算；湖泊、沼泽、湿地等生态环境补水量主要采用水量平衡法。

其他生态建设中，地下水回补则根据地下水保护规划，结合地下水超采量、地下水采补平衡目标、回灌系数、回灌年数等，确定合理的地下水回灌补水量。

3.7.3 重庆市代表站生态环境需水量计算

基本生态环境需水是指河流水系及其主要控制节点和断面的基本生态环境需水过程，主要包括生态基流、不同时段基本生态环境需水量和全年基本生态环境需水量。

(1) 生态基流计算(Q_P 法)

以重庆市分析代表站修正和还原后的 1956—2016 年长系列资料天然月平均流量为基础，挑选出每年的最枯月平均流量，并进行排频，选择频率为 90%或 95%的最枯月平均流量作为生态基流值。计算生态基流时，选取每年径流量最小的月份折算成月均流量后再进行排频，各代表站生态基流成果按 $P=90\%$(或 95%)设计值取值，各站最枯月平均流量排频计算参数见表 3.7-1。

表 3.7-1 代表站最枯月平均流量排频计算参数表

序号	站名	河流	样本均值 (m^3/s)	变差系数 C_v	偏态系数 C_s	倍比系数	设计值 (m^3/s)	保证率 (%)
1	小江	小江	8.89	0.68	1.36	2	4.10	90
2	高硐	龙溪河	6.91	0.48	0.96	2	2.49	95
3	巫溪	大宁河	12.35	0.28	0.98	3.5	7.77	95
4	石柱	龙河	2.04	0.50	1.75	3.5	0.98	95
5	五岔	綦江	18.98	0.40	0.80	2	8.40	95
6	濯河坝	阿蓬江	15.43	0.32	0.64	2	8.30	95
7	龙角	磨刀溪	4.93	0.55	1.37	2.5	2.36	90
8	鸣玉	大溪河	3.30	0.47	0.94	2	1.22	95

(2) 不同时段基本生态环境需水量计算

不同时段的基本生态环境需水量包括汛期、非汛期基本生态环境需水量，分别采用 Q_P 法或 Tennant 法对汛期、非汛期基本生态环境需水量进行计算。

Q_P 法计算采用分析代表站修正和还原后的 1956—2016 年长系列资料天然月平均流量为基础，分别按汛期(5—10 月)天然最枯月平均径流量和非汛期(11 月—次年 4 月)天然最枯月平均径流量排频，分别选择频率为 90%的汛期最枯月平均径流量和非汛期最枯月平均径流量推算汛期、非汛期基本生态环境需水量。

Tennant 法依据观测资料建立的流量和河流生态环境状况之间的经验关系，利用历史流量资料确定年内不同时段的生态环境需水量。采用 Tennant 法时，相应比例按照《河湖生态环境需水计算规范》(SL/Z

712—2021)中表 A.0.5 的有关规定取值。根据重庆市流域情况，分析计算基本生态环境需水量时，原则上按照表 A.0.5 中"不同流量百分比对应河道内生态环境状况"一栏的"中"至"好"状况进行取值，具体为非汛期按同时期多年平均非汛期径流量的 10%～20%，汛期按同时期多年平均汛期径流量的 30%～40%取值。

两种计算方法成果见表 3.7-2。

表 3.7-2　汛期、非汛期 Q_P 法、Tennant 法计算成果对照表

站名	Q_P 法				
	汛期(万 m³)	占比(%)	非汛期(万 m³)	占比(%)	全年占比(%)
小江	10 038	3.26	792.6	1.82	3.08
高硐	7 493	7.93	5 478	19.51	10.59
巫溪	31 498	19.06	12 603	28.65	21.08
濯河坝	38 056	17.29	15 976	18.11	17.52
五岔	26 228	11.60	19 144	27.01	15.28
石柱	3 204	6.70	1 870	13.99	8.29
龙角	8 871	8.07	3 756	13.29	9.14
鸣玉	6 610	15.10	2 972.9	22.25	16.82
站名	Tennant 法				
	汛期(万 m³)	占比(%)	非汛期(万 m³)	占比(%)	全年占比(%)
小江	92 360	30.00	6 530	15.00	28.14
高硐	28 334	30.00	4 212	15.00	26.56
巫溪	49 570	30.00	6 598	15.00	26.85
濯河坝	66 048	30.00	13 233	15.00	25.71
五岔	67 830	30.00	10 632	15.00	26.42
石柱	14 343	30.00	2 006	15.00	26.72
龙角	32 965	30.00	4 240	15.00	26.93
鸣玉	13 152	30.00	1 968	15.00	26.55

注："占比"是指汛期、非汛期基本生态需水量分别占 1956—2016 年多年平均汛期、非汛期值的比例。

根据表 3.7-2，Q_P 法计算的汛期基本生态环境需水量占多年平均值的 3.26%～21.08%，总体比例偏小，其中小江站、高硐站、石柱、龙角站占比均在 10%以下，小江站只占 3.26%，导致全年生态需水值占比较小，不合理。Tennant 法计算的非汛期基本生态环境需水量按同时期多年平均值的 10%～15%取值计算，汛期基本生态环境需水量按同时期多年平均值的 30%～40%取值计算，计算后全年基本生态环境需水量占多年平均径流量的 25.71%～28.14%，区间整体较为合理。但 Tennant 法计算成果中巫溪、五岔站非汛期基本生态环境需水量小于其生态基流，不合理。

综合考虑，小江、高硐、濯河坝、石柱、龙角、鸣玉站汛期、非汛期基本生态环境需水量采用 Tennant 法计算成果，汛期取值为同时期多年平均径流量的 30%，非汛期取值为同时期多年平均径流量的 15%。

巫溪、五岔站由于本身基流相对较大，非汛期采用 Q_P 法计算成果，按非汛期占同时期多年平均径流量的 28.65%和 27.01%取值，汛期采用 Tennant 法计算成果，按汛期占同时期多年平均径流量的 30%取值，成果见表 3.7-3。

表 3.7-3　时段基本生态环境需水量取值成果表

站名	水文系列	汛期(万 m^3)	占比(%)	非汛期(万 m^3)	占比(%)	全年(万 m^3)	占比(%)
小江	1956—2016 年	92 360	30.00	6 530	15.00	98 890	28.14
高硐	1956—2016 年	28 334	30.00	4 212	15.00	32 546	26.56
巫溪	1956—2016 年	49 570	30.00	12 603	28.65	62 173	29.72
濯河坝	1956—2016 年	66 048	30.00	13 233	15.00	79 281	25.71
五岔	1956—2016 年	67 830	30.00	19 144	27.01	86 974	29.29
石柱	1956—2016 年	14 343	30.00	2 006	15.00	16 349	26.72
龙角	1956—2016 年	32 965	30.00	4 240	15.00	37 205	26.93
鸣玉	1956—2016 年	13 152	30.00	1 968	15.00	15 120	26.55

在调查评价中发现，在未受工程影响的天然状况下，各代表河流径流量年内分配不均匀，部分年份非汛期来水很小，非汛期多年均值较小，非汛期基本生态环境需水量要达到河道内生态环境状况“非常好”或“极好”等级才能满足生态基流的要求。随着工程的修建，年内径流量因工程调蓄分配发生了变化，非汛期径流量有一定的增大现象，非汛期基本生态环境需水量达到河道内生态环境状况“好”或“中”等级便能满足生态基流的要求，综合考虑认为工程的修建在一定程度上能使控制断面枯水期径流量更易满足基本生态环境需水量的要求。

3.7.4　河道外生态需水量预测

以长寿区为例，对河道外生态需水量进行预测。

河道外生态环境用水包括城镇生态环境美化和其他环境建设用水等。长寿区没有特别的生态环境建设要求，河道外生态环境用水只计算城镇生态环境美化用水，包括绿化和环境卫生用水。

根据长寿区实际情况，河道外的生态环境用水主要为道路浇洒及绿地浇洒用水，根据对各乡镇(含城区)的调查，道路及绿地浇洒主要为城区，乡镇相对较少。

根据《城市给水工程规划规范》(GB 50282—2016)，对于道路广场浇洒，日定额为 1～3 L/(m^2 · d)，绿地浇洒日定额为 1～2 L/(m^2 · d)。结合长寿区实际情况，道路广场及绿地面积浇洒定额均取值为 2 L/(m^2 · d)，以各水平年城镇人口为依据，并考虑到道路及绿地浇洒以城市为主，乡镇很少，因此，生态用水主要考虑城市规划区各街道需水量，以城区各街道建设用地之比进行计算。

第四章 水资源承载能力评价指标体系及评价模型

4.1 水资源承载能力评价指标体系的构建

4.1.1 水资源承载能力评价指标体系指导思想

建立水资源承载能力评价指标体系的指导思想是：从山地城市水资源基本情况出发，借鉴国外或国内其他部门的先进经验，建立具有实际操作意义的全面反映山地城市经济社会和生态环境协调发展的状况与进程、水资源可持续利用的状况与进程，以及其相互适应程度的指标体系及评价方法，科学指导水资源利用与管理。

水资源承载能力评价指标体系应能反映以下几个方面内容。

(1) 按水资源承载能力的定义，评价指标应首先回答水资源的承载状况，即供需平衡状况，以此判断是否超载。如果超载，应如何调整；不超载，其承载潜力大小如何。

(2) 评价指标体系既要反映水资源系统中支持系统的水资源数量与质量、可利用量、开发利用状况及其动态变化对水资源承载能力的影响，又要反映被承载的社会、经济系统发展规模、结构及发展水平变化对承载能力的影响。

(3) 评价指标体系应反映水资源系统、社会系统、经济系统及生态环境系统之间的协调状况。

(4) 不同区域间水资源承载能力的大小应具有可比性。

鉴于水资源社会经济系统是一个复杂的巨系统，全面回答上述问题必须建立在对区域水资源的数量、质量及其动态变化的正确认识基础之上；必须建立在对区域社会、经济的规模、结构及发展态势的全面把握基础之上。

4.1.2 指标体系的构建原则

在构建水资源承载能力综合评价指标体系时，应遵循以下原则。

(1) 科学性

科学性是指标体系建立在科学的基础上，按照自然规律和经济规律，能客观和真实地反映各区县水资源承载能力的状态，特别是可持续发展理论定义指标的概念和计算方法。

(2) 整体性

指标体系需反映被评价问题的多个侧面，既要反映社会、经济、人口对水资源承载能力的影响，又要反映生态、环境、资源对水资源承载能力的影响，还要反映出上述各系统之间的相互协调程度，同时避免指标重叠。

(3) 可操作性

充分考虑数据的可获得性和指标量化的难易程度，保证既能全面体现水资源承载能力的内涵，又尽可能利用现有统计资料或易于直接从有关部门获得的资料，指标要有可预测性和可比性，易于量化处理。

(4) 可比性

可比性是指所构造的评价指标体系对各评价对象是公平的,可比的指标体系中不包括有明显倾向性的指标。指标尽可能采用标准的名称、概念、计算方法,使之与国际指标具有可比性,同时要考虑我国的实际情况。

(5) 代表性与适用性

水资源系统的结构复杂,具有多种功能,要求选用的指标能反映水资源承载能力系统的主要状态与特征。建立指标体系应考虑现实的可能性,指标体系应符合国家政策,应适应于指标使用者对指标的理解和判断。

(6) 动态性与静态性相结合

指标体系既要反映系统在某一阶段的发展状态,又要反映系统的发展过程。

(7) 定性与定量相结合

指标体系应尽量选择可量化指标,难以量化的重要指标可以采用定性描述指标。

4.1.3 承载能力指标体系的构成

承载能力的分析与确定涉及资源、生态环境质量、社会经济三个方面的内容,其量化指标体系也分为三个方面。

下面给出在指标体系建立原则的指导下,适合一般区域(或流域)的水资源承载能力确定的指标体系。对于具体的研究区域(或流域)还需要进一步考虑被研究区域的生态环境特点、资源特性和经济社会发展状况,并在指标数据能够获得的前提下,得到具体指标体系。

4.1.3.1 资源指标

资源包括水资源、土地资源、林草资源、动物资源、矿产资源、旅游资源等,但最基本、最主要的资源是水资源,故这里主要考虑水资源。水资源指标主要由反映水文循环状况和水资源开发利用情况的指标集组成,包括水质和水量两个方面。由于水资源产生于地球上不同尺度的水文循环过程,所以水文循环系统是水资源生成的物质基础性条件,水资源的种种特性也与水文循环有关,如可再生性、时空分布特性等。因此,水文循环系统完整性的保护是水资源可持续利用的基础性条件,也是评估水资源承载能力的一个重要方面。另外,水资源生成后,如果没有必要的水利工程设施进行开发利用,那么本可以作为资源的水就会如同洪水般地流失掉,甚至还会泛滥成灾,失去其资源的价值性。把这些用作调蓄、抽取、输送等用途的水利工程设施所构成的系统统称为水资源供给系统,它们是开发、调配水资源的工具,是水资源系统的工程基础部分。该系统的运行情况及运行结果是评估水资源承载能力的又一个重要方面。根据以上所述,分别从水文循环和水资源开发、调配等方面选取指标,便构成表 4.1-1 中水资源承载能力指标体系中的水资源指标。下面对表 4.1-1 中的各个指标进行简单分类,并做说明。

(1) 水资源总量指标(人均水资源量、水资源模数、亩均水资源量、径流系数、干旱指数)

在水资源承载能力确定中,我们比较关心的是区域(或流域)水资源量在人口、土地和耕地方面的分布情况,这是协调“人与水”关系的必备信息。径流系数和干旱指数提供了区域(或流域)的产流和蒸发的信息。

(2)水资源质量指标(水质等级)

水资源包括质与量两个方面。水资源的质量可以用评价水体的水质指标或类别(即水质等级)进行描述。

(3)水资源开发指标(水资源利用率、人均可供水量、供水量模数、供水增长率、地下水供水比例、地表水供水比例、跨流域调水比例,供水普及率)

水资源的开发最终表现在供水能力上。开发的程度用水资源利用率表示。供水的状况分别用人均、地均、增长率、各种水源比例以及普及率来反映。

(4) 水资源使用指标(用水总量、农业用水比例、工业用水比例、生活用水比例、生态环境用水比例)

水资源使用指标反映出水资源在现有供水能力基础上的分配情况，是优化配置水资源的重要参数。水资源使用情况通过用水总量和各种用水的比例加以表示，其中，用水总量在理论上应等于总供水量，与总需水量之差便是供水缺口。

表 4.1-1　水资源承载能力指标体系之一：资源指标

指标名称	单位	指标计算公式及含义
水资源总量	亿 m^3	—
人均水资源量	m^3/人	水资源总量/总人口
水资源模数	万 m^3/km^2	水资源总量/土地面积(考虑过境水)
亩均水资源量	m^3/亩	水资源总量/耕地面积(考虑过境水)
径流系数	%	径流量/降水量(考虑过境水)
干旱指数	—	水面蒸发量/降水量
水质等级	—	评价水体的水质类别
水资源利用率	%	(地表可供水量+地下可供水量)/水资源总量
人均供水量	m^3/人	供水量/总人口
供水量模数	万 m^3/km^2	供水量/土地面积
供水增长率	%	(现状可供水量−基准年可供水量)/基准年可供水量
地下水供水比例	%	地下可供水总量/可供水总量
地表水供水比例	%	地表可供水总量/可供水总量
跨流域调水比例	%	跨流域调水量/可供水总量
供水普及率	%	用水人口/总人口
用水总量	亿 m^3	—
农业用水比例	%	农业用水量/用水总量
工业用水比例	%	工业用水量/用水总量
生活用水比例	%	生活用水量/用水总量
生态环境用水比例	%	生态环境用水量/用水总量

4.1.3.2　生态环境质量指标

生态环境质量系统是水资源系统和社会经济系统赖以存在的环境基础，是实现可持续发展的重要保证。生态环境质量指标是水资源承载能力确定中必不可少的指标。在以往水资源规划和管理实施中，很少真正对生态环境质量的变化与影响进行量化。如何量化和评价水资源承载能力中所涉及的生态环境质量问题，是水资源承载能力研究中一个十分重要的问题。

根据以往经验，建立区域(或流域)生态环境质量评价指标体系，应先从区域(或流域)生态环境典型结构分析入手，找出影响和表征生态环境质量的主要因子；然后，建立指标体系，并加以量化和评价。本章在选取指标时，主要考虑影响和表征生态环境质量的且与水资源密切相关的指标。它们可以大致分为以下几个部分(表 4.1-2)。

(1) 总体质量指标(生物多样性指数)

生物多样性指数是评价生态环境总体质量状况的一个十分重要的参数。它的描述方法有很多，主要由多样性指数、均匀度和优势度三个方面表征。

(2) 植被质量指标(森林覆盖率、草场面积比、植被面积变化率)

生态环境质量在很大程度上依赖于植被的分布，而且区域森林和草场的覆盖率是影响区域水文循环和水资源形成的重要因子。

(3) 河湖质量指标(河湖水体矿化度、城市河湖面积比、水库面积变化率、水功能区水质达标率、万元GDP排污量)

河湖水体矿化度、城市河湖面积比、水库面积的变化，水功能区水质达标率、万元GDP排污量是影响河湖环境质量的重要指标。

(4) 土地质量指标(水土流失面积比、土壤侵蚀模数、河道输沙量)

土地质量是生态环境质量的一个重要组成部分，与人类开发、利用和管理水资源有密切联系，可以从水土流失面积比、土壤侵蚀模数、河道输沙量等方面进行描述。

(5) 生态需用水指标(河道外生态需水量、河道内生态需水量、生态环境用水率、生态环境缺水率)

水资源是影响和组成生态环境的基本要素，生态环境需水的满足情况将影响生态环境的质量，可以从河道外生态需水量、河道内生态需水量、生态环境用水率、生态环境缺水率等指标来反映。

表 4.1-2　水资源承载能力指标体系之二:生态环境质量指标

指标名称	单位	指标计算公式及含义
生物多样性指数	—	由多样性指数、均匀度和优势度三个方面表征
森林覆盖率	%	林木面积/土地面积
草场面积比	%	草场面积/土地面积
植被面积变化率	%	(现状植被面积－基准年植被面积)/基准年植被面积
河湖水体矿化度	g/L	反映河湖生态的一个重要指标
城市河湖面积比	%	城市河湖面积/城市面积
水库面积变化率	%	(现状水库面积－基准年水库面积)/基准年水库面积
水土流失面积比	%	水土流失面积/土地面积
土壤侵蚀模数	$t/(km^2 \cdot a)$	土壤侵蚀量/(水土流失面积×年)
河道输沙量	t	输移比×土壤侵蚀模数×水土流失面积
河道外生态需水量	m^3	天然林木需水＋天然草场需水＋野生动物需水
河道内生态需水量	m^3	河道生态用水＋河道冲沙用水
生态环境用水率	%	生态环境用水量/水资源总量
生态环境缺水率	%	生态环境缺水量/生态环境用水量
水功能区水质达标率	%	水功能区达标个数/水功能区总数
万元GDP排污量	m^3/万元	污水排放量/地区GDP

4.1.3.3　社会经济指标

社会经济指标主要由描述和表征人口、经济、社会、科技等发展的指标集组成，该类指标比较繁杂，定性的较多，可操作性不强。在水资源承载能力研究中，主要选取与水资源开发利用紧密相关的以及能够综合衡量经济社会发展态势的可量化指标。这些指标能够反映出水资源在社会经济系统中的配置状况，水资源对经济社会发展的贡献作用以及社会福利的增长情况。

根据国内外有关可持续发展与水资源承载能力指标研究的最新成果，初步筛选出可持续生态环境承载能力中社会经济系统的一般指标(表4.1-3)，大致可将其分为以下几个部分。

表 4.1-3　水资源承载能力指标体系之三:社会经济指标

指标名称	单位	指标计算公式及含义
人口密度	万人/km^2	总人口/土地面积
人口增长率	%	(现状人口－基准年人口)/基准年人口
人均 GDP	元/人	GDP/总人口
GDP 增长率	%	(现状 GDP－基准年 GDP)/基准年 GDP
工业产值模数	万元/km^2	工业总产值/土地面积
人均耕地面积		耕地面积/总人口
人均粮食产量	kg/人	粮食总产量/总人口
耕地灌溉率	%	灌溉面积/耕地面积
灌溉用水定额	m^3/亩	灌溉用水量/灌溉面积
城镇需水比例	%	(城镇生活需水＋工业需水)/总需水量
需水量模数	10^4 m^3/km^2	需水量/土地面积
人均需水量	m^3/人	需水量/总人口
用水总量控制比例	%	用水总量/用水总量控制指标
万元 GDP 用水量	m^3/万元	需水量/GDP
万元工业增加值用水量	m^3/万元	工业用水量/工业增加值
需水增长率	%	(现状需水量－基准年需水量)/基准年需水量
工业总产值占 GDP 比重	%	工业总产值/GDP
第三产业比重	%	第三产业产值/GDP
居民人均可支配收入	元	全体居民人均可支配收入
工业用水重复利用率	%	工业回用水/工业用水量
水利投资系数	%	水利投资/GDP
污水治理率	%	污水处理量/总污水排放量
社会安全饮用水比例	%	饮用卫生达标水的人口/总人口

(1) 人口发展指标(人口密度或人口总数、人口增长率)

人口是可持续发展的关键部分。人口的增长是复合系统发展的主要驱动因子之一。描述人口发展的指标主要来自人口数量、质量、结构与变化率等方面。在可持续水资源承载能力研究中,主要考虑的是反映人口发展状况、与社会用水量相关的指标。

(2) 经济发展指标(人均 GDP、GDP 增长率、工业产值模数、人均粮食产量、工业总产值占 GDP 比重、第三产业比重、居民人均可支配收入、水利投资系数)

经济是可持续发展的基础部分。经济与人口互相作用,共同驱动复合系统的发展。在水资源承载能力研究中,经济系统既是水资源的主要消耗系统,又是水资源的开发、利用、保护和治理的保障系统。经济发展带来了与水资源相关的生态环境问题,各种生态环境问题也制约了经济发展,同时生态环境问题的解决最终还要依赖于经济发展。协调经济与生态环境、水资源间的关系是水资源承载能力确定的核心内容。衡量经济发展的指标繁多,与可持续发展和生态环境承载能力相关的指标主要有:①“人均 GDP”、“GDP 增长率”和“居民人均可支配收入”,用于描述经济的总体状况;②“工业产值模数”、“人均粮食产量”和“工业总产值占 GDP 比重”，用于描述经济结构；③“水利投资系数”，用于描述经济发展对水资源系统的补偿作用。

(3) 社会发展指标(社会安全饮用水比例、人均耕地面积)

社会的发展进步是衡量可持续发展的主要依据。可持续发展的最终目标是提高人类的生存能力、生活质量和健康水平。其中，自然资源的占有量，特别是耕地资源和水资源的占有量，是人类生存的主要物质基础。社会发展主要体现在社会福利的提高上，而社会福利一方面反映在经济增长上，另一方面则反映在自然资源的存量上。在水资源承载能力研究中，与水资源及其管理有着内在联系的“社会安全饮用水比例”和“人均耕地面积”可以作为社会发展的指标。“人均 GDP”和“GDP 增长率”也可看作社会发展的指标，但已放在经济发展指标中；“人均水资源量”放在了资源指标中。

(4) 科技发展指标(农业灌溉用水定额、工业用水重复利用率)

科技是实现可持续发展的重要环节。科技的发展能够减少环境的污染，能够降低单位产值的资源消耗。在水资源承载能力确定中，科技发展主要表现在农业和工业的节水技术上，可以用两个可量化的指标“灌溉用水定额”和“工业用水重复利用率”加以描述。

(5) 水资源需求指标(耕地灌溉率、城镇需水比例、需水量模数、人均需水量、用水总量控制比例、万元 GDP 用水量、万元工业增加值用水量、需水增长率、污水治理率)

人口、经济、社会的发展使得人们对水资源(在质与量方面)的需求(包括生存需求、发展需求和享乐需求)不断增加，给水资源系统造成了一定的压力。压力主要来自农业、工业、生活和环境需水方面。其中，农业需水是需水大户，一般占需水总量的 70%～80%，主要体现在农业灌溉需水上，可用“耕地灌溉率”指标来反映农业需水的程度。用水的组成结构也是影响需水压力的关键因素，为避免指标信息的重复，仅用“城镇需水比例”表示。另外，需水量还可以分别以土地、人口和经济为单位进行度量，用于反映需水地区间的差异。“需水增长率”综合反映需水的变化趋势，“污水治理率”反映经济与社会发展对水环境或生态环境的治理能力。

以上只是给出了一个粗略的划分，因为，在选取指标时，为了使指标既完整又简洁，既具有较大的信息量又具有较小的重叠度，本节选择了大量的综合性指标。这些指标涉及了社会经济系统内部各个子系统的发展及相互作用，因此，有些指标跨越不同的部分，既可看作经济发展指标又可看作社会发展指标。

4.1.4 水资源承载能力量化指标值

水资源承载能力是一个复杂系统，如何对其进行描述和量化，是水资源承载能力研究中的关键问题。目前，对水资源承载能力的量化研究主要集中在以下两种方式。

(1) 单一指标方式

这种方式主要是指根据对水资源承载能力评价的目的，选取特定指标构建计算模型对水资源承载能力大小进行量化，该方法侧重于定量判断，计算结果主要是反映水资源承载能力的大小，如可承载的最大人口规模、经济规模等。

(2) 指标体系方式

考虑到水资源承载能力涉及不同层面的因素，这种方式通过选取反映水资源承载能力的主要影响因素来构建评价指标体系，在各指标等级标准体系确立的基础上，对水资源承载能力进行量化分析，该方法偏重于定性判断。

上述两种量化方式具有各自的优缺点。第一种方式能够直观、简便地对水资源承载能力加以量化，具有很好的通用性，但是对于水资源系统的内部机理和影响水资源承载能力的各构成要素的相互作用关系，描述得不够详细。第二种方式实质上是一种综合评价方式，最终结果是一个无量纲的相对数值。它可以综合反映水资源承载能力的相对状态，能较好地反映水资源系统内部影响因素的协调关系，有利于对水资源承载能力变化的驱动因素进行研究，从而提出提高水资源承载能力的措施。并且可以根据不同的研究区域或研究目的构建不同的指标体系，具有较强的针对性和灵活性，因而目前被广泛应用于水资源承载能力研究中。但是指标体系量化方式涉及标准分级和指标权重的处理，具有很大的人为性。

指标或指标体系是针对水资源承载能力研究的不同问题而建立的：有的是针对表达水资源承载能力的大小而建立的；有的是针对描述水资源承载状态而建立的；有的则是同时考虑以上两个问题而建立的。目前关于评价指标的选取和指标体系的建立，不同学者从自己的研究问题出发有不同的观点。从评价指标数量上对比分析，不同学者之间差异较大。

通过以上归纳可以看出，目前国内学者在水资源承载能力评价指标体系的设计上是针对研究的不同问题而建立的，取得了一定的研究成果。本研究认为，对于指标体系的构建基本上存在一些共性的问题。例如，对于选取的大量指标分系统、分层次、分单元进行综合评价和选择具有代表性的少数指标进行研究之间能否达成一定的共识；其次，选取的指标能否同时描述水资源承载能力的大小和状态，即是否建立定性分析和定量分析相结合的指标体系；最后，建立的评价指标体系在不同的研究区域是否具有通用性，比如，干旱地区与湿润地区、内陆地区与沿海地区、经济社会发展水平较高的地区与经济社会发展水平较低的地区。

4.2　水资源承载能力影响因素分析

影响水资源承载能力的主要因素包括自然地理和经济社会两个方面，自然地理因素主要有水资源条件及开发利用程度、生态环境状况和其他资源潜力，经济社会因素主要有产业结构与生产力水平、社会消费水平、市场条件和科学技术发展水平等。

(1) 水资源条件及开发利用程度。水资源条件好，对区域的承载能力就大；单位面积产水量大，则单位面积上承载的人口也就更多。水资源开发利用程度高，当前阶段的承载能力高，但未来提高的余地不大；水资源开发利用方式的不同，会直接影响到区域水资源的有效蒸发和无效蒸发，也会影响到生产和生态建设的可利用水资源量。因此，在研究水资源承载能力时，一般假定在水资源合理配置的基础上进行。

(2) 生态环境状况。在同等的水资源条件下，生态脆弱地区的生态需水量大，需水的刚性也大，生态需水要占到水资源总量的1/3以上，因此，水资源可利用量就相对偏小，水资源承载能力也偏小。这时，人类的生存与发展需要两个方面的承载：水资源对经济和社会发展的直接承载；水资源承载生态环境，生态环境再承载经济与社会发展。

(3) 其他资源潜力。社会生产不仅需要水资源，还需要其他自然资源，诸如矿产、森林、土地等。经济社会发展不仅直接受到水资源的承载，还受到土地与森林草地资源的承载，而土地和森林草地资源也受到水资源的承载，从而经济社会发展和生态环境建设对水资源都十分敏感。

(4) 产业结构与生产力水平。不同历史时期或同一历史时期的不同地区都具有不同的生产力水平，利用单方水可生产不同数量及不同质量的工农业产品，水资源承载能力研究必须对现状与未来的生产力水平进行预测。

(5) 社会消费水平。在社会生产能力确定的条件下，社会消费水平及结构将决定水资源承载能力的大小。在同样生产力条件下，可以承载在较低生活水平下的较多人口，也可以承载在较高生活水平下的较少人口。

(6) 市场条件。商品市场的存在决定了产地与销地之间的调出调入，生产单位产品所耗用的水资源也随之调入调出。政策法规因素也会对区域产业结构和市场格局产生影响，从而对水资源承载能力产生影响。

(7) 科学技术发展水平。历史进程已经证明了科学技术是推动生产力进步的重要因素，未来的基因工程、信息工程等高新技术可能对提高工农业生产水平产生不可低估的作用，进而对提高水资源承载能力产生重要影响。

水资源承载能力受到自然、经济和社会三方面因素的影响，且不同区域表现出不同的影响特征。

4.2.1　经济发展指标与主要用水量之间的关系分析

本研究利用灰色关联法和回归模型，以重庆市为例，分析主要经济发展指标与主要用水量之间的关系，揭示二者之间的相互作用。

1. 数据来源

数据来源于2005—2020年《重庆市统计年鉴》和《重庆市水资源公报》。其中将居民生活用水和第三产业用水合并。水资源利用类型与经济发展指标见表4.2-1。

表4.2-1 水资源利用类型与经济发展指标

	指标	指标说明
水资源利用类型	农业用水	第一产业用水量(亿 m^3)
	工业用水	第二产业用水量(亿 m^3)
	生活和第三产业用水	居民生活与第三产业用水量(亿 m^3)
	环境用水	生态环境建设、保护等的用水量(亿 m^3)
经济发展因素	城镇化率	城镇人口与常住人口的比值(%)
	产业结构	二、三产业产值所占比重(%)
	经济发展水平	人均GDP(万元)
	居民生活水平	城镇居民可支配收入(万元)

2. 重庆经济发展与水资源利用现状

(1) 经济发展

据统计,从2005年到2020年,重庆市人口从2005年的2 798万人增加到2020年的3 209万人,城镇人口从1 266万人增加至2 229万人,增加了76.1%;城镇化率呈上升趋势,从45.2%升高至69.5%,增加了24.3%。GDP从2005年的3 448.35亿元增加到2020年的25 002.79亿元,年均增长率为14.12%。人均GDP从1.2万元增长至7.8万元,年均增长率为13%;城镇人均可支配收入从9 700元增加到40 006万元。

(2) 水资源利用变化

2005—2020年,重庆市的主要用水变化情况如下:用水总量2011年达到最高值86.79亿 m^3,后面持续减少。其中农业用水比重由2005年的33.89%下降至2009年的24.24%后呈现增加趋势,增加至2020年的41.30%;工业用水比重由2005年的47.17%增加至2009年的56.73%后呈现减少趋势,减少至2020年的26.16%。生活用水和第三产业用水比重基本呈现增加趋势,由2005年的18.40%增加至2020年的30.16%。生态环境用水由2005年的0.55%增加至2020年的2.38%。

3. 经济发展与用水量关联性分析

利用灰色关联法分别计算了重庆市从2005—2020年的经济发展指标与水资源利用结构之间的相互关联性,结果见表4.2-2和表4.2-3。

表4.2-2 重庆市用水量对经济发展指标关联度统计

年份	农业	工业	生活和第三产业	生态环境
2005	0.50	0.56	0.58	0.60
2006	0.57	0.51	0.57	0.59
2007	0.59	0.52	0.60	0.58
2008	0.62	0.51	0.62	0.59
2009	0.63	0.50	0.63	0.59
2010	0.65	0.53	0.65	0.56
2011	0.62	0.61	0.68	0.65
2012	0.67	0.70	0.70	0.62

（续表）

年份	农业	工业	生活和第三产业	生态环境
2013	0.73	0.73	0.73	0.63
2014	0.74	0.74	0.75	0.67
2015	0.77	0.79	0.78	0.65
2016	0.81	0.70	0.82	0.67
2017	0.81	0.62	0.86	0.62
2018	0.91	0.54	0.90	0.67
2019	0.82	0.47	0.96	0.64
2020	1.00	0.24	1.00	0.70
平均	0.72	0.58	0.74	0.63

从表 4.2-2 中看出，生活和第三产业用水与经济发展之间的关联度最大，说明了在经济发展中，刺激生活用水量增加的一些因素（人口数量、第三产业规模等）变化相对明显。

表 4.2-3　重庆市经济发展对用水量指标关联度统计

年份	城市化水平	产业结构	经济发展水平	居民生活水平
2005	0.74	0.71	0.60	0.57
2006	0.76	0.76	0.59	0.59
2007	0.71	0.73	0.57	0.64
2008	0.70	0.62	0.56	0.70
2009	0.67	0.65	0.56	0.73
2010	0.70	0.65	0.60	0.78
2011	0.66	0.76	0.54	0.63
2012	0.79	0.80	0.59	0.75
2013	0.79	0.84	0.61	0.82
2014	0.72	0.83	0.68	0.72
2015	0.70	0.76	0.62	0.59
2016	0.66	0.74	0.85	0.82
2017	0.58	0.66	0.67	0.61
2018	0.61	0.67	0.61	0.61
2019	0.62	0.64	0.66	0.67
2020	0.83	0.84	0.83	0.83
平均	0.70	0.73	0.63	0.69

由表 4.2-3 可知，产业结构对用水量的关联度最大，经济发展水平的关联度最小。从关联度数值看，产业结构、城市化水平与水资源利用结构的相关度大部分在 0.65～0.85，属于强关联，说明城市化率、二三产业比重等经济发展因子与重庆各类用水变化的相关性较强，在一定程度上推动水资源利用结构的变化；同时产业结构的变化一定程度上优化了用水结构。

4. 产业结构调整与水资源利用量关系分析

（1）产业结构调整

产业结构变化主要体现在三次产业结构变化上，2005—2020 年，重庆市三次产业结构变化较大，第一产业比重由2005年的13.20%减少到2017年的6.36%后开始增加至2020年的7.21%，第二产业比重由2006年最高的48.03%减少至2020年的39.96%，第三产业比重由2005年的41.58%增加到2019年的53.64%后2020年略减少至52.83%；重庆市经济总量的高速增长主要由第二、三产业拉动，2020年三次产业占比为7.21∶39.96∶52.83，形成了“三二一”的产业发展格局，产业结构趋向合理。重庆市产业结构变化见图4.2-1。

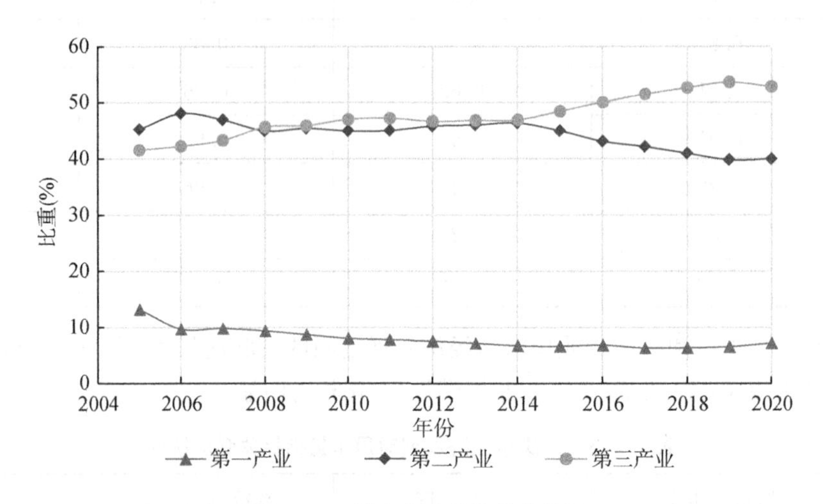

图4.2-1　重庆市产业结构变化图

(2) 产业结构变化对水资源利用量的影响

分析第一、二、三产业结构变化与总用水量之间的定量关系，发现以2013年为界，定量关系不同，具体见表4.2-4。

表4.2-4　重庆市总用水量与产业结构之间的关系

	2005—2013年		2014—2020年	
	回归方程	相关系数	回归方程	相关系数
第一产业比重	$y=-2.6563x+105.18$	0.837	$y=-5.5922x+113.135$	0.575
第二产业比重	$y=-3.1392x+224.84$	0.572	$y=1.0133x+33.449$	0.751
第三产业比重	$y=2.5747x+128.75$	0.974	$y=-0.9366x+124.1$	0.698

2012年以来我国实施了最严格水资源管理制度。何凡等分析了2000年至2020年全国用水量变化，发现从经济社会用水总量整体来看，2013年之前，农业用水变化量主导了用水总量变化趋势，贡献率平均达到57.42%；2013年以后，则是工业用水变化量带动作用逐渐增强，并占据了相对主导的地位，贡献率平均达到44.3%，其次是农业用水变化量、生活用水变化量。

2013年重庆市人民政府办公厅印发了《重庆市实行最严格水资源管理制度考核办法》，严格控制用水总量过快增长、着力提高用水效率、严格控制入河湖排污总量。从重庆市经济社会用水总量整体来看，工业用水变化量基本占据了相对主导的地位，贡献率平均达到46.8%。以2013年为分界点，2013年前，工业用水贡献率平均达到52.5%；2014年后工业用水比例明显下降，其实质原因是高耗水的重化工行业规模的萎缩或转移，产业结构升级、工艺技术进步。详见图4.2-2。

从用水效益角度来看，重庆市万元GDP用水量呈现减少的趋势，虽然经济、人口的增长导致生活用水总量增加，但用水效益在逐渐提高。第三产业的快速发展替代了部分高耗水产业，如纺织行业和化工行业等，在一定程度上缓解了用水总量的增加。人均用水量整体上减少，主要跟产业结构调整、节水控水措施的实施有关。

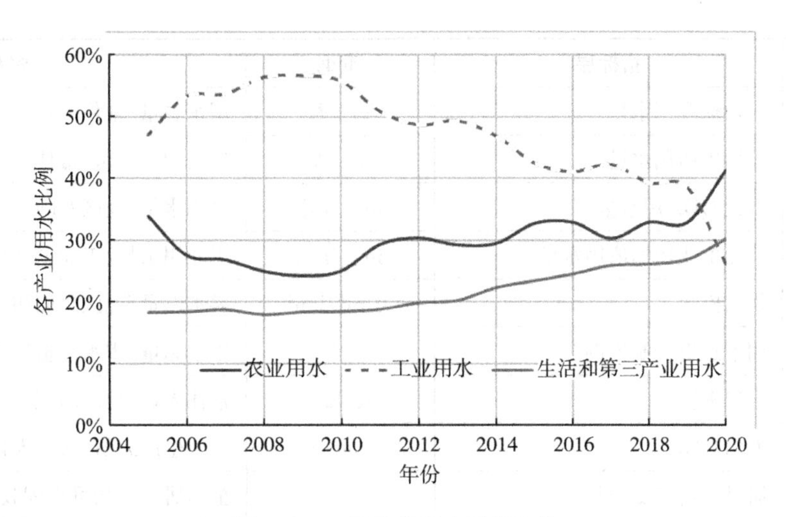

图 4.2-2　重庆市用水结构变化

4.2.2　主成分分析法

4.2.2.1　评价指标

本节在理论分析的基础上，从国内外有关水资源承载能力研究的文献中选取使用频率较高的指标，同时结合重庆市区域特点，从自然、经济、社会 3 个方面进行分析，选取有代表性、可定量性、独立性和简易性的评价指标，构建本书的水资源承载能力评价指标体系。

水资源类指标主要选取表征水资源供给丰瘠情况的指标。人均水资源量、产水系数、产水模数表征水资源可利用量，水环境质量表征水资源的使用功能。

经济社会类指标选取反映用水总量和效率情况的指标。一般而言，经济发展水平越高，需水量越大；人口数量越多，用水需求也越多。因此，选取人均 GDP 和人口密度、居民人均可支配收入、第三产业比重 4 个经济社会指标反映影响用水需求的关键因素。综合用水方面，选取人均综合用水量、万元 GDP 用水量、万元工业增加值用水量 3 个反映用水效率的指标，以及选取供水模数、用水总量控制比例、水资源开发利用率、地下水开采比例反映供用水量。单项用水方面，选取人均生活用水量表征生活用水。选取城镇化率反映城镇居民和农村居民的用水差异。

生态环境类指标主要选取反映对区域生态环境重要性的指标。选取生态环境补水率表征保障区域水生态安全的用水比例；选取水功能区水质达标率表征水功能区水质状况；选取森林覆盖率表征区域生态系统对水环境污染或生态破坏的敏感性；选取水环境重要性表征区域水环境在全市水环境中的重要性；选取万元 GDP 排污量表征区域污水排放情况。

综上所述，共选取人均水资源量、产水系数、产水模数、人均综合用水量等 22 项指标，上述因子均具有时空变异性，具体评价指标筛选结果如表 4.2-5 所示。本次研究以重庆市各区县为例，以 2020 年为评价基准年，收集和整理计算重庆市各区县各评价指标。

表 4.2-5　重庆市水资源承载能力评价指标体系

准则层	代码	指标层	量纲	解释
水资源	X1	人均水资源量	m^3/人	水资源总量/人口数
	X2	产水系数	—	水资源总量/年降雨总量
	X3	产水模数	万 m^3/km^2	水资源总量/地区总面积
	X4	水环境质量	—	地表水环境质量排名

（续表）

准则层	代码	指标层	量纲	解释
经济社会	X5	人均综合用水量	m^3/人	用水总量/常住人口
	X6	人均生活用水量	m^3/人	生活用水总量/常住人口
	X7	万元 GDP 用水量	m^3/万元	总用水量/地区 GDP
	X8	万元工业增加值用水量	m^3/万元	工业用水量/工业增加值
	X9	供水模数	万 m^3/km^2	供水总量/地区总面积
	X10	用水总量控制比例	%	用水总量/用水总量控制指标
	X11	人口密度	人/km^2	常住人口/地区面积
	X12	人均 GDP	万元/人	地区生产总值/常住人口
	X13	居民人均可支配收入	元	全体居民人均可支配收入
	X14	第三产业比重	%	第三产业/地区 GDP
	X15	水资源开发利用率	%	用水总量/水资源总量
	X16	地下水开采比例	%	地下水供水量/供水总量
	X17	城镇化率	%	城镇人口/总人口
生态环境	X18	生态环境补水率	%	生态环境补水量/总用水量
	X19	水功能区水质达标率	%	水功能区达标个数/总数
	X20	森林覆盖率	%	森林面积/土地总面积
	X21	水环境重要性	%	主要河流长度/全市主要河流长度
	X22	万元 GDP 排污量	m^3/万元	污水排放量/地区 GDP

4.2.2.2 主成分分析法

本节采用主成分分析法，揭示各影响因素对重庆市水资源承载能力的影响机制。主成分分析是一种对高维变量的降维处理技术，通过因子分析，准确反映水资源承载力变化。对于有 n 年样本 p 个变量的原始资料构造矩阵 $\boldsymbol{X}(n\times p)$，按如下方法计算主成分：

（1）对原始资料矩阵 $\boldsymbol{X}(n\times p)$ 标准化处理，得到新的数据矩阵 $\boldsymbol{Y}=(y_{ij})_{n\times p}$。

（2）建立标准化后的 p 个指标的相关系数矩阵 $\boldsymbol{R}=(r_{ij})_{p\times p}$。

（3）计算相关矩阵 $\boldsymbol{R}$ 的特征值 λ_i 及相应的特征向量 $u_1,u_2,\cdots,u_p$。

（4）计算贡献率 e_m、累计贡献率 E_m 和主成分荷载 z_m。

$$e_m=\lambda_i/(\sum_{i=1}^{p}\lambda_i) \tag{4.2-1}$$

$$E_m=(\sum_{i=1}^{m}\lambda_i)/(\sum_{i=1}^{p}\lambda_i) \tag{4.2-2}$$

$$z_m=\sum_{j=1}^{n}\sum_{i=1}^{p}u_{ij}y_{ij} \tag{4.2-3}$$

上述式中，λ_i 为相关系数矩阵 $\boldsymbol{R}$ 的特征值。一般情况下，当因子累计贡献率满足 $E_m\geqslant 85\%$ 时，m 个主成分就以较 p 少的指标个数综合体现了 p 个指标。

（5）计算单因子得分 F_i 与综合得分 F_L。

$$F_L=E_m(i)/\sum_{i=1}^{m}E_m(i)F_i \tag{4.2-4}$$

4.2.2.3　分析结果

对影响重庆市水资源承载能力的各评价指标进行主成分分析(PCA)，提取了 6 个主成分。如表 4.2-6 所示，主成分 1 至主成分 6 的累计贡献率已达 85.327%。主成分 1 至主成分 6 荷载矩阵见表 4.2-7。主成分 1 对于总方差的贡献率为 37.625%，是对 22 项影响因素的综合量度。其中，人均水资源量、产水系数、产水模数、万元 GDP 用水量、万元工业增加值用水量、森林覆盖率呈较强的负相关，而水环境质量、人均生活用水量、供水模数、人口密度、人均 GDP、居民人均可支配收入、水资源开发利用率、城镇化率具有较强的正相关。主成分 2 对于总方差的贡献率约为 19.283%，与第三产业比重正相关系数最大，与水环境质量负相关系数最大；主成分 3 对于总方差的贡献率为 9.743%，与万元 GDP 排污量正相关系数最大，与用水控制总量负相关系数最大；主成分 4 对于总方差的贡献率为 7.063%，主要表征人均综合用水量(正相关)。主成分 5 对于总方差的贡献率为 6.221%，主要表征水环境重要性(负相关)。主成分 6 对于总方差的贡献率为 5.392%，主要表征地下水开采比例(正相关)。

表 4.2-6　水资源承载能力评价指标主成分

主成分	特征值	方差百分比%	方差累计值(%)
1	8.277	37.625	37.625
2	4.242	19.283	56.908
3	2.143	9.743	66.651
4	1.554	7.063	73.714
5	1.369	6.221	79.935
6	1.186	5.392	85.327
7	0.742	3.375	88.702
8	0.606	2.756	91.458
9	0.469	2.131	93.589
10	0.356	1.618	95.207
11	0.293	1.333	96.540
12	0.200	0.909	97.449
13	0.167	0.761	98.210
14	0.140	0.635	98.845
15	0.103	0.470	99.315
16	0.073	0.332	99.647
17	0.037	0.169	99.816
18	0.019	0.085	99.901
19	0.013	0.057	99.958
20	0.007	0.034	99.992
21	0.001	0.007	99.998
22	0.000	0.002	100

表 4.2-7　水资源承载能力评价指标主成分荷载矩阵

评价指标	主成分 1	主成分 2	主成分 3	主成分 4	主成分 5	主成分 6
人均水资源量	−0.802	0.475	−0.063	0.053	0.102	−0.005
产水系数	−0.652	0.646	−0.174	−0.029	−0.048	0.063
产水模数	−0.725	0.570	−0.162	−0.032	−0.019	−0.033
水环境质量	0.464	−0.720	0.034	0.026	0.185	0.068
人均综合用水量	−0.150	−0.490	0.338	0.666	−0.098	0.210
人均生活用水量	0.733	0.347	0.451	0.030	0.072	0.119
万元 GDP 用水量	−0.804	0.031	0.197	0.393	0.044	0.071
万元工业增加值用水量	−0.483	0.518	0.371	0.056	0.321	0.216
供水模数	0.748	0.529	−0.179	0.312	0.029	0.070
用水控制总量	−0.122	−0.038	−0.687	−0.132	0.165	0.352
人口密度	0.704	0.551	−0.238	0.289	0.033	0.057
人均 GDP	0.858	0.091	−0.167	0.330	−0.025	0.043
居民人均可支配收入	0.917	−0.004	0.245	−0.123	−0.071	−0.065
第三产业比重	0.394	0.828	−0.061	−0.117	0.078	−0.052
水资源开发利用率	0.757	0.510	−0.171	0.305	0.035	0.065
地下水开采比例	0.051	−0.271	0.181	0.012	0.450	0.714
城镇化率	0.866	0.180	0.297	−0.201	0.022	−0.057
生态环境补水率	0.435	−0.381	−0.186	−0.478	0.331	0.011
水功能区水质达标率	0.033	0.448	0.149	−0.466	−0.289	0.520
森林覆盖率	−0.841	0.068	0.119	0.014	0.144	−0.034
水环境重要性	−0.034	−0.125	0.090	−0.064	−0.855	0.334
万元 GDP 排污量	−0.043	0.338	0.841	−0.164	0.105	−0.156

计算各个成分所包含的因子得分系数(主成分荷载),用于计算成分得分,得出因子公式,其计算公式为:线性组合系数×(方差解释率/累积方差解释率),最后将其归一化,即因子权重得分。线性组合系数公式为:因子荷载系数÷对应特征根,即成分矩阵的系数,成分矩阵系数表见表 4.2-8。

表 4.2-8　水资源承载能力评价指标成分矩阵系数表

评价指标	*F*1	*F*2	*F*3	*F*4	*F*5	*F*6
人均水资源量	−0.097	0.112	−0.029	0.034	0.075	−0.005
产水系数	−0.079	0.152	−0.081	−0.019	−0.035	0.053
产水模数	−0.088	0.134	−0.075	−0.02	−0.014	−0.028
水环境质量	0.056	−0.17	0.016	0.017	0.135	0.057
人均综合用水量	−0.018	−0.116	0.157	0.429	−0.072	0.177
人均生活用水量	0.088	0.082	0.21	0.019	0.052	0.1
万元 GDP 用水量	−0.097	0.007	0.092	0.253	0.032	0.06
万元工业增加值用水量	−0.058	0.122	0.173	0.036	0.235	0.182
供水模数	0.09	0.125	−0.083	0.201	0.021	0.059

（续表）

评价指标	F1	F2	F3	F4	F5	F6
用水控制总量	−0.015	−0.009	−0.32	−0.085	0.12	0.297
人口密度	0.085	0.13	−0.111	0.186	0.024	0.048
人均 GDP	0.104	0.021	−0.078	0.213	−0.018	0.036
居民人均可支配收入	0.111	−0.001	0.114	−0.079	−0.052	−0.055
第三产业比重	0.048	0.195	−0.028	−0.075	0.057	−0.044
水资源开发利用率	0.091	0.12	−0.08	0.196	0.025	0.055
地下水开采比例	0.006	−0.064	0.085	0.008	0.329	0.602
城镇化率	0.105	0.042	0.138	−0.129	0.016	−0.048
生态环境补水率	0.052	−0.09	−0.087	−0.307	0.242	0.01
水功能区水质达标率	0.004	0.106	0.07	−0.3	−0.211	0.439
森林覆盖率	−0.102	0.016	0.055	0.009	0.106	−0.028
水环境重要性	−0.004	−0.029	0.042	−0.041	−0.625	0.282
万元 GDP 排污量	−0.005	0.08	0.392	−0.105	0.077	−0.131

计算各个成分的权重，结果见表 4.2-9。

表 4.2-9　权重分析

名称	方差解释率(%)	累计方差解释率(%)	权重(%)
F1	37.625	37.625	44.1
F2	19.283	56.907	22.6
F3	9.743	66.65	11.4
F4	7.063	73.714	8.3
F5	6.221	79.934	7.3
F6	5.392	85.326	6.3

由此得到综合评分公式：

$$F_L=0.441\times F1+0.226\times F2+0.114\times F3+0.083\times F4+0.073\times F5+0.063\times F6。$$

重庆市各区县水资源承载综合得分排名见表 4.2-10。水资源承载综合得分排名靠前的主要为重庆市主城区，经济社会指标领先且用水节水指标相对较好，如渝中区人口密度、人均 GDP、居民人均可支配收入、第三产业比重、城镇化率等指标均排第一，而人均综合用水量、万元 GDP 用水量、万元工业增加值用水量、万元 GDP 排污量等指标排名则靠后。冉启智等分析了 2014—2018 年重庆市各区县水资源承载能力变化情况，也得出渝中区等中心城区水资源承载能力较高的结论；但巫山县、巫溪县等渝东北片区水资源承载能力较高的结论与本节结果差别较大。这说明由于评价指标的变化和方法使用不同，水资源承载能力评价结果具有一定的不确定性。

表 4.2-10　重庆市各区县水资源承载综合得分排名

排名	区县
1～10 位	渝中区、大渡口区、江北区、沙坪坝区、九龙坡区、南岸区、北碚区、万盛经开区、长寿区、渝北区
11～20 位	巴南区、潼南区、万州区、永川区、铜梁区、涪陵区、南川区、城口县、大足区、江津区
21～29 位	荣昌区、綦江区、合川区、秀山县、璧山区、开州区、忠县、石柱县、黔江区
30～39 位	垫江县、梁平区、丰都县、武隆区、云阳县、奉节县、酉阳县、彭水县、巫山县、巫溪县

4.3 水资源承载能力评价方法与应用

4.3.1 方法介绍

目前，水资源承载能力评价的方法有很多，水资源承载能力评价涉及面广，内容复杂，研究者根据研究区域的特点和资料的限制采用的评价方法差异很大。经过多年研究，水资源承载能力的研究方法已经由单一指标的静态分析发展到系统多目标的动态分析。常见的量化研究方法很多，主要有常规趋势法、背景分析法、模糊综合评价法、灰色关联投影法、系统动力学法、多目标分析法等；按所应用技术和复杂程度的不同，分为简单分析与估算方法、综合评价方法和复杂系统分析方法三类。

4.3.1.1 简单分析与估算方法

简单分析与估算方法包括常规趋势法、背景分析法、简单定额估算法，这类方法计算方便，直观简单，但由于对水资源承载能力的影响因素考虑得比较简单，其计算结果可能与实际值有差距，在早期的水资源承载能力研究中应用较多。

(1) 常规趋势法

常规趋势法是一种常见的统计分析方法，主要通过选择单项或多项指标反映区域水资源的现状和阈值，以此反映水资源承载能力状况。施雅风等用该方法分析了乌鲁木齐河流域水资源的承载能力。常规趋势法相对直观、简便，多考虑的是单承载因子的发展趋势，但忽略了各指标之间的相互关系，难以处理复杂巨系统之间的耦合关系，因此不能全面反映一个区域的水资源承载能力。但其对某些承载因子的潜力估算的研究、对复杂巨系统的协调研究仍有借鉴意义。

(2) 背景分析法

背景分析法是将历史长度下、世界范围内的经济发展、水资源利用、生产力水平、生活水平及生态环境演化情景以及相应的自然和社会背景同研究区域的实际情况进行对比，得到该区域可能的承载能力。

背景分析法的主要形式是趋势分析，包括自相关分析和互相关分析。自相关分析将支撑因子的历史支撑水平序列，如耕地逐年单产水平、单位水资源产出(也称水生产效率)等，按时间序列进行相关分析，得到评价断面的该因子支撑能力。互相关分析考虑了支撑因子与其他因子关系，如水生产效率与经济发展水平关系，通常与人均GDP相关。常用的数学工具为指数平滑、回归分析、Logistic曲线、灰色模型、趋势外延等，近些年还开始使用神经网络进行分析。使用这类方法的研究成果有：宋子成等从淡水资源角度探讨了洞庭湖区土地资源人口承载能力；赵存兴等用灰色系统方法预测了黄土高原地区粮食产量及人口承载能力；Meijer分析了工业水生产效率及生活用水量与GDP和人类发展指数(HDI)的关系。

背景分析法只采用一个或几个承载因子分析，因子之间相互独立，简单易行。但其分析多局限于静态的历史背景，割裂了资源、社会、环境之间的相互作用的联系，对土地生产能力一类简单承载能力的估计是可以接受的，该方法对某些因子的潜力估计、趋势预测等也可以借鉴到更为复杂的承载能力研究中，如环境承载能力、水资源承载能力、人口容量问题等。

(3) 简单定额估算法

简单定额估算法首先计算出区域水资源的可利用水量和用水定额(如人均综合需水量或单位农田需水量等)，然后利用简单的供需平衡，计算出水资源的承载能力(承载人口或承载农田面积)。曲耀光和樊胜岳根据干旱区水资源开发利用阶段可用水资源的计算方法和内陆河流域经济社会发展及其需水预测，分析计算了黑河流域中游地区的水资源承载能力，用黑河流域水资源开发利用各个阶段的可用水量减去不同历史发展阶段除农田灌溉外的经济社会各部门的需水量，得到农田灌溉用水量，计算了区域适宜绿洲及农田面积。

4.3.1.2　综合评价方法

综合评价方法是选择科学、合理的水资源承载能力评价指标体系反映水资源—社会经济—生态环境三大系统的发展规模与质量，采用有效的评价方法对不同时段、不同策略下水资源承载状况（水平）进行综合评判。按照评价技术方法的不同，主要有模糊综合评判法、向量模法、主成分分析法、投影寻踪方法等。

（1）模糊综合评价法

模糊综合评价法基于模糊数学理论，通过选取多个影响因子，建立综合评判矩阵对水资源承载能力进行评价。

许有鹏将该方法运用于新疆和田河流域的水资源承载能力综合评价中。模糊综合评价法克服了单因子评价中承载因子相互独立的局限性，较全面地分析了水资源承载能力的状况，但其运算过程中主观产生的"离散"过程，会遗失大量的有用信息。模型的信息利用率偏低，导致评价结果存在一定的片面性。

（2）向量模法

向量模法是将承载能力视为一个由 n 个指标构成的向量，设有 m 个发展方案或 m 个时期（地区）的发展状态，分别对应着 m 个承载能力，对 m 个承载能力的 n 个指标进行归一化，则归一化后向量的模即是相应方案、时期或地区的水资源承载能力。

（3）主成分分析法

主成分分析法是通过降维处理技术将反映水资源承载能力的众多影响因子进行线性变换，使高维变量简化为易于量化的低维指标，然后进行水资源承载能力的综合评价，不但较好保留了原有指标体系的信息，而且可以消除指标之间的信息重叠。傅湘等将此方法应用于陕西汉中平坝地区的水资源承载能力研究中。主成分分析法是通过对原有变量进行线性变换和舍弃一小部分信息，将高维变量系统进行综合与简化，同时客观地确定各个综合变量的权重，克服了模糊综合评法取大或取小的运算法，这样就不会使大量有用信息遗失。该方法可以相对客观地确定各指标的权重，但只能进行横向不同区域的比较研究，不能进行时间上的动态比较研究，同时存在有效信息损失的不足。

（4）投影寻踪方法

投影寻踪方法是根据数据群自身的特征结构和信息进行评价分析，它是将多元数据的信息压缩为一个能反映原问题特征的综合信息指标，并依据此特征信息指标对水资源承载能力进行综合分析。其原理是按照实际问题的需要，把高维数据投影到低维子空间上，使用者通过观察投影图像，采用投影目标函数来衡量投影揭示数据某种结构的可能性大小。投影寻踪方法不仅可利用等级值来判定水资源承载能力所处的等级，而且可利用投影值的大小进一步判断处于同一等级的水资源承载能力的相对大小。而模糊综合评价法只能用等级值来评价水资源承载能力的大小，对处于同一等级的水资源承载能力相对大小的判断较为模糊。郦建强等采用大样本数据，利用投影寻踪方法、遗传算法、插值型曲线和水资源承载能力评价标准，为水资源承载能力综合评价建立了一种新的数学模型——遗传投影寻踪插值模型（GPPIM），并采用该模型对山西省水资源承载能力进行了综合评价。

综合评价法所确定的承载能力依赖人为的评价，以及不同承载能力的指标数值之间或指标数值与标准值之间的对比，得出的结果都是无量纲的数值，因而实际上是社会经济系统与水资源系统的协调程度而非严格概念意义上的承载能力。且此方法是一种评价法，它可用于优选方案，但对于搞清承载能力所涉及的各个因子间的现状和未来定量关系作用不大，不能给决策者提供更系统、更全面的认识。

4.3.1.3　复杂系统分析方法

复杂系统分析方法是采用系统分析方法建立能够确切描述水资源—社会经济—生态环境三大系统之间关系的水资源承载能力概念性模型的计算分析方法。复杂系统分析方法包括系统动力学法、多目标决策分析法、多目标情景分析法、动态模拟递推法、PSR 模型方法和集对分析法。这类方法对水资源承载能力的计算分析比较深入，考虑的因素比较全面，计算结果也比较科学合理，但计算过程复杂，对研究者的专业技能要求较高，这类方法是水资源承载能力研究中的重点和热点。

(1) 系统动力学法

系统动力学法由麻省理工学院 Jay W. Forrester 教授于 1956 年创立，是一种以反馈控制理论为基础、以计算机仿真技术为手段、定性与定量相结合、系统分析与综合推理相集成、通过微分方程组来模拟预测复杂系统的非线性、多变量、多反馈等发展过程。人们将系统动力学(System Dynamics)方法引入了与资源、社会、环境相关的一系列课题研究之中，并在 20 世纪 70—80 年代得到迅速发展。

系统动力学法运用于水资源承载能力研究时，一般先对区域内不同发展方案的水资源系统进行模拟，并对决策变量进行预测，然后将这些决策变量视为水资源承载能力的指标体系，综合评价不同发展方案相应的水资源承载能力。

系统动力学法分析承载能力，是基于对宏观系统的模拟分析。典型的是全球经济模型，由系统动力学创始人 Jay W. Forrester 教授的学生 Meadows 将系统动力学应用于全球性的人口、粮食、资本、不可再生资源和环境污染五大未来问题的研究，并且得出了增长的极限这一在世界各国产生巨大反响的结论。尽管他的结论是悲观的，不可接受的，但他采用的方法是有着严密的逻辑和严格的科学依据的，主要问题在于他的许多假设前提和参数选取等依据不足，并且全球性模型也难以符合各国的实际情况。之后，有人将这一模型进行了改进，根据世界各地文化、环境、发展水平和资源分布状况，把世界分成十个区进行分析，得出 21 世纪中叶世界经济可能发生区域性崩溃，必须全球联手行动才能控制这类情况的发生，受控国家显然是那些发展中国家的结论。

1984 年，英国苏格兰资源利用研究所应用系统动力学建立了提高人口承载能力的备选方案模型，即 ECCO(Evolution of Capital Creation Options)，并应用这种新方法进行了肯尼亚承载能力的实验性评价。它基于联合国教科文组织提出的资源承载能力的概念，综合考虑区域人口、资源、环境和社会发展间众多因子的相互关系，分析系统结构，明确系统因素间的关联作用，画出因果反馈图和系统流图，建立起 ECCO 模型，通过模拟不同发展战略得出人口增长、区域资源承载能力和经济发展间的动态变化趋势及其发展目标，供决策者比较选用。此法能把包括社会经济、资源环境在内的大量复杂因子作为一个整体，对一个区域的资源承载能力进行动态的计算，具有系统发展的观点，因此，受到广泛关注和应用推广。

我国使用系统动力学进行承载能力研究的成果已经很多，如黄淮海平原土地承载能力研究，陕西、甘肃、青海、新疆等省区的人口承载能力研究，疏勒河流域生态环境变化趋势研究，等等。

系统动力学的本质是一阶微分方程组。一阶微分方程组描述了系统各状态变量的变化率对各状态变量或特定输入等的依存关系。而在系统动力学中则进一步考虑了促成状态变量变化的几个因素，根据系统实际的情况和研究的需要，将变化率的描述分解为若干流率的描述。这样处理使得物理、经济概念明确，不仅利于建模，而且有利于政策实验，以寻找系统中合适的控制点。

由于系统动力学法可将资源—环境—经济纳入复杂巨系统，从系统整体协调的角度来对区域承载能力进行动态计算，在国内得到广泛的应用。如陈冰等利用系统动力学法分别对柴达木盆地地区和北京市的水资源承载能力进行了研究。该方法的优点在于，能定量地分析各类复杂系统的结构和功能的内在关系，以及系统的各种特性，擅长处理高阶、非线性问题，比较适应宏观的动态趋势研究；缺点是系统动力学模型的建立受建模者对系统行为动态水平认识的影响，由于参变量和数学方程多、结构复杂，所以对数据的需求量很大，不易调控，且用于长期发展模拟时，误差相对较大，参变量不好掌握，易导致不合理的结论。

(2) 多目标决策分析法

多目标决策分析法可回答承载能力所涉及的支持因子、约束因子与被承载因子之间的定量关系，还可得出真正的最优方案，真正可承载的社会经济系统的表征指标人口、社会经济规模(GDP)的最大值，这样得出的结果更有利于决策。

最早将多目标决策分析技术引入承载能力分析的是澳大利亚学者 Millington。他在分析澳大利亚土地资源承载能力的研究中，综合考虑了土壤、水和气候资源等限制因素对人口发展的影响，除种植业外，还考虑了畜牧业发展的潜力，分析在不同利益目标追求下的土地资源承载能力。

同系统动力学方法一样，多目标决策分析法分析承载能力也是将研究区域作为整个体系，通过对系统内部各要素之间关系的剖析，用数学约束进行描述，通过数学规划，分析在追求目标最大情况下的系统状态和各要素分布。如果说系统动力学方法是以模拟方针的思想，通过调节系统的人为控制要素和各子系统内部之间的反馈强度，达到在不同方案下系统状态的话，多目标决策分析法则是通过数学规划的方法得到在一定背景条件下的系统最佳状态，其对系统的调节体现在目标的追求上。当然广义地讲，多目标仍然存在外生变量即参变量选择问题。

多目标规划问题在求解技术上存在的困难，如计算机速度、求解容量、解题程序和方法、模型构造与解的有效性等问题，使多目标决策分析法包括单目标规划的使用局限于较小的模型规划，不能更全面地考虑系统的影响因素。

近年来，由于计算机技术的发展以及数学规划工具的日臻完善，分析人员可以将精力更集中在模型建立、方案构成和目标选择上，特别是由于经济、社会、资源、环境综合分析具有的决策内涵，所以多目标决策分析法又开始在包括承载能力在内的综合决策分析中得到新的发展。

多目标决策分析法选取能够反映水资源承载能力的经济、社会、人口及生态环境系统的诸多影响因子，依据可持续发展原则，通过系统分析和动态分析得出整体最优化的水资源承载能力。该方法综合考虑了区域自然资源及其相互作用关系，决策分析中可考虑人类不同目标和价值取向，适合处理社会-经济-生态-水资源系统这类复杂的多属性多目标群决策问题。翁文斌等首次将这一方法应用到了我国华北地区的水资源规划中。该方法将水资源系统与社会经济系统、生态环境系统作为一个整体来考虑，但是在量化计算过程中，多目标非线性规划问题在求解技术上存在一定的困难，而且各目标决策中影响因子权重多是通过主观判断确定的，客观性相对较差。

（3）多目标情景分析法

多目标情景分析法是在多目标预测分析的基础上提出的一套水资源承载能力分析方法。该方法把不同边界条件下流域的发展前景描绘出来，并且提供了一套评价指标体系和评价方法。

一个由自然（包括环境与资源）、经济和社会三个子系统耦合在一起的复合系统，既含有自然、经济、社会的属性，又是一个动态的可持续发展过程。评价系统状态的指标体系也将是一个多属性、多标准、多层次、多变化的评价体系。这些指标不是一组指标的简单堆砌，而是一组有机形成的综合体。

多目标情景分析法借助于数学模型来分析可持续发展中自然、经济、社会中的一些相互关联、相互制约的问题，构筑描述宏观经济、环境、水资源系统的状态，并通过模型求解，得出一组评价这一复合系统的指标值，以评价该复合系统的状态。虽然在研究可持续发展问题时，数学模型不是万能的，但借助于数学模型来分析可持续发展中自然、经济、社会中的一些相互关联、相互制约的问题无疑是重要的，具有重要的进步意义。

承载能力多目标情景分析框图见图 4.3-1，其分析步骤如下：

① 分析确定与生态环境承载能力的相关影响领域，包括人口、经济、社会、环境、生态和人的行为影响等。

② 建立区域人口预测模型和宏观经济预测模型，确定区域经济持续增长上限。该经济模型未考虑生态环境对经济增长的负面影响，故又称为经济增长模型，它所追求的目标为经济增长速度。

③ 建立水环境模型、生态环境需水模型、水资源模拟与开发利用管理模型，确定水体污染负荷、水环境容量、生态环境需水量及水资源供需平衡等约束条件。

④ 建立持续发展生态环境承载能力多目标情景分析模型。建模时应精心选择情景分析的主要描述变量，即目标变量和辅助决策变量。该模型应包括人口、经济、社会、环境、生态、水土资源等模块，以及各模块间相互联系和相互制约的关系。

⑤ 应用多目标分析模型生成复合系统的各个特定时期的各种情景状况，它应包括经济、社会、环境、生态和资源支持的状况。

⑥ 建立生态环境承载能力综合评价模型。评价各情景生态环境承载能力的计算结果，筛选符合可持续发展准则的情景。

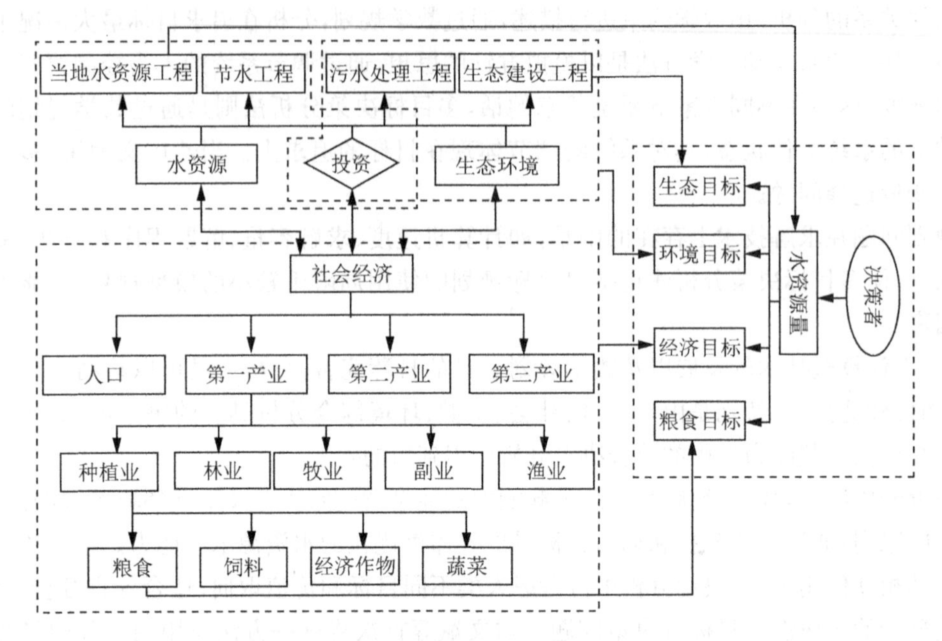

图 4.3-1 承载能力多目标情景分析框图

(4) 动态模拟递推法

动态模拟递推法主要是通过水的动态供需平衡计算，来显示水资源承载能力的状况和支持人口与经济发展的最终规模，其实质是运用模拟法，将动态模拟和数学经济分析相结合，利用计算机模拟程序，仿造地区水资源供需真实系统运动行为进行模拟预测，根据逐年运行的实际结果，有目的地改变模拟参数或结构，使其与真实系统尽可能一致。其将水资源承载能力定义为：对于水资源紧缺地区，在合理分配人口、环境和生产用水的条件下，水资源承载能力是指水资源可供水量的增长率为零时的总可供水量；对于水资源丰富地区，水资源的最大承载能力是指在合理满足各种用水的条件下，人口的发展达到零增长或经济达到零增长时的可供水量。

(5) PSR 模型方法

PSR(压力-状态-响应)模型是加拿大统计学家 Rapport 和 Friend 提出的，后来被广泛应用的指标分析模型。其原理为：人类从自然环境取得各种资源，通过生产消费又向环境排放，从而改变了资源的数量和环境质量，进而影响了人类的社会经济活动及其福利，如此循环往复，形成了人类活动与自然环境之间的"压力-状态-响应"关系。该模型设计的指标的优点是模型较好地反映了自然、经济、环境、资源之间的相互依存、相互制约关系。陈洋波等采用驱动力-压力-状态-影响-响应模型(Driving Force-Pressure-State-Impact-Response，DPSIR)，提出了一个广义的水资源承载能力综合评价指标体系，并提出了具体确定水资源承载能力综合评价指标的 7 个原则，即符合水资源可持续利用的原则、本地化原则、预警性原则、反映评价目的原则、指标数量适度原则、适于量化原则和相对指标原则，并将其成功应用于深圳市水资源承载能力研究。

此外，近年来随着研究的深入，不断有新技术、新方法应用于水资源承载能力研究。田培等运用改进熵权 TOPSIS(Technique for Order Preference by Similarity to Ideal Solution)模型、空间自相关分析和耦合协调发展模型定量评价 2012—2018 年长江中游城市群水资源承载能力时空变化过程及子系统间的耦合协调性；赵伟静等通过构建粮食主产区水资源承载能力评价指标体系，利用集对分析和偏联系数对中国粮食主产区的 13 个省份 2013—2017 年的水资源承载能力进行评价与动态演化分析；李雨欣等以中国 31 个省(自治区、直辖市)为研究单元，基于生态足迹模型测算 2003—2018 年中国省域水资源生态平衡供需情况，并利用 ARIMA 模型预测其未来变化趋势；沈时等提出水资源承载能力综合评价的 MNCM 法对江苏省水资源承载能力进行评价；赵伟等在减法集对势的分析基础上提出改进差异度系数取固定的三角模糊数，采用动态三角模糊数与随机模拟相结合的计算方法进行差异度系数的随机模拟，并将该方法应用于安徽省水资源承载能力分析评价的实际问题中；金菊良等综合考虑五元联系数分量的物理意义及对所论的集对系统态势影响程度的差异性，借鉴万有引力和阻尼的思想，构建了基于联系数的五元引力减法集对势，并将五元引力减法集对势应用于四川省、黑龙江省水资源承载能力动态评价和变化趋势分析中；李征等从水资源承载能力评价样本与评价等级标准这一集对的复杂系统结构角度，应用集对分析半偏联系数和减法集对势方法，构造了定量反映和刻画集对联系数系统结构中联系数分量间微观运动的迁移率矩阵，提出了一种联系分量值的修正方法，同时基于减法集对势和三角模糊数方法动态确定了差异度系数，构建了水资源承载能力评价方法。

（6）集对分析法

水资源瓶颈与经济社会发展是对立统一的矛盾关系，寻求二者的最大公约数是水资源承载能力评价与调控重要思路，我国学者赵克勤基于对立统一的观点提出了一种新颖不确定性分析方法——集对分析方法（Set Pair Analysis，SPA）。赵克勤编写的《集对分析及其初步应用》系统介绍了集对分析内涵、方法特点及其应用，全面地论述了集对分析的理论研究和实际分析。集对分析法有处理确定性和不确定性的优势，因为这种优势，各学者将集对分析法应用于医学、统计学、环境、社会等众多领域，学者们也将其应用在水资源系统相关评价中。集对分析的核心思想是先对不确定性系统中的两个有关联的集合构造集对，然后对集对的特性进行同一性、差异性、对立性分析。和传统方法相比，集对分析法能够处理评价指标和评价标准间的不确定性。刘东等运用集对分析法对12个农场的地下水资源进行评价；金菊良等建立了基于联系数的区域水资源承载能力评价与诊断分析的一套方法（Connection Number based Assessment and Diagnosis analysis method for water resources carrying capacity，CNAD），也提出了集对分析与风险矩阵相结合的区域水资源承载能力评价方法；杨鑫等运用集对分析和熵权赋值的方法，对云南省进行区域水资源承载能力评价；等等。正是集对分析法能够处理不确定性以及其方法全面、简便，因而在水资源承载能力研究中得以广泛使用。

4.3.2　基于模糊综合评价法的重庆市水资源承载能力分析

4.3.2.1　评价指标

通常指标的筛选方法有指标影响函数分析、指标敏感性分析和最小方差法等，本节为了与后面的水资源承载能力评价模型相一致，采用基于相对隶属度的模糊识别模型对评价指标进行检验。

采用各评价指标相同的权重，对2005—2020年重庆市水资源承载能力进行评价。在评价过程中，以基本指标为基础，每次加入一个备选指标，分析其加入前后对评价结果的影响。由于每个级别区间值为1，所以指标加入前后对评价结果的影响量小于区间值的20%，则认为该指标影响较小，即若前后两个级别特征值之差的绝对值<0.20，则认为加入的备选指标对评价结果影响较小，不需纳入水资源承载能力评价指标体系；否则应纳入。本节最终确定的重庆市水资源承载能力评价指标体系见表4.3-1。

表4.3-1　重庆市水资源承载能力评价指标的定义与计算

水资源承载能力评价指标	计算公式	单位
人均水资源占有量	多年平均当地水资源量/总人口	m^3/人
水资源开发利用率	（当地实际供水量＋调出水量－调入水量）/多年平均当地水资源量	%
人均综合用水量	现状年用水总量/现状年总人口	m^3/人
万元GDP用水量	用水总量/GDP总量	m^3/万元
供水模数	总供水量/土地总面积	万m^3/km^2

（续表）

水资源承载能力评价指标	计算公式	单位
生活污水集中处理率	经过城市集中污水处理厂二级处理的城市生活污水量/城市生活污水排放总量	%
水功能区达标率	满足各用水户水质使用最低标准的水功能区水体总量/总水功能区水体总量	%

4.3.2.2　评价指标分级标准

本节参考经济发展阶段中的划分标准，将水资源承载能力状态按很低（1 级）、较低（2 级）、中等（3 级）、较高（4 级）、很高（5 级）五个级别划分；其单项指标标准值按这五个级别分别确定。

（1）人均水资源占有量

人均水资源占有量是目前国际上衡量一个国家或地区可再生淡水资源状况的公认标准指标。我国淡水资源总量为 28 000 亿 m^3，占全球水资源的 6%，居世界第六位，但人均只有约 2 200 m^3，仅为世界平均水平的 1/4，是全球 13 个人均水资源最贫乏的国家之一。从人口和水资源分布统计数据可以看出，中国水资源南北分配的差异非常明显。长江流域及其以南地区人口占了中国的 54%，但是水资源却占了 81%；北方人口占 46%，水资源只有 19%。受气候变化和高强度的人类活动的影响，北方的水资源进一步减少，南方水资源进一步增加，这就加剧了我国南北水资源之间的不平衡。参考国际公认标准和我国主要流域人均水资源量情况，本节设计的人均水资源占有量分级标准见表 4.3-2。

（2）水资源开发利用率

国际上通常认为，地表水资源利用率超过 30%即会对生态环境造成影响，超过 40%则对生态环境会有严重影响，使生态系统遭到破坏，水资源开发利用不可持续，严重影响经济社会的可持续发展。我国现状水资源开发利用率流域之间差异很大。目前，黄河、海河、淮河水资源开发利用率都超过 50%，其中海河更是高达 95%，超过国际公认的 40%的合理限度，就可能会暴发严重的水资源和水环境危机。南方个别地区如珠江三角洲水资源开发利用率超过 80%。考虑到重庆市实际情况，本节设计的水资源开发利用率分级标准见表 4.3-2。

（3）人均综合用水量

《中国水资源公报 2017》和《中国水资源公报 2020》显示，2017 年、2020 年全国人均综合用水量分别为 436 m^3、412 m^3，各省级行政区的用水指标值差别很大。考虑到实际情况，本节设计的人均综合用水量分级标准见表 4.3-2。

（4）万元 GDP 用水量

根据《中国水资源公报 2008》，2008 年全国万元国内生产总值（当年价格）用水量为193 m^3。根据《中国水资源公报 2020》，2020 年全国万元国内生产总值（当年价）用水量为 57.2 m^3。本节设计的万元 GDP 用水量分级标准见表 4.3-2。

（5）供水模数

根据中国水资源公报资料，我国的平均供水模数，1980 年为 4.62 万 m^3/km^2，2000 年为 5.76 万 m^3/km^2，2005 年为 5.87 万 m^3/km^2，2008 年为 6.16 万 m^3/km^2，2017 年为 6.30 万 m^3/km^2，2020 年为 6.06 万 m^3/km^2。本节设计的供水模数分级标准见表 4.3-2。

（6）生活污水集中处理率

随着我国城市经济的发展和人口的增长、人们生活水平不断提高，城市废水量日渐增加，城市污水集中处理是国内外的发展趋势。污水处理与循环利用的状况和水平，不仅是充分利用可再生资源，实现人类可持续发展的必然要求，同时是一个国家或城市文明和现代化程度的重要标志。欧美发达国家由于工业化进程快，经济技术力量雄厚，污水处理产业发展也较早，生活污水处理率一般都在 80%以上，美国、荷兰等国家甚至超过 90%。

我国环境产业出现较晚，绝大部分污水处理厂都是在20世纪80年代以后建成的。在80年代以前，我国污水处理产业一直发展缓慢。1990—1999年10年间污水日处理能力年增长了2.4倍。随着城市污水处理厂数量的增加，污水处理程度不断提高。2006年，全国城市污水处理厂815座，其中689座为二、三级处理，占城市污水处理厂总量的84.5%；城市生活污水处理率为55.7%，其中二、三级处理的生活污水量占总处理量的比重增至85.2%。

根据《全国文明城市测评体系》考核的数据指标要求：A级标准城市生活污水集中处理率＞80%，B级标准城市生活污水集中处理率＞70%，C级标准城市生活污水集中处理率≤70%。参考以上标准结合相关文献，本节设计的城市生活污水集中处理率分级标准见表4.3-2。

(7) 水功能区达标率

水功能区是指为满足水资源合理开发和有效保护的需求，根据水资源的自然条件、功能要求、开发利用现状，按照流域综合规划、水资源保护规划和经济社会发展要求，在相应水域按其主导功能划定并执行相应质量标准的特定区域。我国地表水功能区划采用一级水功能区划、二级水功能区划两级体系。一级水功能区划分为保护区、保留区、开发利用区和缓冲区四类，二级水功能区划将一级区划中的开发利用区细化为饮用水源区、工业用水区、农业用水区、渔业用水区、景观娱乐用水区、过渡区和排污控制区七类。

2007年按《地表水资源质量评价技术规程》(SL 395—2007)规定的评价方法，对全国3 355个重点水功能区进行了水质监测评价，评价结果显示：全年水功能区达标率为41.6%。根据《中国水资源公报2017》，2017年水功能区达标率为62.5%。

指标分级标准值的拟定原则：对于目前已得到普遍公认的指标值(如国际上划分的标准值、国家划分的标准值、国家或区域颁布的一些发展规划指标值等)的单项指标，其分级标准值可根据这些标准值进行设计和拟定；对于现在还没有得到公认的指标值的单项指标，首先根据该单项指标的定义和内涵确定其理论取值范围，然后综合考虑国内外该指标的发展趋势，合理设计和拟定其分级标准值；而对于新提出来的单项指标，先分析其理论取值，再结合国家和区域政策对该指标相关参数的支撑程度以及国家和区域的发展特点，合理设计和拟定其分级标准值。水资源承载能力评价指标分级标准见表4.3-2。

表4.3-2　水资源承载能力评价指标分级标准

水资源承载能力评价指标	类型	很低	较低	中等	较高	很高
		1	2	3	4	5
人均水资源占有量(m³/人)	正	＜500	500～＜1 000	1 000～＜1 500	1 500～＜2 200	≥2 200
水资源开发利用率(%)	逆	≥60	40～＜60	20～＜40	10～＜20	＜10
人均综合用水量(m³/人)	逆	≥800	600～＜800	400～＜600	200～＜400	＜200
万元GDP用水量(m³/万元)	逆	≥220	140～＜220	60～＜140	24～＜60	＜24
供水模数(万m³/km²)	逆	≥15	10～＜15	3～＜10	1～＜3	＜1
生活污水集中处理率(%)	正	＜60	60～＜70	70～＜80	80～＜90	≥90
水功能区达标率(%)	正	＜60	60～＜70	70～＜80	80～＜90	≥90

4.3.2.3　模糊综合评价法

在实际综合评价过程中，经常会考虑以下三个方面的问题：第一，水资源承载能力状态等级和经济发展阶段的划分本身就具有模糊性；而且在评价中需将样本(典型城市)的评价指标值与指标标准值进行对比，进行差异程度的分析亦具有模糊性。第二，经济发展的阶段性特征表现在评价指标上是区间的概念，大多数的评价方法将评价标准或参照标准处理成点的形式还存在一定的不足。第三，水资源承载能力综合评价各因素指标以何种方式对水资源承载能力状态产生影响，即各项指标与水资源承载能力状态的函数关系如何，仅能从定性上得知，所以采用多套模型计算得到的成果通常比采用单一模型计算得到的成果可信度要高。为此，本节将模糊识别模型应用于重庆市水资源承载能力评价研究之中。

模糊综合评价法是将承载能力的评价视为一个模糊综合评价过程，其模型为：设给定两个有限论域 $U=\{u_1,u_2,\cdots,u_n\}$ 和 $V=\{v_1,v_2,\cdots,v_m\}$，其中 U 代表评价因素（即评价指标）集合；V 代表评语集合，则模糊综合评价为下面的模糊变换：$\boldsymbol{B}=\boldsymbol{A}\cdot\boldsymbol{R}$，其中 $\boldsymbol{A}$ 为模糊权向量，即各评价因素（评价指标）的相对重要程度，$\boldsymbol{B}$ 为 V 上的模糊子集，表示评价对象对于特定评语的总隶属度，$\boldsymbol{R}$ 为由各评价因素 u_n 对评语集合 V 的隶属度 V_{ij} 构成的模糊关系矩阵，其中第 i 行第 j 列元素 r_{ij} 表示某个被评价对象从因素 u_i 来看对 v_j 等级模糊子集的隶属度。通过上面的合成运算，可得出评价对象从整体上来看对于各评语等级的隶属度。再对上面的隶属度向量 $\boldsymbol{B}$ 的元素取大或取小，就可确定评价对象的最终评语。

指标量化的隶属函数的形式：

设各种指标的实际值为 x，作如下变换：

如果 x 在模型中起正作用，如人均 GDP、城镇化率等，令

$$y=\frac{x}{A} \tag{4.3-1}$$

如果 x 在模型中起副作用，如 COD 排放量、水土流失面积比等，令

$$y=\frac{A}{x}\text{ 或 }y=\frac{A}{x}-A \tag{4.3-2}$$

其中，A 为具体指标的可承载状态临界值，指人类可忍受的生态环境社会经济指标的下限值，规定 A 对应的隶属度值为 0.8。另外，规定 A_1 为具体指标的完全承载状态临界值，认为当指标的实际值 $x\leqslant A_1$ 时（实际值越小，复合系统越好，如 COD 排放量）或 $x\geqslant A_1$ 时（实际值越大，复合系统越好，如人均 GDP、城市河湖面积比），生态环境社会经济复合系统处于完全良好状态，对应的隶属度为 1。

令 $a_1=\dfrac{A}{A_1}$，当指标值越大，可持续发展测度越小时采用此式，如 COD 排放量。

或令 $a_1=\dfrac{A_1}{A}$，当指标值越大，可持续发展测度越大时采用此式，如城市河湖面积比。

或令 $a_1=\dfrac{A}{A_1}-A$，当指标值越大，可持续测度越小，且指标值为 1 时，其对应的隶属度值为 0，此情况下采用此式，如水土流失面积比。

然后构造出以下形式的隶属函数：

$$\mu=\begin{cases}1, & y\in[a_1+\infty)\\ \dfrac{0.2}{a_1-1}(y-1)+0.8, & y\in[1,a_1)\\ 0.8y^{\gamma}, & y\in[0,1)\end{cases} \tag{4.3-3}$$

式中：γ 为修正系数，$\gamma>1$，反映的是具体指标在临界下限之后的恢复度以及修正具体指标在系统隶属度中的贡献。具体来讲，γ 值是个相对值，表示具体指标在系统不可承载后要恢复到可承载临界值的难易程度。式(4.3-3)的图像如图 4.3-2 所示。

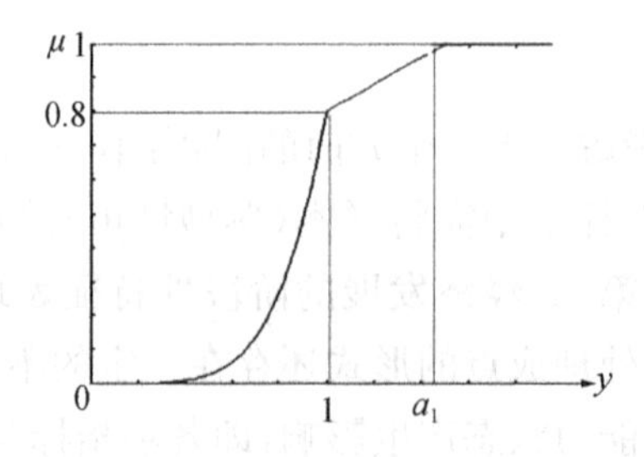

图 4.3-2　生态环境、社会经济指标的隶属函数图

应用陈守煜教授提出的相对级别(状态)特征值,即

$$H=(1,2,\cdots,c)\cdot U \tag{4.3-4}$$

对样本进行级别评价,根据级别特征值 H 可以确定最终的评价等级。结合本节对水资源承载能力状态和经济发展阶段的分级标准,设计的级别判定标准见表 4.3-3。

表 4.3-3　级别判定标准

等级	水资源承载能力状态	H 的取值范围
1 级	很低	<1.5
2 级	较低	[1.5,2.5)
3 级	中等	[2.5,3.5)
4 级	较高	[3.5,4.5]
5 级	很高	>4.5

指标的权重直接影响评价结果,现有的权重计算方法分为经验赋权法、数学赋权法以及将二者相结合的综合赋权法。经验赋权法是决策者根据目标的主观重视程度而进行赋权的一种方法,如专家调查法、层次分析法(AHP)和模糊决策分析法等;数学赋权法多属于根据参评方案的属性指标值所提供的信息量计算权重的一种方法,主要包括主成分分析法、熵值赋权法和标准离差法等。本节由于收集资料系列较短,不适合通过调查数据计算权重,在对各指标定性分析的基础上采用模糊决策分析法来确定各评价指标的权重。经计算,水资源承载能力评价指标权重见表 4.3-4。

表 4.3-4　水资源承载能力评价指标权重

水资源承载能力评价指标	单位	权重
人均水资源占有量	m^3/人	0.171
水资源开发利用率	%	0.132
人均综合用水量	m^3/人	0.145
万元 GDP 用水量	m^3/万元	0.160
供水模数	万 m^3/km^2	0.125
生活污水集中处理率	%	0.149
水功能区达标率	%	0.118

根据建立的水资源承载能力综合评价指标体系、应用模糊识别模型对重庆市 2005—2020 年水资源承载能力状态进行评价,计算结果见图 4.3-3。

结合以上评价结果,本书对重庆市 2005—2020 年的水资源承载能力状态演变趋势进行分析,得出如下结论。

(1) 从整体上看,重庆市水资源承载能力处于可承载状态,但中间存在波动现象。

(2) 随着经济社会发展,重庆市水资源承载能力状态总体上呈现与经济发展水平同步提高的特征。本节对重庆市水资源承载能力状态变化的原因进行分析。一方面是水资源利用效率的提高,重庆市水资源承载能力支撑力得到逐步提高;另一方面是重庆市水资源来自经济社会发展和生态环境的压力呈现上升趋势。社会用水压力增大的原因是重庆市城镇化进程的加快。城镇人口的增加,导致近年来城镇生活用水量持续增长,趋势加快。经济用水压力增大主要是经济高速发展的结果。生态环境用水压力增大主要是随着重庆市生态环境建设及保护力度的加大,生态环境用水量将会有进一步的增长。

(3) 从最近几年的变化趋势看,重庆市开始呈现用水发展滞后于经济社会发展的趋势。水资源承载能

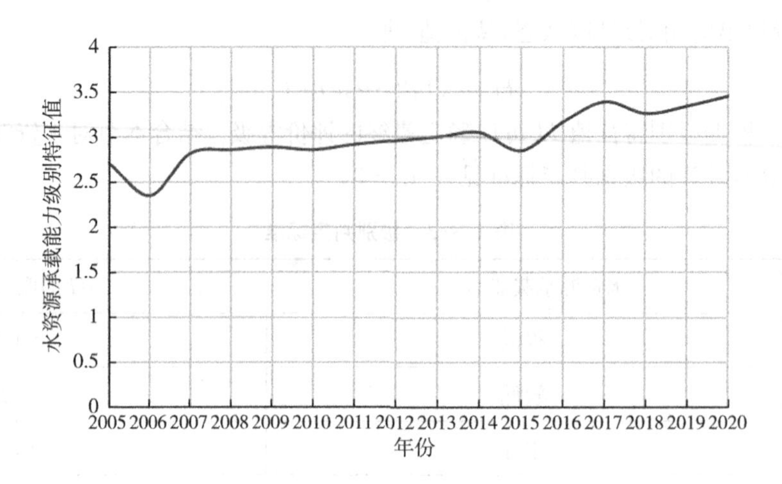

图 4.3-3 重庆市水资源承载能力状态变化图

力对经济社会发展的“瓶颈”效应逐渐显现。这是由于随着重庆市加快推进全域城市化建设，实现经济社会跨越式发展，对水资源数量和质量的要求越来越高。

在重庆市经济社会发展现状数据的基础上，根据水资源承载能力指标体系、评价模型和计算方法，对重庆市规划水平年 2020 年的水资源承载能力进行分析。

通过分析，重庆市水资源承载能力级别特征值由 2005 年的 2.72 增大到 2020 年的 3.45，水资源承载能力状态由目前的中等偏高向较高水平演变，体现出城市经济社会发展与用水发展相互促进、相互协调，共同从低级向高级发展的特征。重庆市 2005—2020 年水资源承载状态呈波动上升趋势，说明近 15 年重庆市水资源承载状态呈良性发展态势，重庆市水资源可以满足其经济社会发展要求，短期内不会成为重庆市经济发展的主要限制因素，但节水型社会建设以及可持续发展的各种政策、手段仍然必要，这样才能持续保障区域水资源承载能力的良好状况。

水资源承载能力关注的焦点是水资源系统能否支撑城市人口发展和经济社会发展，因此城市水资源承载能力研究应当以城市经济社会发展为出发点。特别是我国目前处于工业化、城市化高速发展时期，未来一段时间内，经济社会跨越式发展对水资源承载能力提出了更高的保障要求。根据水资源承载能力的动态性内涵，在一定的经济发展阶段背景下，通过一些管理措施如产业结构调整、节水等，水资源可承载社会经济容量或规模就会有所不同。

在参照前人相关研究成果的基础上，亦可建立水资源承载能力的最大可支撑人口数量单目标模型，计算得到该市未来水平年各分区水资源最大可支撑人口量，对水资源承载能力进行量化评判，对比预测人口值来判断某一区域内水资源量承载能力状况。

最大可支撑人口数量单目标模型如下：

目标函数：$\mathrm{Max}POP$ (4.3-5)

约束条件：

$$WR = W_{MU} + W_{GDP} + W_{EN}, \qquad W_{MU}, W_{GDP}, W_{EN} \geqslant 0 \tag{4.3-6}$$

式中：$\mathrm{Max}POP$ 为最大可支撑人口数量；WR 为水资源可利用量；W_{MU}为人类的生活直接用水量，不仅与人口数量有关，还与人均 GDP、节水状况等因素有关；W_{GDP}为国民经济用水量，不仅与人口数量有关，还与国内生产总值、产业结构等因素有关；W_{EN}为生态环境用水量，与植被面积、生态环境状况等因素有关。

一般情况下，水资源可利用量可以从两个方面来确定，一是按照天然水资源量确定可供水量；二是考虑在一定工程的基础上确定可供水量。

国民经济水资源可利用量就是水资源可利用量减去生态和环境用水量。因此，可将 W_{MU}和 W_{GDP}写为：

$$W_{MU} = POP \times Q_{MU} \times 365 \tag{4.3-7}$$

$$W_{GDP} = POP \times Q_{GDP} \times 365 \tag{4.3-8}$$

式中：POP 为人口数量；Q_{MU}为每人每天的需水量和用水量；Q_{GDP}为每人每天 GDP 的需水量和用水量。

进一步得出最大可支撑人口数量为：

$$\text{Max}POP = (WR - W_{EN})/[(Q_{GDP} + Q_{MU}) \times 365] \tag{4.3-9}$$

根据未来水平年人口、需水量和供水量的预测，以及不同水平年人类生活和社会发展对水资源的人均需求量和公式(4.3-9)，可计算得出规划水平不同供水条件下水资源承载能力。同时要注意到，由于经济社会和水资源指标的不确定性，水资源承载能力评价结果也具有一定的不确定性。

4.3.3　基于水量水质控制指标的重庆市区县水资源承载能力评价

4.3.3.1　评价方法与标准

根据《水利部办公厅关于做好建立全国水资源承载能力监测预警机制工作的通知》及长江水利委员会编写的《建立长江流域片水资源承载能力监测预警机制工作大纲》要求，重庆市区县水资源承载能力评价主要包括以下几项任务：

(1) 核算区县域水资源承载能力。根据重庆市水资源综合规划、最严格水资源管理制度“三条红线”、主要江河流域水量分配方案、全国水中长期供求规划、全国地下水利用与保护规划、全国水资源保护规划等已有成果，以流域和区域水资源开发利用与保护控制指标为基础，分解协调和确定区县水资源相关成果，核算区县域水资源承载能力。

(2) 核算区县域现状水资源承载负荷。根据各级统计年鉴、水利统计年鉴、水资源公报、水资源质量状况通报(年报)、水利普查、水中长期供求规划、地下水利用与保护规划、水资源保护规划等有关资料，分析现状经济社会发展对水资源与水环境的压力，从水资源开发利用与水环境容量占用情况等方面核算现状水资源承载负荷。

(3) 分析水资源承载临界的区县的水资源承载能力和现状承载负荷，开展区县域现状水资源承载状况与程度评价，划分水资源承载负荷等级，并分析超载原因，研究提出水资源管控措施建议。

根据《全国水资源承载能力监测预警技术大纲(修订稿)》(2016 年)，水资源承载能力评价采用实物量指标进行单因素评价，评价方法为对照各实物量指标度量标准直接判断其承载状况。其技术路线为：

(1) 基本定义

该技术大纲中水资源承载能力是指，可预见的时期内在满足合理的河道内生态环境用水和保护生态环境的前提下，综合考虑来水情况、工况条件、用水需求等因素，水资源承载经济社会的最大负荷。

本次工作主要考虑水量、水质 2 类要素：水量要素是指在保障合理生态用水的前提下，允许经济社会取用的最大水量；水质要素是指在满足水域使用功能水质要求的前提下，允许进入河湖水域的最大污染物负荷量。

(2) 技术路线与方法

总体技术路线：收集整理流域、区域经济社会发展指标有关数据、水资源调查评价、全国水利普查、水资源有关规划、水资源公报等有关资料，建立以县域为单元的水资源及其开发利用与污染负荷基础台账。根据流域及区域水资源禀赋条件、允许开发利用上限、“三条红线”管控要求、水资源调配能力和水功能区纳污能力等，确定水资源承载能力。根据流域及区域经济社会发展状况、水资源开发利用情况、水功能区水质状况、主要污染物入河情况、生态环境用水挤占情况等，核算水资源承载负荷成果。根据流域及区域承载能力和承载负荷成果，分别评价水量和水质要素承载状况和综合承载状况，提出流域及区域评价成果。根据评价结果，进行超载成因与趋势分析，提出水资源管控措施建议。水资源承载能力评价总体技术路线见图 4.3-4。

水量要素评价方法：根据全国水资源及其开发利用调查评价、全国水资源综合规划、流域和区域“三条

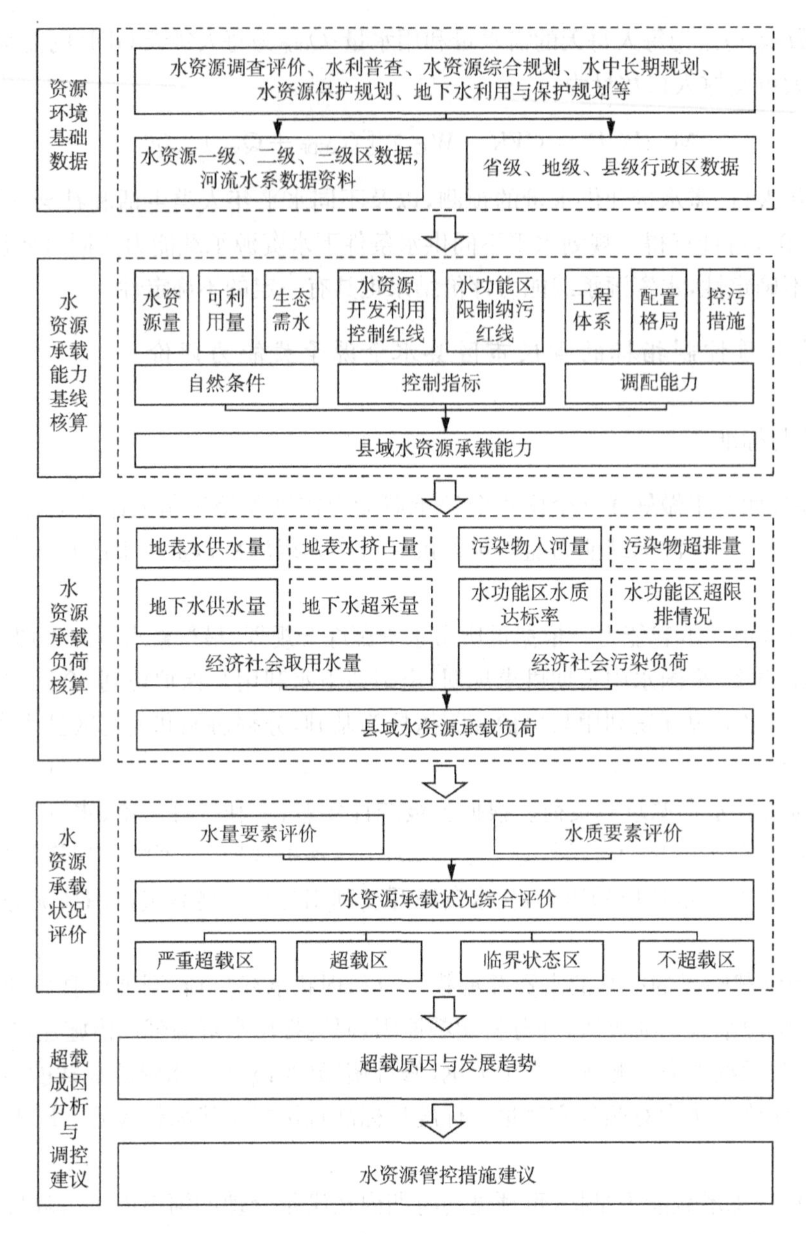

图 4.3-4　水资源承载能力评价总体技术路线

红线”指标分解等成果，获取评价区域水资源量、水资源可利用量、水资源配置方案、生态环境需水等水资源开发利用控制性指标，根据水利普查、水资源公报、经济社会统计等分析确定水资源开发利用程度与规模。根据河流水系水资源可利用量、地下水可开采量，综合规划确定的水资源配置方案，用水总量控制分解指标等，评价年份供水工程实际情况与水源调配能力等，在保障合理生态环境用水的前提下，综合分析并合理确定评价年份允许经济社会取用的最大水量，作为水量要素承载基线；根据经济社会现状取用水量等数据成果，分析水资源开发利用规模和程度，核算评价单元承载负荷；在此基础上，进行水量要素评价，确定水量要素承载状况等级。

水质要素评价方法：根据《全国重要江河湖泊水功能区划（2011—2030 年）》《全国水资源综合规划》《全国水资源保护规划》《全国重要江河湖泊水功能区纳污能力核定和分阶段限制排污总量控制方案》以及各级水资源公报和现状年水质不达标水功能区名录等有关资料，获取水功能区水质达标目标要求、入河污染物限排量、污染物入河量和水功能区水质监测数据等。根据最新监测资料，获取地级行政区现状年水功能区水质状况和污染物入河量；在此基础上，进行地级行政区水质要素评价。有条件的地区将地级行政区内的水功能区分解到县域，进行县域水功能区水质达标评价；资料缺乏地区可只将超载和严重超载地级行政区水功能区分解到县域，并根据超载区县域水功能区水质达标情况、入河污染物的超标情况、污水处理能力和处理程度等资料，进行县域水质要素综合评价，确定水质要素承载状况等级。

评价包括水量要素评价、水质要素评价和综合评价。其中，根据现状年用水总量、地下水开采量等，进行水量要素评价，划分水量严重超载、超载、临界状态、不超载的区域范围；根据现状年水功能区水质达标率、污染物入河量等，进行水质要素评价，划定水质严重超载、超载、临界状态、不超载的区域范围；再根据水量、水质要素评价结果，进行综合水资源承载状况评价。

水量、水质要求承载状况评价标准见表 4.3-5。综合水资源承载状况评价的判别标准如下：

(1) 严重超载：水量、水质要素任一要素严重超载；

(2) 超载：水量、水质要素任一要素超载；

(3) 临界状态：水量、水质要素任一要素在临界状态；

(4) 不超载：水量、水质要素均不超载。

表 4.3-5　水资源承载状况分析评价标准

要素	评价指标	承载能力基线	承载状况评价			
			严重超载	超载	临界状态	不超载
水量	用水总量 W	用水总量指标 W_0	$W \geqslant 1.2W_0$	$W_0 \leqslant W < 1.2W_0$	$0.9W_0 \leqslant W < W_0$	$W < 0.9W_0$
	平原区地下水开采量 G	平原区地下水开采量指标 G_0	$G \geqslant 1.2G_0$，或超采区浅层地下水超采系数$\geqslant 0.3$，或存在深层承压水开采量，或存在山丘区地下水过度开采	$G_0 \leqslant G < 1.2G_0$，或超采区浅层地下水超采系数介于(0，0.3)，或存在山丘区地下水过度开采	$0.9G_0 \leqslant G < G_0$	$G < 0.9G_0$
水质	水功能区水质达标率 Q	水功能区水质达标指标 Q_0	$Q \leqslant 0.4Q_0$	$0.4Q_0 < Q \leqslant 0.6Q_0$	$0.6Q_0 < Q \leqslant 0.8Q_0$	$Q > 0.8Q_0$
	污染物入河量 P	污染物限排量 P_0	$P \geqslant 3P_0$	$1.2P_0 \leqslant P < 3P_0$	$1.1P_0 \leqslant P < 1.2P_0$	$P < 1.1P_0$

4.3.3.2　用水总量指标和水质控制指标

(1) 用水总量控制指标

根据《国务院办公厅关于印发实行最严格水资源管理制度考核办法的通知》(国办发〔2013〕2 号)，2015 年、2020 年和 2030 年重庆市用水总量控制指标分别为 94.06 亿 m^3、97.13 亿 m^3 和 105.58 亿 m^3。

《重庆市人民政府办公厅关于印发重庆市实行最严格水资源管理制度考核办法》(渝府发〔2013〕95 号)确定重庆市 2015 年、2020 年和 2030 年全市用水总量控制指标，并分解到全市 38 个区县和万盛经开区。

《重庆市人民政府办公厅关于印发 2016—2020 年度水资源管理"三条红线"控制指标的通知》(渝府办发〔2016〕152 号)确定重庆市各区县各年度用水总量控制指标。

根据《重庆市人民政府关于调整云阳县 2030 年用水总量指标的批复》(渝府〔2017〕30 号)等文件，重庆市对开州、云阳等 11 个区县用水总量指标进行了调整。

根据《重庆市人民政府办公厅关于调整各区县 2030 年用水总量控制目标的通知》(渝府办发〔2021〕147 号)，重庆市对 2030 年用水总量控制目标予以调整。

重庆市各区县用水总量控制指标见表 4.3-6。

表 4.3-6　重庆市用水总量控制指标

单位：万 m³

区县	2016 年	2017 年	2018 年	2019 年	2020 年	2030 年
万州区	46 500	46 900	47 200	47 500	47 800	53 000
黔江区	12 600	12 700	12 800	12 900	13 000	14 000
涪陵区	60 200	60 800	61 300	61 700	61 900	43 026
渝中区	8 900	8 900	8 900	8 900	8 900	8 900
大渡口区	14 600	14 700	14 800	14 900	15 000	10 355
江北区	26 100	26 300	26 400	26 500	26 600	29 000
沙坪坝区	27 800	28 000	28 100	28 200	28 300	30 500
九龙坡区	24 300	24 500	24 600	24 700	24 800	30 109
南岸区	22 400	22 600	22 800	22 900	22 300	25 700
北碚区	29 200	29 400	29 600	29 700	29 800	32 200
渝北区	33 500	33 900	34 200	34 400	34 500	42 268
巴南区	28 100	28 300	28 500	28 700	28 800	35 843
长寿区	50 000	50 400	50 700	51 000	51 200	42 096
江津区	115 000	115 200	115 400	115 500	115 600	97 000
合川区	33 800	34 000	34 200	34 400	34 500	42 235
永川区	38 700	39 000	39 300	39 500	39 700	47 494
南川区	26 100	26 300	26 400	26 500	26 600	29 200
綦江区	27 800	27 900	28 000	28 100	28 200	30 800
万盛经开区	9 100	9 200	9 300	9 400	9 500	13 200
大足区	19 700	19 900	20 000	20 100	20 200	31 159
璧山区	12 400	12 500	12 600	12 700	12 800	25 062
铜梁区	22 500	22 700	22 900	23 000	23 100	27 112
潼南区	21 300	21 500	21 600	21 700	21 800	26 378
荣昌区	19 500	19 700	19 900	20 000	20 100	27 557
开州区	31 300	31 500	31 700	31 900	32 000	36 000
梁平区	18 900	19 200	19 400	19 600	19 800	21 500
武隆区	11 200	11 300	11 400	11 500	11 600	12 600
城口县	6 100	6 150	6 200	6 250	6 300	7 000
丰都县	15 200	15 300	15 400	15 500	15 600	20 079
垫江县	21 300	21 500	21 700	21 900	22 000	23 600
忠县	16 800	16 900	17 000	17 050	17 100	18 500
云阳县	17 100	17 200	17 300	17 400	17 500	24 600
奉节县	11 100	11 200	11 300	11 350	11 400	15 552
巫山县	7 100	7 150	7 200	7 250	7 300	9 512
巫溪县	6 600	6 650	6 700	6 750	6 800	7 500

（续表）

区县	2016 年	2017 年	2018 年	2019 年	2020 年	2030 年
石柱县	9 600	9 650	9 700	9 750	9 800	13 005
秀山县	22 200	22 400	22 600	22 800	23 000	24 600
酉阳县	11 900	11 950	12 000	12 050	12 100	15 558
彭水县	12 000	12 000	12 000	12 000	12 000	12 000

根据《全国水资源承载能力监测预警技术大纲(修订稿)》,需要结合指标分解时考虑的因素进行用水总量指标核定(指标中包含规划但未生效工程供水量的,应扣减该工程的配置供水量;指标中包含大规模外流域调水量的,应视情况扣减外调水量;指标确定时考虑区域经济社会发展现实需求,允许部分地表水挤占或地下水超采的,应扣减地表水挤占量和地下水超采量)。

重庆市在分解用水总量控制指标时,指标中未包含规划但未生效工程供水量,也不包含大规模外流域调水量,也不存在地表水挤占地下水或地下水超采,因此核定后的用水总量控制指标与分解的用水总量控制指标相同。

(2) 水功能区水质达标率控制指标

地表水水功能水质达标目标和要求按照《重庆市人民政府办公厅关于印发 2016—2020 年度水资源管理“三条红线”控制指标的通知》(渝府办发〔2016〕152 号)中的目标及要求进行确定,见表 4.3-7。

表 4.3-7　重庆市各区县水质达标率控制指标

区县	2016 年	2017 年	2018 年	2019 年	2020 年
万州区	78%	81%	84%	87%	90%
黔江区	78%	81%	84%	87%	90%
涪陵区	82%	82%	83%	84%	85%
渝中区	74%	78%	82%	86%	90%
大渡口区	66%	67%	68%	69%	70%
江北区	77%	79%	82%	85%	88%
沙坪坝区	77%	79%	82%	85%	88%
九龙坡区	81%	82%	83%	84%	85%
南岸区	76%	77%	79%	81%	83%
北碚区	77%	79%	82%	85%	88%
渝北区	86%	87%	88%	89%	91%
巴南区	76%	77%	78%	79%	80%
长寿区	80%	80%	80%	81%	81%
江津区	86%	87%	88%	89%	90%
合川区	73%	75%	77%	80%	83%
永川区	81%	82%	83%	84%	85%
南川区	86%	87%	88%	89%	90%
綦江区	83%	85%	87%	89%	91%
万盛经开区	82%	82%	82%	83%	83%
大足区	76%	78%	80%	82%	84%
璧山区	72%	74%	76%	78%	80%

（续表）

区县	2016年	2017年	2018年	2019年	2020年
铜梁区	83%	84%	86%	88%	90%
潼南区	86%	87%	88%	89%	90%
荣昌区	82%	82%	83%	84%	85%
开州区	86%	87%	88%	89%	90%
梁平区	72%	74%	76%	78%	80%
武隆区	86%	87%	88%	89%	91%
城口县	82%	82%	83%	84%	85%
丰都县	77%	79%	81%	84%	87%
垫江县	86%	87%	88%	89%	91%
忠县	78%	81%	84%	87%	90%
云阳县	86%	87%	88%	90%	92%
奉节县	78%	81%	84%	87%	90%
巫山县	83%	84%	85%	86%	88%
巫溪县	86%	87%	88%	89%	90%
石柱县	85%	85%	86%	87%	88%
秀山县	86%	87%	88%	89%	90%
酉阳县	82%	82%	83%	84%	85%
彭水县	86%	87%	88%	89%	90%

4.3.3.3 用水总量指标的承载状况评价

按照《全国水资源承载能力监测预警技术大纲(修订稿)》中对现状用水量的转换原则，由于用水总量指标为多年平均来水条件下的控制目标，因此为使得评价口径一致，需要将2020年现状用水量转换为评价口径用水量。需转换的用水项包括农业灌溉用水量、火(核)电直流冷却水用水量以及特殊情况用水量。

根据2020年《重庆市水资源公报》中降水量资料，通过频率分析计算可以看出，2020年重庆市为丰水年，整体上偏丰21.24%，年降水频率为4.5%，各分区县降水也偏丰，降水频率为1.9%～36%。重庆市各水资源二级区的2020年降水频率见表4.3-8。

表4.3-8 重庆市各水资源二级区2020年降水情况表

分区	多年平均降水量(mm)	2020年降水量(mm)	距平(%)	降水频率(%)
岷沱江	1 032.2	1 087.6	5.37	36.0
嘉陵江	1 090.9	1 192.3	9.30	23.0
乌江	1 203.7	1 604.0	33.26	4.2
长江宜宾至宜昌	1 185.4	1 397.9	17.93	12.0
洞庭湖水系	1 370.5	1 930.1	40.83	1.9
汉江	1 170.7	1 396.7	19.30	14.0
重庆市	1 184.1	1 435.6	21.24	4.5

根据水资源公报、雨量站等降水量资料，计算现状年降水量，并分析其降水丰枯程度(包括距平、降水频率)。根据降水丰枯程度，将现状年农业灌溉用水量转换到多年平均用水量。农业灌溉用水量的折算仅对

当年来水较枯或较丰的地区(降水频率不在37.5%～62.5%范围内)进行。

以降雨频率分析为基础的农业灌溉用水量核算的主要方法可归纳为2种,分别为现状用水平均值法(以下简称"现状法")、典型年插值法(以下简称"典型年法")。① 现状法:取拟评价行政区(或水资源分区套行政区)近5年以上的农业实际灌溉用水量(或亩均用水量)系列,测算其算术平均值,作为核算后的农业灌溉用水量,参与区域水资源承载状况评价。② 典型年法:以水中长期供求规划基准年不同频率农业配置水量与多年平均配置水量为基础,依据当年的丰枯频率采用线性插值法内插获得转换系数进行核算。水中长期供求规划各基本单元(水资源三级区套地级市)水资源配置成果以典型年体现,包括多年平均,频率 $P=50\%$、75%、90%及95%的年份。因此,拟评价年处于丰水年份的地区不能采用该方法核算农业灌溉用水量。

此外,如果近期农业灌溉水量保持稳定不变或持续下降,以及灌溉用水量与降水丰枯无明显关系的区域,可不进行转换。

分析重庆市各区县2020年农业灌溉用水与年降水量关系,有以下5种情况。

(1) 现状年降水量频率在37.5%～62.5%范围内,如长寿区、合川区、铜梁区、云阳县等区县,不进行转换。

(2) 农业灌溉用水与年降水量有明显关系,如万州区、黔江区、万盛经开区、北碚区、渝北区、荣昌区、武隆区、丰都县、垫江县等区县,因2020年降水量普遍偏丰,不适用典型年法,因此采用近5年均值或内插值。万州区农业灌溉用水与年降水量关系见图4.3-5,农业灌溉用水与年降水量呈现负相关关系。

(3) 农业灌溉用水与年降水量无关系,如江津区、永川区、綦江区、城口县、酉阳县、彭水县等区县,不进行转换。

(4) 近5年来农业灌溉用水持续减少,如南川区、大足区、璧山区、铜梁区、潼南区、开州区、梁平区、忠县、奉节县、巫山县、巫溪县、石柱县、秀山县等区县,不进行转换。璧山区农业灌溉用水与年降水量关系见图4.3-6,农业灌溉用水持续减少,与年降水量关系不明显。

(5) 其他区县近5年来农业灌溉用水变化不大,不进行转换。

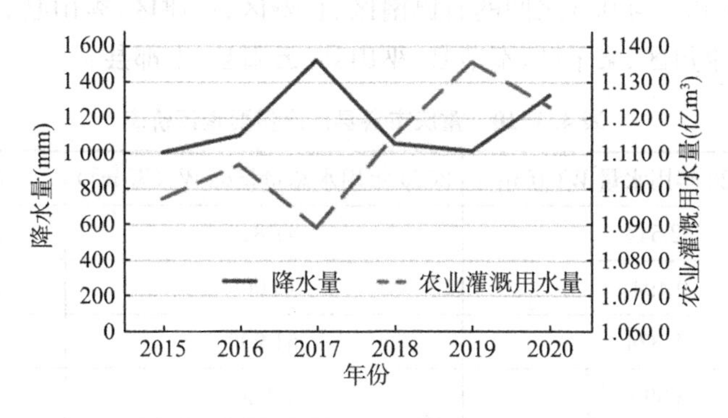

图4.3-5 重庆市万州区农业灌溉用水与年降水量关系

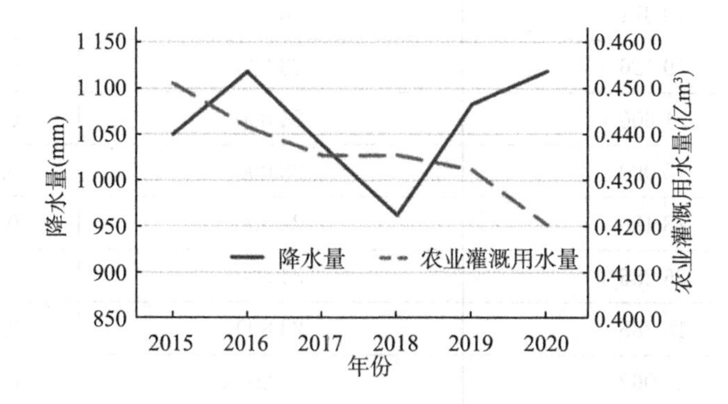

图4.3-6 重庆市璧山区农业灌溉用水与年降水量关系

关于火(核)电用水的折算,重庆市无2000年之后投产(或扩建)的火(核)电厂,九龙坡区的重庆火电厂和九龙火电厂2个直流式火电厂在2015年6月左右完全关停。分区直接采用2020年水资源公报数据。另外,市辖区用水量3.848 1亿 m^3 为唐家沱、鸡冠石污水处理厂尾水发电利用量。由此得到重庆市2020年评价口径的用水量情况,见表4.3-9。

表4.3-9　重庆市2020年评价口径的各用水量情况表　　单位:万 m^3

分区	评价口径用水量				
	农业用水量	工业用水量	生活用水量	生态环境用水量	用水总量
岷沱江	12 548	1 878	7 766	935	23 127
嘉陵江	57 626	25 796	71 612	5 710	160 744
乌江	31 210	6 146	15 001	525	52 882
长江宜宾至宜昌	177 935	134 724	123 778	9 242	445 679
洞庭湖水系	11 362	2 408	4 303	253	18 326
汉江	1 873	361	1 066	40	3 340
重庆市	292 554	171 313	223 526	16 705	704 098

根据上述水资源承载能力、水资源承载负荷的核算成果,采用表4.3-5中的评价标准,对核定后的用水总量指标与评价口径用水总量指标进行对比,判别重庆市各水资源二级区、各区县的水资源承载状况,评价结果见表4.3-10。

重庆市用水总量指标处于不超载状态,承载状况为0.726($W<0.9W_0$);在区域分布上,6个水资源二级区均不超载,其中承载状况值最高的嘉陵江为0.75,最低的洞庭湖水系为0.60。

38个区县和万盛经开区,不超载的有36个区县,占比92.3%;临界超载的有璧山区、酉阳县、潼南区3个区县,占比7.7%;无区县超载。不超载区县中,承载状况值最低的为大渡口区的0.375,低于0.50的还有涪陵区、忠县。承载状况在0.5与0.6之间的有巴南区、长寿区、江津区、秀山县。承载状况在0.8与0.9之间的有九龙坡区、合川区、永川区、梁平区、奉节县、巫山县、云阳县、丰都县。

表4.3-10　重庆市各县区水量要素评价表

区　县	核定的2020年用水量 W(万 m^3)	2020年用水总量指标 W_0(万 m^3)	W/W_0	承载状态
万州区	32 544	47 800	0.681	不超载
黔江区	9 494	13 000	0.730	不超载
涪陵区	28 374	61 900	0.458	不超载
渝中区	6 890	8 900	0.774	不超载
大渡口区	5 620	15 000	0.375	不超载
江北区	18 871	26 600	0.709	不超载
沙坪坝区	19 126	28 300	0.676	不超载
九龙坡区	21 600	24 800	0.871	不超载
南岸区	16 090	23 000	0.700	不超载
北碚区	18 480	29 800	0.620	不超载
渝北区	26 286	34 500	0.762	不超载
巴南区	16 385	28 800	0.569	不超载
长寿区	26 062	51 200	0.509	不超载
江津区	69 067	115 600	0.597	不超载

（续表）

区　县	核定的 2020 年用水量 W（万 m^3）	2020 年用水总量指标 W_0（万 m^3）	W/W_0	承载状态
合川区	28 247	34 500	0.819	不超载
永川区	33 591	39 700	0.846	不超载
南川区	16 140	26 600	0.607	不超载
綦江区	20 558	28 200	0.729	不超载
万盛经开区	7 082	9 500	0.745	不超载
大足区	14 487	20 200	0.717	不超载
璧山区	12 160	12 800	0.950	临界状态
铜梁区	17 109	23 100	0.741	不超载
潼南区	19 716	21 800	0.904	临界状态
荣昌区	12 631	20 100	0.628	不超载
开州区	24 122	32 000	0.754	不超载
梁平区	16 397	19 800	0.828	不超载
武隆区	8 770	11 600	0.756	不超载
城口县	4 114	6 300	0.653	不超载
丰都县	13 646	15 600	0.875	不超载
垫江县	17 073	22 000	0.776	不超载
忠县	8 529	17 100	0.499	不超载
云阳县	15 480	17 500	0.885	不超载
奉节县	10 099	11 400	0.886	不超载
巫山县	6 326	7 300	0.867	不超载
巫溪县	5 127	6 800	0.754	不超载
石柱县	7 733	9 800	0.789	不超载
秀山县	12 525	23 000	0.545	不超载
酉阳县	11 083	12 100	0.916	临界状态
彭水县	7 983	12 000	0.665	不超载
市辖区	38 481	—	—	—
重庆市	704 098	970 000	0.726	不超载

4.3.3.4　水质要素评价

对各区县水功能区水质达标率 Q 与水功能区水质达标率控制指标 Q_0 进行比较，所得的水质要素承载状况评价结果见表 4.3-11。

表 4.3-11　水质要素承载状况评价结果

县域单元	水功能区水质达标程度 Q/Q_0	评价等级
渝中区	1.43	不超载
大渡口区	1.54	不超载
江北区	1.33	不超载
沙坪坝区	1.33	不超载

（续表）

县域单元	水功能区水质达标程度 Q/Q_0	评价等级
九龙坡区	1.25	不超载
南岸区	1.33	不超载
北碚区	1.33	不超载
渝北区	1.01	不超载
巴南区	1.33	不超载
涪陵区	1.07	不超载
长寿区	0.89	不超载
江津区	0.92	不超载
合川区	1.41	不超载
永川区	0.94	不超载
南川区	1.18	不超载
綦江区	1.22	不超载
万盛经开区	0.92	不超载
潼南区	1.07	不超载
铜梁区	1.22	不超载
大足区	1.33	不超载
荣昌区	0.84	不超载
璧山区	1.43	不超载
万州区	1.33	不超载
梁平区	0.95	不超载
城口县	1.22	不超载
丰都县	1.33	不超载
垫江县	0.67	临界状态
忠县	1.33	不超载
开州区	1.05	不超载
云阳县	1.18	不超载
奉节县	1.33	不超载
巫山县	1.22	不超载
巫溪县	1.18	不超载
黔江区	1.33	不超载
武隆区	1.18	不超载
石柱县	1.03	不超载
秀山县	0.98	不超载
酉阳县	1.02	不超载
彭水县	1.18	不超载

由此可见，重庆市各区县水质要素承载状况，除垫江县处于“临界状态”外，其余区县均处于“不超载”的状态。垫江县处于“临界状态”的原因主要是水功能区达标率较低，仅为50.0%。

根据水质要素承载状况评价结果，全市各区县 Q/Q_0 分布只有垫江县处于 0.6～0.8 的“临界状态”区间，占比 2.6%；其余区县全部处于 0.8 以上的“不超载”区间，其中 0.8～1.0 区间的区县有 7 个，占比17.9%，1.0 以上区间的区县有 31 个，占比 79.5%。

4.3.3.5　综合评价

按照上述评价方法，重庆市 38 个区县和万盛经开区，无严重超载和超载区县；临界超载区县共 4 个（其中水量要素临界超载区县 3 个，分别为璧山区、酉阳县、潼南区；水质要素临界超载县 1 个，即垫江县），占比 10.3%；不超载区县 35 个，占比 89.7%。

2015 年重庆市水资源承载能力评价评价结果为：无严重超载和超载区县；临界超载区县共 6 个（其中水量要素临界超载区 5 个，分别为綦江区、大足区、璧山区、铜梁区、潼南区，水质要素临界超载县 1 个，即垫江县）。

本次与 2015 年相比，綦江区、大足区、铜梁区由临界状态降为不超载状态，原因在于用水量减少。綦江区、大足区、铜梁区 2015 年用水量分别为 2.550 4 亿 m^3、1.793 8 亿 m^3、2.120 1 亿 m^3；2020 年用水量分别为 2.021 6 亿 m^3、1.448 7 亿 m^3、1.710 9 亿 m^3；分别减少 0.528 8 亿 m^3、0.345 1 亿 m^3、0.409 2 亿 m^3，主要是工业用水量的减少。

水量要素评价中，承载状况值最低的为大渡口区的 0.375，其他较低的还有涪陵区（0.458）、忠县（0.499）、长寿区（0.509）。根据《重庆市人民政府办公厅关于调整各区县 2030 年用水总量控制目标的通知》（渝府办发〔2021〕147 号），调整减少了大渡口区、涪陵区、忠县、长寿区的 2030 年用水总量控制目标。

4.3.4　重庆市荣昌区水资源承载能力计算

荣昌区位于重庆市西部，属于重庆市“一圈两翼”的“一圈”之中，地处渝西川东的经济发展结合部，是川渝两地经济发展的桥头堡，在重庆经济发展中，具有东西对接、双向开发的战略区位优势。同时，荣昌区是“两江新区”的重要辐射区域和产业配套区域。

荣昌区境内虽然降雨充沛，但由于水资源时空分布不均匀，所以水资源较少，属于四川盆地东浅丘陵区，区人均占有水资源量为全国的 1/4、重庆市的 1/3。全区多年平均径流深为 381.55 mm，多年平均径流量为 4.12 亿 m^3，平水年为 4.10 亿 m^3，枯水年为 3.69 亿 m^3。另外，濑溪河入境水资源量为 3.36 亿 m^3，大清流河入境水资源量为 4.33 亿 m^3，合计 7.69 亿 m^3。

研究基准年为 2020 年，近期规划水平年为 2025 年，远期规划水平年为 2030 年。荣昌区水资源承载能力研究技术路线见图 4.3-7。

4.3.4.1　需水预测

本次研究运用定额指标法进行荣昌区需水预测。需水量与国民经济发展以及人们的生活水平等密切相关，因此首先对经济社会发展指标进行预测，在依据《重庆市荣昌区国民经济和社会发展第十四个五年规划和二〇三五年远景目标纲要》以及相关专题规划的同时，根据国家宏观经济发展形势、经济增长的规律性和荣昌区的历年发展情况与特点等，主要采用趋势法进行预测。预测时充分分析各经济发展指标的增长率，并拟定高、中、低三个方案进行预测分析；根据不同的节水力度，设置强化节水、一般节水和最低节水方案。根据经济社会发展指标以及各行业用水定额进行需水量预测，具体设置见表 4.3-12。

表 4.3-12　荣昌区需水预测方案组合

预测方案	强化节水	一般节水	最低节水
高方案	方案Ⅰ	方案Ⅴ	—
中方案	方案Ⅱ	方案Ⅵ	方案Ⅳ
低方案	—	方案Ⅶ	方案Ⅲ

注：高、中、低方案分别对应经济高、中、低速发展。

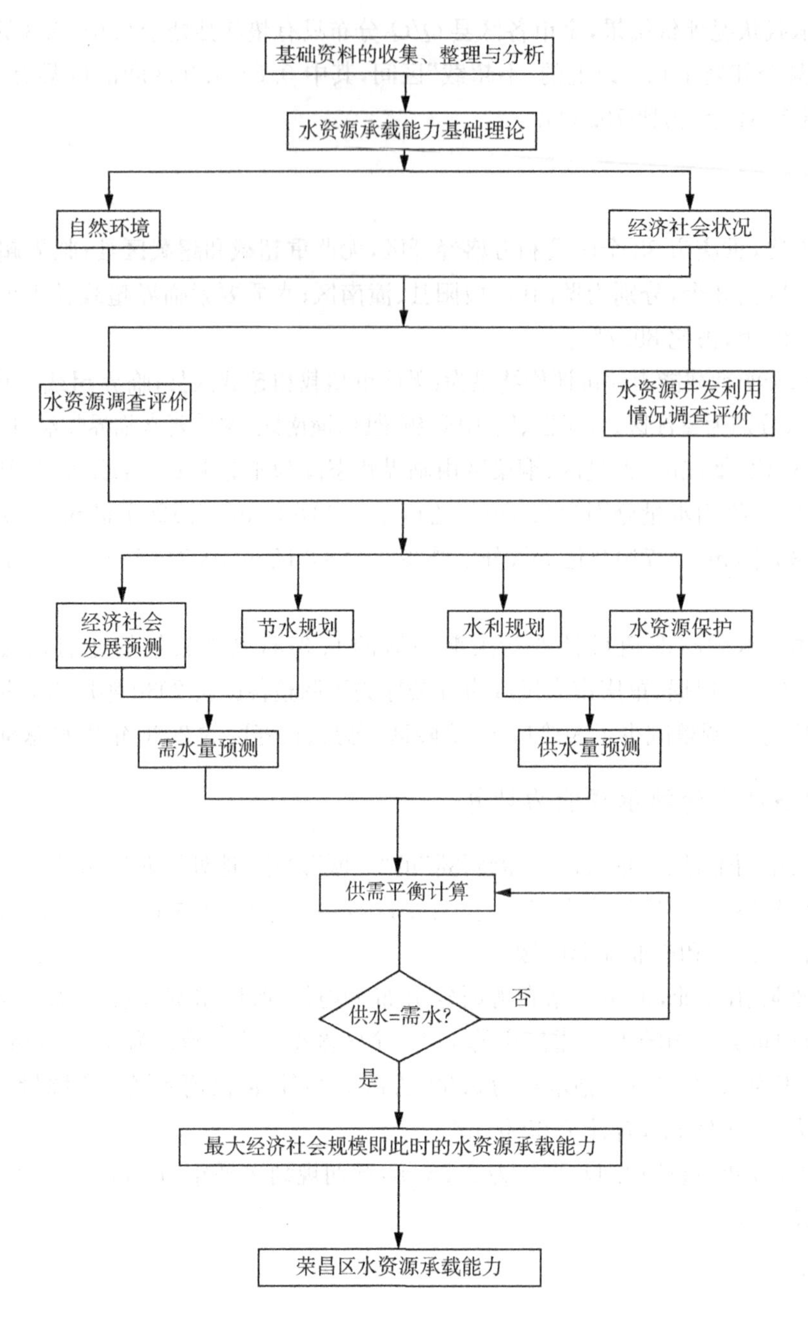

图 4.3-7　荣昌区水资源承载能力研究技术路线图

根据荣昌区城镇居民生活和农村居民生活需水量、工业需水量、建筑业及第三产业需水量、农业需水量及生态环境需水量预测结果，按照经济社会协调发展的要求，分析和确定七种组合方案的需水预测结果。

根据经济发展与人口增长同步的原则，即经济高增长对应人口高增长，反之亦然，可以推求出各种方案不同规划水平年人均需水量。具体结果见表 4.3-13。

表 4.3-13　人均需水量统计结果　　单位：m^3/人

方案	2020 年	2025 年	2030 年
方案Ⅰ	300.95	322.77	342.65
方案Ⅱ	292.07	300.77	305.99
方案Ⅲ	366.41	380.62	389.40

（续表）

方案	2020 年	2025 年	2030 年
方案Ⅳ	379.02	399.17	425.32
方案Ⅴ	346.06	387.58	454.81
方案Ⅵ	335.09	357.07	395.46
方案Ⅶ	324.62	331.76	348.40

4.3.4.2　水资源总体配置

本规划调查统计的用水量是指分配给用户的包括输水损失在内的毛用水量，主要按生活用水量、工业用水量、农业用水量三大类进行统计。

荣昌区 2020 年用水总量控制目标为 2.01 亿 m³，2030 年松溉引水济荣工程建设完成，可引水 0.95 亿 m³，2030 年可用水量 3.19 亿 m³。基于此，推荐需水低方案（高速发展强化节水），需水高方案（高速发展一般节水）作为备选方案供决策者参考。

需水低方案（高速发展强化节水），2025 年荣昌区共用水 21 553 万 m³，城市生活用水 1 955 万 m³，农村生活用水 909 万 m³，工业用水 9 541 万 m³，农业用水 8 967 万 m³，城镇生态用水 181 万 m³；2030 年荣昌区共用水 24 443 万 m³，城市生活用水 2 436 万 m³，农村生活用水 645 万 m³，工业用水 11 573 万 m³，农业用水 9 575万 m³，城镇生态用水 214 万 m³。

需水高方案（高速发展一般节水），2025 年荣昌区共用水 25 638 万 m³，城市生活用水 2 130 万 m³，农村生活用水 930 万 m³，工业用水 13 236 万 m³，农业用水 9 217 万 m³，城镇生态用水 197 万 m³；2030 年荣昌区共用水 31 764 万 m³，城市生活用水 2 648 万 m³，农村生活用水 667 万 m³，工业用水 18 372 万 m³，农业用水 9 843 万 m³，城镇生态用水 234 万 m³。

4.3.4.3　水资源承载能力计算

通过全面分析水资源承载能力的各影响因素，在参照全国水资源供需分析中的指标体系和其他水资源评价指标体系及其标准，同时参考相关文献研究指标选取的基础上，本次水资源承载能力指标分三个方面进行选取，包括社会经济规模承载指标、节水水平承载指标和水环境保护承载指标。社会经济规模承载指标包括城市人口、农村人口、工业增加值、建筑业增加值、服务业增加值、农田实际常规灌溉面积和节水灌溉面积。节水水平承载指标包括城市管网漏损率、灌溉水利用系数、万元工业增加值用水量、万元建筑业增加值用水量、万元服务业增加值用水量和用水总量。水环境保护承载指标包括污水处理率、污水回用率、氨氮入河总量、COD 入河总量和水功能区达标率。

基于流域水资源二元演化模式的承载能力计算，其最大的进展在于不仅考虑了对社会经济系统的承载能力，还需考虑对水功能区纳污能力以及水功能区纳污能力对社会经济系统的间接承载与制约作用。进行水资源承载能力计算时，不仅考虑了作为被承载客体的社会经济系统的用水格局、用水效率和用水投入产出效率，而且考虑了作为承载主体的资源环境系统为达到可持续利用目的而发生的自身用水需求，同时考虑了为满足水功能区水质达标的污染物总量控制需求。荣昌区的社会经济系统和生态环境系统以水为纽带，在发展进程中的相对平衡具有明显的互斥性、动态性、多样性和极限性，水资源承载能力研究需要同时考虑水资源的天然循环与人工侧支循环两个方面，具体的计算流程参见图 4.3-8。

(1) 计算分析在现状供水规模强化节水水平下 2025 年荣昌区水资源可承载人口数量和经济规模：水资源可承载常住人口 70 万～72 万人，可承载最大 GDP 规模 745 亿～982 亿元。农田实际灌溉面积可达 30 万亩，其中节水灌溉面积 6.37 万亩；农田实际灌溉面积 23.62 万亩，其中水田 17.5 万亩，水浇地 4.53 万亩，菜地 1.59 万亩。

(2) 计算分析在现状供水规模强化节水水平下 2030 年荣昌区水资源可承载人口数量和经济规模：水资

源可承载常住人口量71万～73万人，可承载最大GDP规模1 091亿～1 642亿元。农田实际灌溉面积可达30万亩，其中节水灌溉面积11.13万亩；农田实际灌溉面积18.87万亩，其中水田17.5万亩，水浇地1.01万亩，菜地0.36万亩。

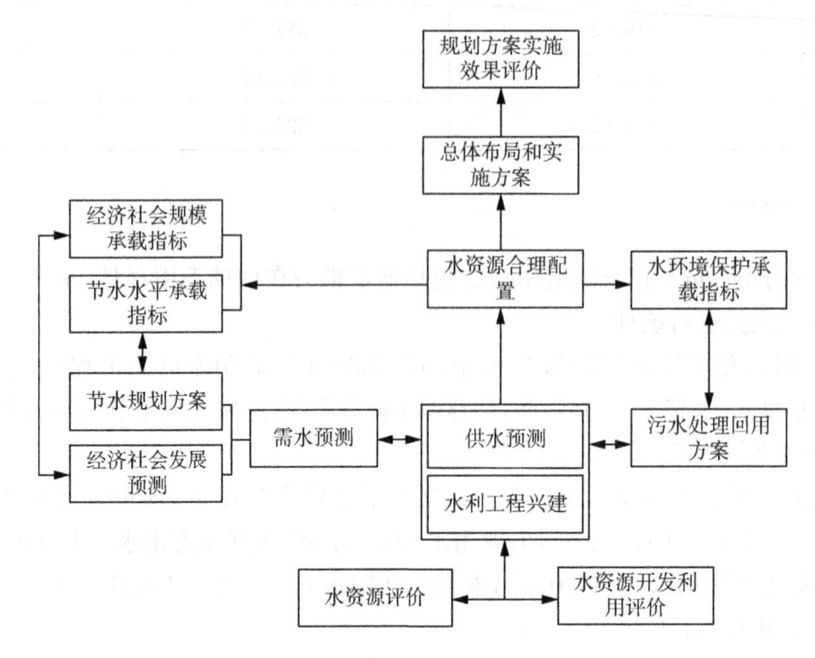

图 4.3-8　水资源承载能力计算流程

第五章 水资源承载能力提升措施

水资源承载能力的提升是由社会经济、生态环境、水资源等子系统所组成的复合大系统中所具有的一种协调能力的提升所决定的，经济社会的发展、产业结构的优化、生态环境的改善和水资源的开源节流都能够提高水资源承载能力。

5.1 水资源及生态环境现状主要问题

重庆坐拥长江、嘉陵江、乌江三条大江及众多水系，虽然境内江河众多，过境水资源丰富，但仍存在当地水资源人均占有量小、时空分布不均、开发利用比较困难、工程性缺水突出等特点，按照国际公认标准，重庆属中度缺水地区。随着经济的发展，新、老水问题交织，水资源短缺、水生态损害、水环境污染等问题依旧复杂。

5.1.1 水资源相对贫乏、时空分布不均

重庆市多年平均当地水资源总量为567.76亿m^3，其中当地地表水资源量为567.76亿m^3，地下水资源量为100.49亿m^3，重复计算量为100.49亿m^3，全市产水系数为0.58。重庆市入境的主要河流有长江、嘉陵江、乌江、酉水、任河等；主要入境支流有塘河、安居河、綦江、御临河、洪渡河、郁江等，汇入各主要河流。出境河流主要为长江。全市多年平均年入境水量为3 837亿m^3，水量十分丰沛，但入境水量主要集中在长江、嘉陵江、乌江。重庆市当地水资源量地区分布不均，全市人均当地水资源拥有量约1 700 m^3，耕地亩均当地水资源拥有量为1 500 m^3。其中渝东北地区和渝东南地区人均水资源量分别为2 386 m^3和4 465 m^3，明显高于渝西地区的936 m^3和主城区的419 m^3，当地水资源量呈由东向西递减的趋势，水资源量年际变化较大，年内分布不均。

5.1.2 用水效率低与过度利用并存

由水资源承载状况评价结果来看，涉及重庆市西部的三级流域分区沱江、涪江、渠江、广元昭化以下干流、宜宾至宜昌干流等，除宜宾至宜昌干流（该流域区因把重庆市东北部几个降雨径流丰富的区域包含进来拉低了承载状况）外，其余流域分区的承载状况均在0.83～0.87，非常接近临界超载，值得注意。主城区及渝西地区当地水资源不足，水环境承载能力不足，应充分利用丰富的过境水资源，当地水资源主要用于农业和改善生态环境。

为了经济社会更好更快的发展，对水资源的需要提出了更高的要求，因而一批水利工程应运而生。根据重庆市水资源公报统计，从2005年至2021年，重庆市大型水库由5座增加至19座，中型水库由49座增加至114座；大中型水库年末蓄水总量由16.529 8亿m^3增加至65.157 4亿m^3，其中大型水库年末蓄水总量由10.754 5亿m^3增加至48.533 7亿m^3，中型水库年末蓄水总量由5.775 3亿m^3增加至16.623 7亿m^3。重庆市大中型水库数量变化见图5.1-1，年末蓄水总量变化见图5.1-2。

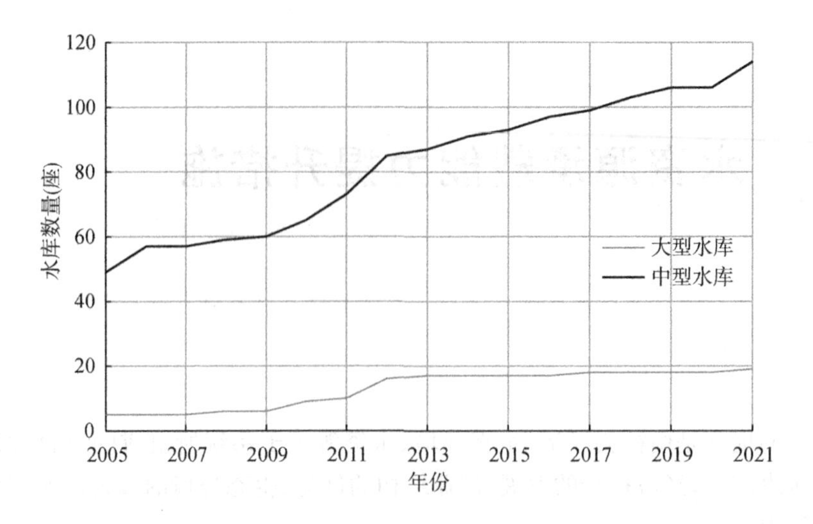

图 5.1-1 重庆市大中型水库数量变化

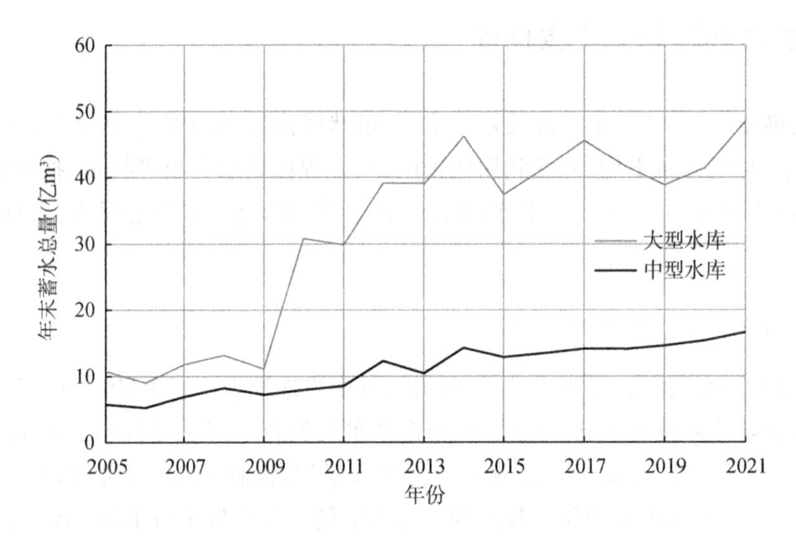

图 5.1-2 重庆市大中型水库年末蓄水总量变化

5.1.3 经济社会发展对水资源的需求

根据国家对重庆市经济社会发展的战略定位，重庆市制定了“科学发展、富民兴渝”“一统三化两转变”的战略，做出了建成“三中心两集群一高地”、实现“三个领先”的战略部署，对水利提出了更高要求。

重庆市主城区和渝西地区为重庆市核心区域，毗邻成都平原，区位优势明显。该区域地形起伏小，以丘陵地形为主，土地资源利用优势大。根据重庆市统计年鉴(2021 年)，重庆市常住人口从 2000 年的 2 848.82 万人增加到了 2020 年的 3 208.93 万人，增长了 12.6%。全市国内生产总值从 2000 年的 1 822.06 亿元增加到了 2020 年的 25 002.79 亿元，增长了 12.7 倍；城镇化率从 2000 年的 35.6%增加到了 2020 年的 69.5%。随着全市的人口、资源、产业等方面配置的进一步优化，各要素将进一步向该区域集聚，对水资源的需求还将进一步快速增加。

2000—2020 年重庆市用水量变化见图 5.1-3。2000 年以来，随着经济社会的发展，重庆市用水量逐年攀高，2010 年至今，伴随着经济转型及行业升级等因素，用水效率得到提高，重庆市用水总量维持下降趋势，农业用水量变化较小，工业用水量则从 2010 年开始逐步减小。

5.1.4 水环境污染状况

从水功能区水质监测的结果看，全指标评价未达标的水功能区，其超标项目主要是总磷、氨氮、高锰酸

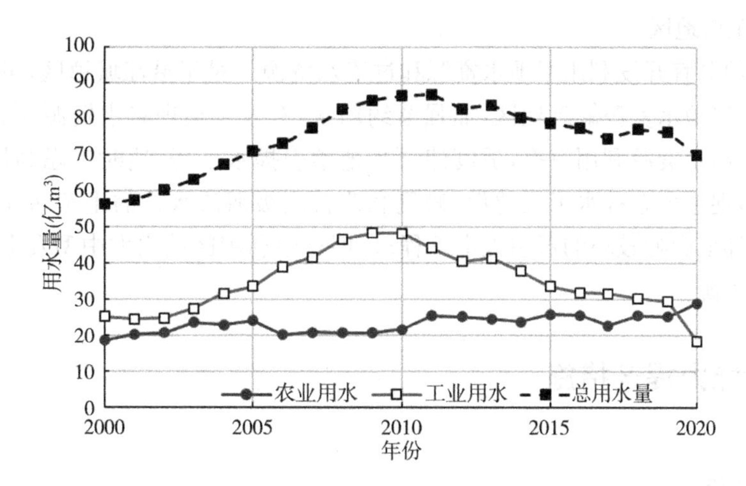

图 5.1-3　重庆市用水量变化

盐指数、五日生化需氧量、溶解氧、挥发酚、铅、镉、铜、石油类 10 项，出现在 29 个水质监测断面共 78 项次。其中总磷、氨氮和高锰酸盐指数超标次数分居前 3 位。因此，重庆市水功能区主要的污染物为营养类物质和耗氧物质，其次是有毒有机物及重金属类，油类物质和其他污染物则较少。现阶段，由磷、氮、碳等元素构成的营养类和有机耗氧类污染是重庆市水功能区水质管理的主要矛盾所在，应予以重点关注。

从污染物来源上推断，总磷、氨氮、高锰酸盐指数所指示的磷、氮和耗氧有机物污染，主要来源于农业污染、工业污染和生活污水。例如，农业化肥的过量施用而导致的面源污染对磷素的超标有较大"贡献"，工业污染和生活废水则对氨氮有较大"贡献"，高锰酸盐指数指示的有机耗氧类物质更多可能主要来源于生活污水。此外，许多污水处理厂在处理污水过程中，需要投放磷素，而出水水质达标排放却缺乏对总磷的严格要求，也在一定程度上加重下游地区磷素污染。河流上过多的阻隔工程也在一定程度上影响水体连通性和流动性，削弱水体自净能力，容易对水体水质造成不良影响。

5.2　水资源配置与调控

根据经济社会发展需求与布局，在重庆市总体产业布局和结构优化调整的基础上，在用水总量、用水效率和水功能区限制纳污"三条红线"的总体控制下，以水资源的可持续利用为总体目标，科学合理规划，因地制宜建设，在过境水资源丰富且利用方便地区，优先考虑利用过境水资源；在水资源缺乏地区，优先考虑跨区域提调水工程，促进水系的互连互通、水资源的互调互济、河流环境综合治理及生态补水工程建设；在当地水资源丰富地区，根据经济社会发展需要，综合经济、技术、环境、生态等要素，适度建设当地蓄引提水工程；在生态脆弱地区，要控制性地建设当地蓄引提水工程。当地水资源进一步开发利用的方式仍将以当地蓄水工程为主，引提水工程为辅；大江大河过境水资源进一步开发利用方式以提水和调水为主。

（1）主城区及渝西地区

主城区与渝西片区实行水资源统筹一体化配置利用，以提高城乡供水保障程度和加强水资源节约保护为重点。在有效调整现状供水工程配置格局、充分挖掘现有供水工程的供水效益、提高供水效率和强化节约用水的基础上，优先考虑利用长江、嘉陵江、涪江等大江大河提水，促进区域间水系的互连互通、水资源的互调互济，结合当地蓄引提水工程建设，形成较完善的水资源保障配置体系，显著增强当地水资源短缺地区的供水保障程度；适时将被城市用水挤占的农业和生态用水逐步归还农业和生态，加强次级河流的环境综合治理，促进生态补水工程建设，确保区域、流域河库水生态健康；加强城市应急供水系统建设，尤其是加强城市供水系统的互连互通，强化城镇与农村饮用水水源地建设保护，有效应对突发性供水安全事件；合理有序利用区域内大中型发电水库富余水量或转变其功能任务作为供水水源。

(2) 渝东北及渝东南地区

这两个地区应因地制宜开发利用当地水资源和过境水资源。对于沿江城镇区,可采用经济合理的当地水或过境水水源;对于当地水资源缺乏地区,加强节约用水,有效调整现状水资源配置格局,充分发挥现状供水工程供水效益,提高水资源利用效率,适度建设当地蓄引提水工程,适时考虑利用大江大河提水,提高水资源供给保障程度,促进生态补水工程建设,修复和改善次级河流水系的生态功能;对于生态脆弱地区,优先选择建设对生态环境影响较小的蓄引提水工程;合理有序利用区域内大中型发电水库富余水量或转变其功能任务作为供水水源。

5.3 水资源承载能力提升措施

5.3.1 工程技术措施

工程技术措施提高水资源承载能力是指从加大节水力度、加强水利工程建设、提高非常规水资源利用、加快水生态修复与恢复等方面,采取工程技术措施,达到提高水资源承载能力的目的。

5.3.1.1 加大节水力度

全面推进节水型社会建设,大力提高水资源利用效率。坚持节水优先的方针,因水制宜、量水发展,严格用水管理,强化农业、工业、服务业和生活节水,全面建设节水型社会。

深度实施生活节水,严控高耗水服务业用水,研究出台海绵城市建设地方标准,对新建小区、城市道路、公共设施、工业厂房等,强制要求建设雨水集蓄利用设施;深度实施工业节水,探索实施工业水价分类综合改革,完善超定额累进加价制度,利用水价杠杆,推进工业节水;深度实施农业节水,优化调整作物种植结构,缩减高耗水作物种植面积,严格控制城乡供水水库下游水田灌溉面积,保障优质可靠的供水水源优先用于城乡居民生活用水。

1) 生活节水

(1) 开展节水型小区、节水型单位创建

对市民进行节水宣传教育,使广大市民和企业充分认识到节约用水的重要性,自觉参与节约用水的活动,形成良好的节水风气。每年结合“世界水日”“中国水周”等活动,通过报刊、电视、广播、网络等多重媒体向社会各界定期宣传国家公布的水效标准和其他节水器具使用标准;以节水文艺汇演、节水知识竞答进行节水器具推广、普及;采用免费赠阅节水器具宣传页、印制节水小册子等多种形式宣传节水知识,帮助公众正确认识和使用节水器具等。积极推动节水型居民小区、节水型单位创建,将节水型居民小区考核全面纳入小区管理日常体系。发挥节水型居民小区、节水型单位的示范作用,积极推动节水型城市创建。

(2) 深入开展公共领域节水

城市园林绿化宜选用适合本区域的节水耐旱型植被,采用喷灌、微灌等节水灌溉方式。公共机构要开展供水管网、绿化浇灌系统等的节水诊断,推广应用节水新技术、新工艺和新产品,提高节水器具使用率。大力推广绿色建筑,新建公共建筑必须安装节水器具,推动城镇居民家庭节水。

(3) 供水管网改造节水措施

随着经济社会的快速发展、城镇化水平的不断提高,城市用水量不断增大,城镇供水管网的损耗也逐渐增加,控制城镇供水管网漏损率也是节水型社会建设的一个重要方面。

(4) 加强节水型用水器具和产品推广

新建、改建、扩建项目应禁止采购、使用不符合节水标准的用水器具。禁止生产和销售国家明令淘汰的生活用水器具。既有建筑中使用非节水型器具的,应更换为符合节水标准的用水器具。各有关单位要加强节约用水的管理和教育工作,增强全体工作人员和市民的节水意识,自觉使用节水型生活器具。

（5）严控高耗水服务业用水

从严控制洗浴、洗车、洗涤、宾馆等行业用水定额。洗车等特种行业积极推广循环用水技术、设备与工艺，优先利用再生水、雨水等非常规水源。

2）工业节水

工业用水方面，重点抓好用水大户的技术改造，降低万元工业产值的耗水量，同时要实行一水多用和循环用水，提高水的重复利用率。对于那些技术水平低、生产工艺落后、万元工业产值耗水高、污染严重的小型企业，坚决予以关、停、并、转。具体措施如下：

（1）制订用水计划，完善用水统计制度

落实《重庆市节约用水管理办法（试行）》中的要求，针对重点监控用水大户，制订对应节水方案，确定合理科学的用水定额。落实《国家节水行动方案》的要求，实行用水报告制度，鼓励年用水总量超过 10 万 m^3 的企业或组团设立水务经理。

（2）大力推进工业节水改造

完善供用水计量体系和在线监测系统，强化生产用水管理。大力推广高效冷却、洗涤、循环用水、废污水再生利用、高耗水生产工艺替代等节水工艺和技术。支持企业开展节水技术改造及再生水回用改造，重点企业要定期开展水平衡测试、用水审计及水效对标。对超过取水定额标准的企业分类分步限期实施节水改造。

（3）推动高耗水行业节水增效

实施节水管理和改造升级，采用非居民用水超定额累进加价以及树立节水标杆等措施，促进高耗水企业加强废水深度处理和达标再利用。严格落实主体功能区规划，在生态脆弱、缺水区域，严格控制高耗水新建、改建、扩建项目。对采用列入淘汰目录的工艺、技术和装备的项目，不予批准取水许可；未按期淘汰的，要依法严格查处。

（4）积极推行水循环梯级利用

推进现有企业开展以节水为重点内容的绿色高质量转型升级和循环化改造，加快节水及水循环利用设施建设，促进企业间串联用水、分质用水，一水多用和循环利用。新建企业要在规划布局时，统筹供排水、水处理及循环利用设施建设，推动企业间的用水系统集成优化。

（5）加强政策引导，大力创建节水型企业

根据重庆市经济和信息化委员会、重庆市水利局、重庆市城市管理局《关于深入开展节水型企业创建工作的通知》（渝经信发〔2018〕76）的要求，发挥节水先进企业的典型示范作用，加快推进重点用水企业节水技术进步，推动企业开展节水改造和对标达标，全面提升企业用水效率，积极开展节水型企业创建工作。

3）农业节水

以提高农业灌溉水利用率为核心，以中型灌区为重点，以灌区节水改造和高标准农田建设为抓手，推进农业节水增效。

（1）大力推进节水灌溉

加快农业灌溉续建配套和节水改造，提高灌区灌溉水有效利用系数；对渠系进行节水改造，完善灌区现有工程体系，做好已有灌区的渠系和田间工程配套，推广渠道防渗和管道输水灌溉，搞好土地平整，采取改进沟、畦灌等田间节水措施，取代大水漫灌，减少渠道输水损失，提高灌溉水利用率，从而提高灌区水资源保障程度，改善农业生产条件，促进灌区农业产业结构调整。结合高标准农田建设，加强灌区灌排渠系配套、雨水集蓄利用及末级渠系节水改造等田间工程建设，推动完善田间工程配套建设。开展农业用水精细化管理，推广喷灌、微灌、滴灌、低压管道输水灌溉、集雨补灌、水肥一体化、覆盖保墒等技术。

（2）推广畜牧渔业节水方式

实施规模养殖场节水改造和建设，推行先进适用的节水型畜禽养殖方式，推广养殖废水处理及重复利用技术。发展节水渔业、牧业，大力推进稻渔综合种养，推广池塘工程化循环水等养殖技术。

4）建立节水型社会

节水型社会就是人们在生产、生活过程中，在水资源开发利用的各个环节，贯穿对水资源的节约和保护意识，以完备的管理体制、运行机制和法制体系为保障，在政府、用水单位和公众的共同参与下，通过法律、行政、经济、技术和工程等措施，结合社会经济结构的调整，实现全社会用水在生产和消费上的高效合理，保持区域经济社会的可持续发展。节水型社会是水资源集约高效利用、经济社会快速发展、人与自然和谐相处的社会。建设节水型社会的核心是正确处理人和水的关系，通过水资源的高效利用、合理配置和有效保护，实现区域经济社会和生态的可持续发展。节水型社会的根本标志是人与自然和谐相处，它体现了人类发展的现代理念，代表着高度的社会文明，也是现代化的重要标志。节水型社会包含三重相互联系的特征：效率、效益和可持续。

(1)通过微观上资源利用的高效率，建立节水型农业、节水型工业和节水型城市。采取工程、经济、技术、行政措施，减少水资源开发利用各个环节的损失和浪费，降低单位产品的水资源消耗量，提高产品、企业和产业的水利用效率。

(2)通过中观上资源配置的高效益，构建节水型经济。非农产业的用水效益大大高于农业，低耗水产业的用水效益高于高耗水产业，经济作物的用水效益高于种植业，这就要求通过结构调整优化配置水资源，将水从低效益用途配置到高效益领域，提高单位水资源消耗的经济产出。节水型社会一定是“节水”和“增长”双赢的发展，而不是以牺牲经济发展为代价换取用水量下降。

(3)通过宏观上区域发展与水资源承载能力相适应，塑造持续发展型社会。一个流域或地区要量水而行，以水定发展，打造与当地资源禀赋相适应的产业结构；通过统筹规划、合理布局和精心管理，协调好生活、生产和生态用水的关系，将农业、工业的结构布局和城市人口的发展规模控制在水资源承载能力范围之内，就能实现可持续发展，否则就会造成生态系统破坏和生存条件恶化。

山地城市区域节水型社会建设的工作重点是：

第一，通过结构调整，构筑与水资源承载能力相适应的经济体系。实施工业强市、产业富民，推进城镇化三大战略，通过加快二、三产业的发展，努力减轻农业和土地对有限水资源压力，全面提高水资源的承载能力。

第二，通过工程与技术措施，构筑与水资源优化配置相适应的工程体系。

第三，通过以水权为中心的用水制度改革，构筑与节水型社会相适应的水资源管理体系。运用行政、工程、技术、经济手段，培育和强化公众节水意识，建立总量控制、定额管理两套指标，形成完备的管理体制、运行机制和法律体系指标，为建设节水型社会提供保障。

总之，节水型社会建设应能建立起总量控制与定额管理相结合的水资源管理制度、合理的水价形成机制和节水型社会运行机制，从而达到以区域水资源的优化配置满足经济、社会发展对水资源的需求，为山地城市地区探索出一条基于区域水资源承载能力的现代水利建设和经济发展新模式的目的。节水型社会的建设，对缓解该地区供需矛盾，以水资源的可持续开发利用支撑社会经济的可持续发展具有重要意义。

根据《重庆市“十四五”节水型社会建设规划》，到 2025 年，重庆市节水政策法规、制度机制、标准体系趋于完善，基础设施明显加强，监管能力明显提升，水资源利用效率和效益大幅提高，全社会节水意识明显增强，形成“全域、全业、全程、全面、全民”节水新局面。2025 年，全市年用水总量控制在 100 亿 m^3 以内，单位地区生产总值用水量、单位地区工业增加值用水量较 2020 年均降低 15%；农田灌溉水有效利用系数提高到 0.515，城市公共供水管网漏损率控制在 10%以下，规模以上工业用水重复利用率在 92%以上，非常规水源利用量达到 1.5 亿 m^3。

到 2035 年，形成健全的节水政策法规体系和标准体系、完善的市场调节机制、先进的技术支撑体系、高效的节水管理体系，节水、护水、惜水成为全社会自觉行动。全市用水总量控制在 105.58 亿 m^3 以内，水资源节约和循环利用水平西部领先、国内先进，形成水资源利用与发展规模、产业结构和空间布局等协调发展的现代化新格局，建成我国南方地区节水增效型标杆城市。重庆市“十四五”节水型社会建设规划主要指标见表 5.3-1。

表 5.3-1　重庆市“十四五”节水型社会建设规划主要指标表

<table>
<tr><th>序号</th><th colspan="2">指标名称</th><th>单位</th><th>2020 年</th><th>2025 年</th><th>指标属性</th></tr>
<tr><td>1</td><td colspan="2">用水总量</td><td>亿 m³</td><td>70</td><td><100</td><td>约束性</td></tr>
<tr><td>2</td><td colspan="2">单位地区生产总值用水量下降率[1]</td><td>%</td><td>—</td><td>15</td><td>约束性</td></tr>
<tr><td>3</td><td colspan="2">单位工业增加值用水量下降率[2]</td><td>%</td><td>—</td><td>15</td><td>约束性</td></tr>
<tr><td>4</td><td colspan="2">农田灌溉水有效利用系数</td><td>—</td><td>0.503 7</td><td>0.515</td><td>约束性</td></tr>
<tr><td>5</td><td colspan="2">规模以上工业用水重复利用率</td><td>%</td><td>90.7</td><td>92</td><td>预期性</td></tr>
<tr><td>6</td><td colspan="2">城市公共供水管网漏损率[3]</td><td>%</td><td>8.78</td><td><10</td><td>预期性</td></tr>
<tr><td>7</td><td colspan="2">非常规水源利用量(不含尾水发电)[4]</td><td>亿 m³</td><td>0.66</td><td>1.5</td><td>预期性</td></tr>
<tr><td>8</td><td colspan="2">县域节水型社会达标建设率</td><td>%</td><td>30</td><td>50</td><td>预期性</td></tr>
<tr><td>9</td><td colspan="2">市级节水型城市创建率</td><td>%</td><td>13</td><td>40</td><td>预期性</td></tr>
<tr><td rowspan="2">10</td><td rowspan="2">节水载体建成率</td><td>重点用水行业[5]年用水量在 10 万 m³ 以上的规模以上工业企业节水型企业覆盖率</td><td>%</td><td>—</td><td>100</td><td>预期性</td></tr>
<tr><td>公共机构[6]节水型单位建成率</td><td>%</td><td>50%的区级机关和 20%的区级公共机构</td><td>全部市级公共机构和区县级党政机关、70%的区县级其他公共机构</td><td>预期性</td></tr>
</table>

注:[1]单位地区生产总值用水量下降率:2025 年万元地区生产总值用水量较 2020 年下降比率。

[2]单位工业增加值用水量下降率:2025 年万元工业增加值用水量较 2020 年下降比率。

[3]城市公共供水管网漏损率:城市公共供水总量和有效供水量之差与城市公共供水总量的比值,根据《城镇供水管网漏损控制及评定标准》(CJJ 92—2016)对实际漏损率进行修订,按照修订值进行评价。

[4]非常规水源利用量(不含尾水发电):主要是指污水处理厂尾水、雨水、矿井水等,用于城市绿化、生态景观、生态补水、道路清扫、车辆冲洗、建筑施工等。

[5]重点用水行业:指火电、钢铁、纺织染整、造纸、石油炼制、化工、食品 7 大行业。

[6]公共机构:指全部或者部分使用财政性资金的国家机关、事业单位和团体组织。

5.3.1.2　加强水利工程建设

水利工程设施是调整水资源时空分布不均的一种有效方法。自 1949 年以来,水利工程兴利除害发挥着其防洪、灌溉、发电、供水、航运和养殖等方面的重要作用,但是由于我国人口众多,近 40 余年一直处于国民经济高速增长时期,供水类水利工程的建设还远不能满足人民生活和社会经济以及生态环境用水的要求,尤其是大部分北方地区缺水较为严重,并且水利工程的建设具有一次性投资大、建设周期长、技术复杂以及其与生态环境的变化密切相关等特点。因此,水利工程建设应该在合理安排人口、水资源、社会经济和生态环境协调发展的前提下,统筹安排,适当加大供水工程的资金投入,加快供水能力建设,提高水资源的开发利用率,从而提高流域和地区的水资源承载能力。

5.3.1.3　提高非常规水资源利用

(1) 加大再生水利用力度

鼓励利用再生水、雨水等非常规水源建设再生水利用设施,促使工业生产、城市绿化、生态景观、道路清扫、车辆冲洗和建筑施工等优先使用再生水。

(2) 建设雨水利用工程

结合海绵城市建设、绿色建筑和绿色生态住宅小区建设以及既有建筑绿色化改造示范项目,修建一批集雨水窖、水池、水塘等小型雨水集蓄工程。因地制宜建设城市雨水综合利用工程,现有规模以上住宅小区、企事业单位、学校、医院等兴建集雨环境用水工程。推广雨水集蓄回灌技术,提高雨水集蓄利用水平。

(3) 污水资源化

生活和工业等使用过的废水和污水未经处理直接排放,会对生态环境造成污染,并且也浪费了水资源。经过处理的废水和污水,作为一些对水质要求不高的部门中水回用,如冲洗业用水、城镇花草浇灌用水、污水灌溉等,实现污水资源化,不但大量节省供水量,节约水资源,而且可以解决水污染问题,一举多得。污水资源化相对提高了水资源数量,节约了生态环境用水,从而提高了水资源承载能力。

(4) 洪水资源化

洪水资源化是指在不成灾的情况下尽量利用水库、拦河闸坝、自然洼地、人工湖泊、地下水库等蓄水工程拦蓄洪水,以及延长洪水在河道、蓄滞洪区等的滞留时间,恢复河流及湖泊、洼地的水面景观,改善人类的居住环境,最大可能地补充地下水及提供可利用的水资源量。

实现洪水资源化的途径有多种,但就山地城市区域而言,可采用近年来卫星云图、雨水情遥测系统等现代化手段,实行水质水量同步监测,防洪、防污、防旱(即"三防")联合调度,对即将发生的洪水进行滚动预报,延长预见期,在保证安全的前提下多蓄水,为改善流域的生态环境和抗旱提供更多的水源。

5.3.1.4 加快水生态修复与恢复

随着我国现代化进程的一步步实现,人们的生活水平大大提高,对生态环境的要求也越来越高,这样生态环境的需水量也越来越大,这对水资源的需求造成很大的压力。但是如果不重视生态环境,没有足够的资金和技术投入生态环境建设和保护中,一旦生态环境遭到破坏,必将危及人类自身生存的安全,会需要较长的时间、花费更大的代价和水资源量。因此要重视生态环境建设,保护好生态环境、涵养水源,从总体上降低成本,从长远意义上提高水资源承载能力。保护水环境、防治水污染的基本方针应是控制和消除污染源,坚决执行国家水污染防治的有关规定,严格执行取水许可和交纳水资源费制度,污水排放实行总量控制和排污许可制度,运用市场机制,有偿使用环境容量。

具体可从以下方面入手:① 加强水资源保护。研究编制全市重点流域生态保护修复规划,划定流域生态空间保护界限,明确生态保护修复目标,强化保护修复管控措施。② 加强水生态修复。优化现有的水利工程运行方式和调度规则。③ 加强水环境治理。加强重点取用水单位、重点取用水口等在线监测和应用场景建设,通过数字赋能提高水生态复苏能力。

5.3.2 经济结构性措施

采用结构性措施提高水资源承载能力是指从调整产业结构、提高多水源优化配置能力等方面改变水资源的需求结构,发挥有限水资源的使用效率和效益,从而达到提高水资源承载能力的目的。

贾绍凤曾指出,发达国家经济结构调整(特别是结构升级)在减少产业用水方面起着非常重要的作用。对山地城市地区现状生产力布局和产业结构进行调整,是提高水资源承载能力的重要措施。一个流域或地区,产业结构与布局对承载能力的影响可分为三个方面:一是生产力布局,也就是不同产业在流域或地区的分布;二是第一、二、三产业之间的比例关系;三是产业内各种不同用水户的比例关系。

调整产业结构,即把有限的水资源优先用在低耗水、高附加值的产业部门。产业结构的调整,可以有效地利用水资源,增加水资源的单值效益,即同样的水或较少的水可以产生更高的效益。调整产业结构,可以提高用水效率,这在某种程度上起到节约用水的作用,降低了水资源的使用压力,也就相应地提高了水资源承载能力。由于产业结构的配置直接影响到用水的数量,所以在保证国民经济发展目标实现的前提下,调整产业结构,根据流域的水资源状况,限制高耗水产业的发展,大力发展低耗水产业,从而提高水资源的利用率和水资源承载能力。

产业结构作为经济社会发展与资源环境消耗的一个重要连接部分,在很大程度上影响了经济以及资源的利用效率。重庆市近十年产业结构调整优化策略取得了一定的成果,区域主导产业集中于二、三产业,第一产业的劳动生产率也在稳步提高,与二、三产业的劳动生产率差距逐步缩小。同时,产业生态和谐指数提高的趋势也进一步表明重庆市产业发展正在逐步发挥区域生态环境的承载潜力,产业发展超过生态环境承载力的趋势逐步加强，但产业结构与资源环境的协调效应有待提高。

(1) 实现产业空间的优化布局

自成渝地区双城经济圈规划提出以来，成渝两地产业合作不断深化，落实部署多个产业合作园区，整体产业规划布局持续推进，构建以先进制造业和高新技术产业、现代服务业为主导的现代生态产业体系。

(2) 实现产业产品利用效率的优化

作为一个老牌工业重地，重庆市目前汽车产业与电子制造业仍占据本地工业发展的"半壁江山"，因此侧重考虑从资源的利用效率出发，提高工业产业产品的可持续化利用。从产品利用来看，考虑推动废旧汽车、废旧电器电子产品、电池等可再生或者高污染资源利用规模化和精细化发展，根据高污染、可再生资源的不同特征，依次有序地实行分类指导和监督管理。

(3) 全方面构建绿色产业生产体系

建立健全绿色生产相应的管理机构，出台切实可行的针对不同产业的绿色生产标准体系。如发展健康产业以及乡村旅游业，不断推动养老养生与旅游、体育、文化、医疗等产业融合发展，提高资源利用效率。

5.3.3　建立完善水资源市场

社会主义市场经济的建立为水资源市场的建立提供了背景，水资源如何在市场经济模式中得到最优配置并产生巨大的综合效益是一个至关重要的问题。现代产权经济学认为，产权制度对资源配置具有根本的影响，它是影响资源配置的决定性因素，水资源产权制度完善与改革对水资源开发利用和保护管理具有不可替代的作用，市场经济需要完善水资源产权，水资源产权交易又离不开水资源市场。

建立水资源市场是可持续发展的需要，不合理的资源定价方法导致了资源市场价格严重扭曲，表现为自然资源无价、资源产品低价以及资源需求的过度膨胀，在自然资源使用分配中引入市场机制，实行"使用者付费"经济原则，以促进采取有益于环境方式开发自然资源；利用经济手段和市场刺激，研究、鼓励和采用自然资源定价和资源开发技术。

受计划经济和传统观念的影响，目前我国水资源在一些农村地区没有定价，即使城镇，价格也太低。低廉的水价，难以有效地约束用水单位和个人形成高效的节约机制，从而造成水资源浪费惊人，水资源供需矛盾的加剧必然要求建立水资源市场。

因此，水资源市场的建立，将促使水资源价值观念和水价理论的形成，人类像珍惜其他商品一样珍惜水资源，更有效地利用水资源、节约水资源，从而提高水资源承载能力。

5.3.4　管理与制度措施

5.3.4.1　实施水资源统一管理和调度

加强水资源的统一管理、合理配置水资源、面向可持续发展的水资源管理目的是实现水资源与环境的持续利用，促进经济与社会的协调、持续发展，水资源的开发利用要按照全面规划、统筹兼顾、综合利用、讲求效益，发挥水资源综合功能的原则，最大限度地发挥水资源效益。

(1) 建立水务一体化的水资源管理体制。水务一体化管理是水资源管理组织体制的一体化。为增强重庆市区域水资源配置调控能力，促进和加快重庆市城乡水务一体化管理建设步伐，由重庆市控股、各区县入股，建立起城市和农村、水源和供水、供水和排水、用水和节水、治污和回用一体化管理的城乡水务统一管理体制，实现城乡水务一体化管理，加强对水资源所有权的统一管理，解决"多龙治水"的弊端，目的是促进水资源合理开发、高效利用、综合管理、优化配置、全面节约、有效保护，实现水资源的可持续利用，保障国民经济的可持续发展。

(2) 建立一套完善的水法律法规体系。不同法律和法规之间协调统一，各级水管理机构的法律职责明确，为水资源统一管理提供强有力的法律保障。

(3) 建立一套水资源管理的投资和费用回收机制。水资源管理费用实行责(付费)、权(发言权)、利(利益)相统一的原则。政府可在经费方面提供优先权:① 成本应当由那些受益部门及实施有害水活动的主体负担;② 如果水行政主管部门的投资不能被专项拨给,这些投资将会以税的形式分摊到各受益者或有连带责任的成员当中;③ 如果以上两种方法都不可行,资金将会从国家的专项预算中列支。

5.3.4.2 完善水权制度建设

建设水权制度的目的是赋予水资源以经济属性,界定和规范水资源的所有权以及与其相关的占有权、开发权、经营使用权,从而形成有效和完善的水市场。水权的界定,既有利于限定某一地区水资源承载能力的分析计算范围,也有利于该地区水资源的合理配置,从而提高整个地区的水资源承载能力。① 建立水资源有偿使用制度,实现所有权与使用权分离;② 制订初始水权分配方案;③ 建设水权与计划用水量交易平台,建立健全水权有偿转让制度,通过市场手段实现初始水权的二次分配;④ 加强水量的统一调度和计量监控,落实各用水户的用水权益。

5.3.4.3 建立合理水价和收费制度

建立合理的水价和收费制度,可以发挥水价的杠杆调节作用,鼓励节水,限制高耗水产业发展,限制不合理用水等。按照有关政策,合理核定供水水价,全面落实水资源费和供水水费。实行用水定额管理制度,制定各行各业用水定额,定额内实行基本水价,超定额部分实行超额累进加价制度。对超计划用水,也要实行累进加价收费制度。工业和生活用水水价要尽快到位;农业用水水价要根据农民的承受能力逐步到位。

5.3.4.4 加强水资源开发利用管理的法规和宣传

以上各项提高水资源承载能力的措施都必须通过建立健全水资源开发利用相关法规和政策,并通过大力的宣传教育工作才能实现。要将水资源可持续利用纳入地方法规体系,完善区域水资源管理的法规与制度建设,主要从以下几个方面着手:① 完善水资源管理条例相关规定及相关配套制度法规;② 进一步完善取水许可制度;③ 建立健全水资源论证制度,重点加强取水项目的水资源论证比较分析;④ 建立计划用水制度,根据初始水权分配情况,结合水情预报和调度,科学制订用水计划和加大计划用水监管力度;⑤ 完善用水统计和管理制度,对于一定取水规模以上的取水点全部实施计量与监控,同时进一步规范用水统计。此外,还要进一步加强水行政执法队伍的建设,提高水行政执法能力,规范行政执法程序,将水利建设纳入法制化、规范化轨道,为水资源承载能力的提高提供必要的法制保障。

5.4 用水控制指标管控

基于水资源承载能力的供需平衡分析,立足于当地水资源和外调水资源,在水资源需求方面,通过各项节流措施进一步压缩用水需求的增长速度,并辅助于水价调整和管理措施的增强等来抑制用水需求快速增长的态势;在水资源供给方面,通过治污和处理回用等措施实现在提高用水水质的同时增加当地水和外调水的可利用量,通过挖潜主客水资源等措施进一步挖掘供水潜力。在抑制需求和增加供给双侧共同作用下,水资源供需缺口将有大幅度下降,因此基于水资源承载能力的用水需求是经济社会可持续发展的真实体现。

当主客水资源开发规模受到限制和水价达到一定高度时,节水将成为必然选择,而随着经济社会的发展和环境保护意识的增强,在增加主客水开发力度的同时,加大对废污水处理及回用的投资力度就成为必然的选择。所以基于水资源承载能力的供需平衡必须考虑节水、治污和挖潜对解决水资源供需缺口的作用。

综上所述,基于水资源承载能力的供需平衡分析结果反映的是,在未来不同时间断面上预期的社会、经济、技术发展水平,能实现的水资源供需平衡情况下,即在有进一步开源和节流条件的区域,通过实现进一步开源和节流措施解决水资源供需缺口问题。

5.4.1 用水总量控制

用水总量控制措施要以总量控制为核心,抓好水资源配置。

(1) 进一步完善水资源规划体系。规划是优化配置的基础,是经济社会发展总体目标和布局在水资源领域的具体体现。以实现水资源可持续利用为目标,以需水管理为核心,抓好流域、区域水资源综合规划和节约、保护等专业规划的编制,强化规划的执行和监督检查,充分发挥规划的基础导向作用和刚性约束作用。

(2) 切实加强水资源论证工作。大力推进国民经济和社会发展规划、城市总体规划和重大建设项目布局的水资源论证工作,推动水资源论证的着力点尽快从微观层面转入宏观层面,从源头上把好水资源开发利用关,增强水资源管理在宏观决策中的主动性和有效性。

(3) 搞好水量分配和取水总量控制。全面推行取水总量控制;实行严格的取用水管理。按照总量控制指标制订年度用水计划,实行年度用水总量控制,建立相应的监管制度,任何地方和任何单位都要严格执行,不得突破。要严格取水许可审批,加强取水计量监管。对超过取水总量控制指标的,一律不再审批新增取水。

(4) 严格水资源费征收、使用和管理。综合考虑各地区水资源状况、产业结构与用水户承受能力,合理调整水资源费征收标准,扩大水资源费征收范围,充分发挥水资源费在水资源配置中的经济调节作用。要依法征收水资源费,统一账户,统一票据,统一征管程序,加强监督管理,确保足额征收、足额上缴、规范使用。

(5) 继续推进水权制度建设。在搞好初始水权分配的基础上,加快推进水权转让制度建设。做好水权转换试点,扩大试点范围,深入探索水权流转的实现形式,鼓励水权合理有效流转,充分发挥市场作用,优化水资源配置。健全相关监管制度,规范水权的分配、登记、管理、转让等行为,切实保障利益相关者的合法权益。

5.4.1.1 水资源论证

为了节约和保护水资源,防治水害,实现水资源的可持续利用,适应经济和社会可持续发展的需要,需严格执行《重庆市水资源管理条例》中的有关条例,若任何人违反该管理条例,则依法追究相应的法律责任,以下是该条例中的部分内容。

(1) 制定国民经济和社会发展规划、城乡总体规划、涉及利用水资源的产业发展规划,应当开展水资源论证。

申请取水的建设项目应当按照分级管理权限向市、区县(自治县)水行政主管部门一并提交建设项目水资源论证报告书,水行政主管部门应当组织相关单位和专家对提交的建设项目水资源论证报告书进行审查。水资源论证报告审查通过后,建设项目的性质、规模、地点或者取水标的等发生重大变化的,应当按照上述程序重新进行水资源论证。

未依法完成水资源论证工作的建设项目,取水许可审批机关不予批准,建设单位不得擅自开工建设和投产使用,对违反规定的,一律责令停止。

市、区县(自治县)水行政主管部门应当对已通过取水许可审批并建成运行的建设项目,开展水资源论证后评估工作。

(2)申请取水的单位或者个人在取水申请批准后方可兴建取水工程或者设施,取水工程或者设施经验收合格后,发给取水许可证。取水单位和个人不得随意改变取水许可规定条件。

市、区县(自治县)水行政主管部门对取用水总量已达到或者超过控制指标的地区,暂停审批建设项目新增取水;对取用水总量接近控制指标的地区,限制审批新增取水。

对不符合国家产业政策或者列入国家产业结构调整指导目录中淘汰类的,产品不符合行业用水定额标准的,具有地表水取用条件却取用地下水的,以及其他不符合取用地下水条件的建设项目取水申请,审批机关不予批准。

5.4.1.2 实施取水许可制度

取水许可制度是国家通过立法确定的，取水单位和个人只有在获得用水管理机关的取水许可，并遵守取水许可所规定的条件，才能使用水资源的一项用水管理制度。取水许可制度包括申请取得用水许可的程序和范围、许可用水条件和期限等。

(1) 依据《重庆市水资源管理条例》，取水单位或者个人应当在每年的 12 月 31 日前向有管辖权的水行政主管部门报送本年度取水情况和下一年度取水计划申请。市、区县(自治县)水行政主管部门应当根据本行政区域的年度用水计划向取水单位或者个人下达年度取水计划。取水单位或者个人必须按照市、区县(自治县)水行政主管部门批准的计划取水。

水力发电工程，应当向取水审批机关报送其下一年度发电计划。

(2) 依据《重庆市水资源管理条例》，取水许可证持有人未按照规定安装取水计量设施的，由市、区县(自治县)水行政主管部门责令限期改正，逾期不改正的，处五千元以上一万元以下罚款；擅自拆除、停用取水计量设施的，由市、区县(自治县)水行政主管部门责令限期安装或者恢复使用，并按照日最大取水能力计算的取水量和水资源费征收标准计征水资源费，处五千元以上二万元以下罚款。

(3)《中华人民共和国水法》第七条规定，“国家对水资源依法实行取水许可制度和有偿使用制度。”“国务院水行政主管部门负责全国取水许可制度和水资源有偿使用制度的组织实施。”

第四十八条规定，“直接从江河、湖泊或者地下取用水资源的单位和个人，应当按照国家取水许可制度和水资源有偿使用制度的规定，向水行政主管部门或者流域管理机构申请领取取水许可证，并缴纳水资源费，取得取水权。”

第六十九条规定，“有下列行为之一的，由县级以上人民政府水行政主管部门或者流域管理机构依据职权，责令停止违法行为，限期采取补救措施，处二万元以上十万元以下的罚款；情节严重的，吊销其取水许可证：(一) 未经批准擅自取水的；(二) 未依照批准的取水许可规定条件取水的。”

5.4.1.3 水资源有偿使用

水资源是经济社会发展的物质基础，国家以水资源费的形式来征收。

为保护供水工程的水源地，在水源地区域的建设发展过程中，其经济社会发展模式往往受到一定的限制，从而使当地居民失去了某些投资开发的机会，即水源地区域人民为了其他地区的用水做出了牺牲。所以，供水受益区应对水源区予以适当的经济补偿。

(1) 依据《重庆市水资源管理条例》，直接从江河、湖泊、地下取水的单位或者个人，应当依法向市、区县(自治县)水行政主管部门缴纳水资源费。

水资源费纳入财政预算管理，用于水资源的开发、节约、保护和管理，任何单位和个人不得截留、侵占或者挪用。

水资源费的征收、管理和使用办法，由市人民政府规定。

(2) 依据《重庆市水资源管理条例》，使用水工程供应的水，应当缴纳水费。使用农村集体所有水工程供应的水，其水费的收取由农村集体经济组织或者农民用水合作组织决定。

供水工程供应的水实行有利于节约水资源和保护环境的水价政策。供水价格应当按照补偿成本、合理收益、优质优价、公平负担的原则确定，充分考虑城乡居民的经济承受能力。

对城乡用水逐步实行分类水价和超定额累进加价制度。

(3) 依据《重庆市水资源管理条例》，拒不缴纳、拖延缴纳或者拖欠水资源费的，由市、区县(自治县)水行政主管部门责令限期缴纳；逾期不缴纳的，从滞纳之日起按日加收滞纳部分千分之二的滞纳金，并处应缴或者补缴水资源费一倍以上五倍以下的罚款。

取水单位或者个人、水工程管理单位不执行水资源调度命令或者决定的，由市、区县(自治县)水行政主管部门处一万元以上五万元以下罚款。

不执行取水量核减决定的，由市、区县(自治县)水行政主管部门处二万元以上十万元以下罚款。

5.4.1.4　水权交易

水权交易就是通过水权制度和水权交易的体系建设，来推进和发挥市场在水资源配置当中的作用，提高水资源利用的效率和效益。

我国目前实行的水权管理办法属于公共水权制度范畴。公共水权包括 3 个基本原则：① 所有权与使用权分离，即水资源属国家所有，但个人和单位可拥有水资源的使用权；② 水资源的开发和利用必须服从国家的经济计划和发展规划；③ 水资源配置和水量的分配一般是通过行政手段进行的。

目前，水利部正在组织制定一套用途管制制度，在此基础上逐级明晰水权，确定一套交易的规则。水利部主要从三个层面大力推进这项工作。一是水权制度建设；二是推进水权试点；三是大力推进水权交易市场监管和交易平台建设。

就我国目前国情而言，可通过以下三点来推进和发挥市场在水资源配置当中的作用，提高水资源利用的效率和效益。

一是要大幅度提高各级政府公共财政的投入。水利是国家公益性、基础性、战略性的事业，例如在美国水利资金投入结构中政府投资占最大比例，我国水利建设也应当以政府公共财政投入为主。

二是要充分发挥金融手段支持水利建设。美国为发展水利建立了许多有效而灵活的融资平台，值得我国学习借鉴。近年来，我国虽然积极探索金融手段支持水利建设，但总体来看，仍然存在筹资规模总量小、筹资结构单一、农村金融机构体系不健全等问题。应充分发挥财政贴息政策的杠杆作用，激励和促使信贷资金向水利建设倾斜；要鼓励政策性金融机构增加农田水利建设的信贷规模和开展水利建设中长期政策性贷款业务；支持符合条件的水利企业通过上市和发行债券融资；鼓励和支持发展洪水保险等。

三是要广泛吸引社会资金投资水利建设。如鼓励符合条件的融资平台公司通过直接、间接融资方式，吸引社会资金参加水利建设等。

根据重庆市人民政府办公厅印发的《重庆市深化水利投融资改革创新十条政策措施》第四条深化水价水权改革，主要包括以下内容：建立健全有利于促进水资源节约和水利工程良好运行、与投融资体制相适应的水利工程水价形成机制，统筹经济社会发展和社会承受能力，探索动态调整水利工程供水价格。价格调整不到位的，区县政府可根据实际情况安排财政性资金，对运营单位予以合理补偿。坚持市场化改革方向，鼓励有条件的地区实行供需双方协商定价。完善农业综合水价及农村供水工程水价的形成和补贴机制，以成本监审为基础，综合考虑供水成本、水资源稀缺程度及用户承受能力等，合理确定用水价格。强化水资源管理刚性约束，加快制定水权交易制度，支持开展流域之间、区域之间、行业之间、用水户之间的水权(水票)交易。

5.4.1.5　加大地下水管理和保护力度

水利、市政和国土部门按照各自职责，抓好矿泉水、地热水等取用水管理。凡是城市公共供水管网能够满足用水需要而又申请自备取水设施取用地下水的，审批机关不予审批，已投入使用的自备取水设施一律限期关闭和拆除。强化地下水源地保护，防治地下水污染。

5.4.1.6　加强水资源统一调度

水利部门要依法制定和完善水资源调度方案、应急调度预案和调度计划，对水资源实行统一调度。水资源调度方案、应急调度预案和调度计划一经批准，有关镇、街道人民政府和部门必须服从。

5.4.2　用水效率控制目标

近年来，随着节水措施的加强，农业灌溉和工业用水定额有所降低；随着节水技术的普及和推广，大众的节水意识加强，用水效率将会不断提高。

用水效率的管控措施要以提高用水效率和效益为中心，大力推进节水型社会建设。

一要强化节水考核管理。制定用水定额标准，明确用水定额红线。用水户用水效率低于最低要求的，要依据定额依法核减取水量；用水产品和工艺不符合节水要求的，要限制生产取用水。强化节水"三同时"管理，建立健全节水产品市场准入制度。节约用水办公室要切实履行职责，积极协调有关部门建立用水效率和效益评价与考核指标体系，健全节水责任制和绩效考核制，实行严格的问责制，严格考核监督，做到层层有责任，逐级抓落实。

二要大力推进节水型社会建设试点工作。巩固现有试点成果，扩大试点范围，深入探索不同水资源条件、不同发展水平地区建设节水型社会的模式与途径。要加大对试点工作的指导和支持力度，及时协调解决试点中存在的问题，监督检查试点工作进展情况，加强试点经验交流和推广。

三要加大节水技术研发推广力度。抓紧落实国家发改委、水利部等五部委联合制定的《中国节水技术政策大纲》，积极推广技术成熟、节水减排效果显著、应用面广的重大工业、农业节水技术和居民生活节水器具产品。组织开展关键和前沿节水技术的科研攻关和技术示范，增强节水领域自主创新能力。要抓好重点领域节水工程建设，农业领域继续抓好大中型灌区和井灌区的节水改造，大力推广喷灌、滴灌和管道输水灌溉等先进实用的节水灌溉技术，推进林果业、养殖业节水和农村生活节水；工业领域要重点抓高耗水行业节水；城市生活领域要加快城市供水管网改造，加强供水和公共用水管理，全面推行城市节水。促进再生水、矿井水、雨水等非常规水源利用。

四要完善公众参与机制。要充分利用各种媒体，引导和动员社会各界积极参与节水型社会建设，通过听证、公开征求意见等多种形式，畅通公众参与的渠道。农村要积极培育和发展用水者协会，鼓励群众参与水量分配、水价制定、水权转让等决策。建设节水文化，倡导文明的生产和消费方式，逐步形成节约用水的行为规范和社会风尚。

5.4.2.1 逐步淘汰乡镇供水站，以大水厂供水为主

重庆市现状依然保留了多处集中饮用水供水站。相对于大水厂，供水站生产规模小、管理水平低下、处理工艺落后、水质较差，无法满足区内生产生活用水，且受条件所限，供水水平难以得到提高，水质水量均无法得到可靠保证，影响用水水质及用水效率。

在接下来的工作中，建议将乡镇级水厂和农村集体供水站的供水区域逐步纳入城市公用水厂供水范围，逐步取消小水厂，依靠大水厂集中供水，实现供水网格化管理。部分高山地区受地势环境的影响，大的水厂无法对其进行供水，供水站仍需保留。

5.4.2.2 加强行业用水定额管理

2014 年推出的《重庆市第二批(一阶段)工业产品用水定额》、2021 年 8 月印发的《重庆市第二三产业用水定额(2020 年版)》对于建立健全重庆市用水定额体系，严格用水定额管理，提高工业产品用水效率，进一步推进重庆市工业节水管理工作，促进节水型社会建设具有重要的指导意义。

1) 强化工业企业用水定额管理

根据当地企业的具体情况，制定工业主要产品的用水定额并颁布执行，对企业实行严格的计划用水和定额管理。

工业企业要及时开展水平衡测试和查漏维修维护工作，强化对用水和节水的计量管理。生产用水和生活用水要分类计量，主要用水车间和主要用水设备的计量器具装配率达到 100%，控制点要实行在线监测，杜绝跑、冒、滴、漏等浪费水的现象发生。

2) 加强城镇生活用水定额管理

(1) 推进计划用水和定额管理

逐步在城镇非工业单位中推行水平衡测试工作，分类分地区制定科学合理的用水定额，逐步扩大计划用水和定额管理制度的实施范围，对城镇居民用水推行计划用水和定额管理制度。强化计划用水和定额管

理力度。鼓励用水单位采取节水措施，并对超计划用水的单位给予一定的经济处罚。根据《重庆市第二三产业用水客额(2020 年版)》，重庆市居民生活用水定额见表 5.4.-1。

表 5.4-1　重庆市居民生活用水定额

行业名称	定额名称	定额单位	通用值	备注
城镇居民生活用水	超大城市	L/(人·d)	150	常住人口≥1 000 万人
	特大城市	L/(人·d)	140	500 万人≤常住人口＜1 000 万人
	Ⅰ型大城市	L/(人·d)	130	300 万人≤常住人口＜500 万人
	Ⅱ型大城市	L/(人·d)	120	100 万人≤常住人口＜300 万人
	中等城市	L/(人·d)	110	50 万人≤常住人口＜100 万人
	Ⅰ型小城市	L/(人·d)	100	20 万人≤常住人口＜50 万人
	Ⅱ型小城市	L/(人·d)	90	常住人口＜20 万人
农村居民生活用水	乡镇居民	L/(人·d)	90	主城都市圈
		L/(人·d)	85	渝东北三峡库区
		L/(人·d)	82	渝东南武陵山区
	农村居民	L/(人·d)	85	主城都市圈
		L/(人·d)	82	渝东北三峡库区
		L/(人·d)	80	渝东南武陵山区

(2) 建筑施工用水的监管

必须减少建筑工地用水量并遏制其浪费的现状，加强监管。一是改变用水付费方式，由施工单位按用水量支付水费，同一工地有几家施工队同时施工的，分别装表计量其用水量；二是制定建筑工程用水定额，实行定额管理，超量提高收费标准并给予处罚；三是另定水价标准，可对施工用水征收高于一般民用的水价；四是改进技术，减少基坑排水，并鼓励对基坑水加以利用。

5.4.2.3　节水技术改造

不同水平年节水力度总体上要与需水和开源相配合，协调生产、生活和生态用水，共同建立安全可靠的水资源供给与节水型经济社会发展保障体系，达到区域水资源供需基本平衡。

为从根本上解决由于城镇化、工业化和产业化快速发展导致的愈演愈烈的水资源需求持续增长、水污染加剧和水环境恶化等问题，必须将节水与防污相统一，打破“先污染，后治理”的恶性循环发展模式。“节水为先，防污为本”，这是水资源开发利用过程中必须始终坚持的原则。节水不仅可以提高水资源利用效率，缓解水资源供给压力，而且可以减少污水排放，节水等于减轻污染。

节水的内容是多方面的：一是对已用水的节约或对用水需求的控制及削减，这是节约用水最直观的效果；二是因节水而减少对有限水资源的占有所产生的效果；三是节约用水所产生的直接和间接经济效益。直接经济效益主要表现为所节省的相应供水设施投资和运行管理费用。间接经济效益主要是由于减少了用水量而相应减少了排水量，从而减少了污水管道和处理系统设施及其他市政设施的投资和运行管理费用。

各级政府、各镇街、各部门要切实履行推进节水型社会的责任，把节约用水贯穿于经济社会发展和群众生产生活全过程，建立健全有利于节约用水的体制和机制。强化取用水户的用水总量控制和定额管理，抓好非农业取用水户的取用水在线监管，推进灌区取水计量管理和计划用水管理，逐步将公共供水用户纳入计划用水管理。

1) 节水工作应注意的问题

(1) 节水目标不明确。我国水资源总量供需平衡定在什么范围，必须分系统分析。全国总的节水目标应以流域和区域水资源的供需平衡为基础，与开源相协调，对不同的流域、区域按照不同时期资源状况和产业结构的调整进行目标分解，以指导不同地区和不同行业的节水工作。

(2) 工作重点不突出。从水的需求来看,生活和生产用水都在抓节水,但目前重点不够突出。生产用水应以行业万元增加值用水定额为纲,逐步与国际接轨,促进产业结构调整;城镇生活用水应向国际节水型国家看齐;生态用水也应该节水,主要是系统规划,提高用水后的生态系统改善效益。

(3) 法律监督制度不够健全。国家有关节水管理的法规,只有国务院批准的《城市节约用水管理规定》,全面节水管理还没有法律依据,监督力度更无从谈起。

(4) 市场激励制度不够完善。目前提高水价已成大势所趋,但合理水价机制还未形成。2012 年初,《国务院关于实行最严格水资源管理制度的意见》提出,要对用水总量和用水效率进行控制。作为调节用户用水总量和效率的一项重要手段,水价改革被提上日程。目前,我国城市水价总体水平偏低,水价构成不合理,全国约有 70%的自来水企业处于亏损状态。据中国水网调研数据显示,截止到 2021 年 6 月,全国 36 个重点城市平均居民用水价格为 2.33 元/t。2021 年 8 月 6 日,国家发改委及住房和城乡建设部修订印发《城镇供水价格管理办法》和《城镇供水定价成本监审办法》,明确了城镇供水的定价方式以及成本核算方式,两办法于 2021 年 10 月 1 日正式施行。新出台的两个办法建立健全以"准许成本加合理收益"为核心的定价机制,先核定供水企业供水业务的准许收入,再以准许收入为基础分类核定用户用水价格。

(5) 节水的科技进步不够及时。节水的高新技术和节水的监测、管理、实施手段都比较落后,与当前高新技术发展,有益于水资源的高技术产业迅速形成的局面形成反差。

(6) 管理体制不够集中有力。节水应该是地域、流域和行业提高用水总效率的统一体,应该由权威机构在统一的法规和政策指导下,互相配合、相互衔接、优化配置,才能实现用水效率的科学提高。而目前节水管理仍处于分割状态,管理力度不够。

2) 节水管控措施

节水总体目标:实施最严格水资源管理制度,调整产业和产品结构,加大节约用水工作力度,严格实行用水计划和定额管理,大力实施各项节水措施,使节水水平早日达到或超过全市平均水平。积极实施水污染治理和水土保持措施,确保主要江河水达到Ⅱ类或Ⅱ类以上水质标准。同时,增加节水工程的投入,基本建成节水型社会,保证国民经济和社会发展对水资源的需求。

依据《重庆市水利工程管理条例》,水利工程供水应当坚持节水优先,实行统一调度,优先满足人畜饮水、农业灌溉用水,兼顾生态、工业和其他用水。《重庆市水安全保障"十四五"规划(2021—2025 年)》提出要坚持节水优先,充分考虑水资源水环境承载能力,进一步挖掘现有工程供水潜力,重点加强工业和服务业节水减排,建设节水型社会。

(1) 农业节水

农业节水措施包括工程措施和技术、经济和管理等非工程措施。

① 工程措施:对于各大主要灌区,重点实施渠道防渗工程和管道化灌溉工程,提高渠系水利用系数;对于山区,除了大力发展果树等的喷、微灌工程外,还应发展以蓄为主,蓄、引、提相结合的工程模式,在非灌溉季节提(引)水补库、补塘,以提高工程的利用效率;对于特种经济作物种植区和城郊蔬菜基地,则应全面推广喷、微灌工程以及温室和蔬菜大棚的滴灌工程。

② 技术措施:对于水稻,要大力推广水稻薄、浅、湿、晒灌溉技术和旱育稀植节水栽培技术。同时还应重视抗旱节水水稻品种的开发研究和推广工作。

③ 经济措施:包括研究和制定合理的水价政策,利用经济杠杆改变农业、种植结构,加大节水投入等。

④ 管理措施:包括实行水资源统一管理、制定节水灌溉政策法规、加强组织管理、加强宣传教育等。

(2) 工业节水

冷却水的循环使用、工艺用水工序间的重复使用,是工业节水的主要技术对策。其中,冷却水的循环使用又是工业节水的重中之重。推广供水、排水和水处理的在线监控技术。采用低水耗和零水耗工艺,以进一步提高节水效率。

工业节水措施主要包括:

① 提高工业用水重复利用率、回用率;

② 实行计划用水，提倡一水多用、优水优用；

③ 进行工艺改造和设备更新，淘汰高用水工艺和落后的设备；

④ 应用节水和高效的新技术，如高效人工制冷及低温冷却技术、高效洗涤工艺等；

⑤ 根据水资源条件，合理调整产业结构和工业布局；

⑥ 制定合理的水价，推行优水优价和累进制水价收费制度；

⑦ 对废污水排放征收污水处理费，实行污染物总量控制；

⑧ 加强节水技术开发和节水设备、器具的研制等。

(3) 城镇生活及服务业节水

供水企业要降低水损耗，就要提高和加大包括企业管理、工艺及技术改造、减少生产自用水、管网更新改造和查漏等一系列工作的力度，提高企业管理水平，降低生产成本，降低损耗。大力推广节水器具，推广城镇新建民用建筑物使用节水器具，城镇公共基础设施全部采用节水器具。并对大家进行节水知识普及，以达到节水目的，提高用水效率。

生活用水节水措施主要包括：

① 城市生活用水监测和用水量估计；

② 采用节水型家庭卫生器具；

③ 供水系统漏损率控制；

④ 城市生活用水的水价实行阶段累进收费的水费制度；

⑤ 城市绿化用地节水灌溉；

⑥ 其他节水措施还包括用水审计、雨水管理、废水回用、节水经济激励、立法、公众宣传、水资源一体化规划等。

(4) 农村生活节水

重点推广生活节水器具，使农村人均综合生活用水得到控制。

5.4.2.4　积极鼓励利用非常规水源

开展雨水集蓄利用示范及推广工作。推行城区水系、园林绿化、洗车、道路喷洒等用水有限利用再生水。鼓励工业企业提高中水回用使用率。

5.4.3　水功能区纳污控制目标的管控要求

水功能区纳污控制管控措施以水功能区管理为载体，进一步加强水资源保护。

一要加强饮用水水源地保护。要按照《中华人民共和国水法》和《全国城市饮用水安全保障规划(2006—2020)》要求，制定水源地保护的监管政策与标准，强化饮用水源保护监督管理，完善水源地水质监测和信息通报制度。加快重要饮用水水源地综合治理，推进农村饮水水源保护，进一步建立和完善水污染事件快速反应机制。

二要强化水功能区监督管理。进一步完善水功能区管理的各项制度，科学核定水域纳污能力，根据国家节能减排总体目标，研究提出分阶段入河污染物排放总量控制计划，依法向有关部门提出限制排污的意见。严格入河排污口的监督管理，加强跨界和重要控制断面的水质监测，强化入河排污总量的监控，及时将有关情况通报各级政府和有关部门。

三要加强水生态系统保护与修复。抓紧建立生态用水及河流健康指标体系，加强水利水电工程生态影响评估论证，对不符合生态用水指标要求的，一律不得审批取水许可。开发利用水资源要维持河流合理流量，维持湖泊、水库和地下水的合理水位，防止水源枯竭和水体污染。

四要切实加强地下水资源保护。加快制定完善地下水保护政策，建立地下水动态监测和监督管理体系。加快地下水超采区划定工作，逐步削减开采量，遏制地下水过度开发和超采。抓好地下水涵养与保护，建立地下水应急战略储备制度。强化深层地下水禁采和限采措施，促进可持续利用。

5.4.4 饮用水水源地保护

根据水功能区划的有关规定，划定供水水源保护区、调蓄水库水质保护区，严禁在水源区和水质保护区内开展导致水源污染的各类活动。水源地的水质要达到规划规定的标准。全面加强水源地的监控和保护。要通过宣传教育增强人们自觉保护水源地的意识，要加强水源地的科学管理，建立和健全水源地保护的法规管理体系。

(1) 保护城乡饮用水水源，保障群众饮水安全

保护好城乡饮用水水源是为了保障城乡生活饮用水水质合格，为群众饮用安全健康水和社会经济稳定发展提供保证。特别在目前污染治理力度与工业经济快速发展不相适应、长期以化肥为主要肥源的农业生产方式难以短期改变、旅游造成污染范围扩大的情况下，从以人为本、保障人民身体健康，保持社会稳定，增强市场竞争力的角度出发，更要切实加强饮用水水源地的水质保护。应严格执行国家和市有关饮用水源保护区建设和管理的规定，加强保护区内的污染源管理，禁止各种可能严重影响饮用水安全的开发建设和生产活动，保障饮用水源安全。

对水库富营养化进行积极防治，首先应组织充分的调查，确定其主要的环境问题，包括污染类型等，明确造成水库富营养化的基本原因。防治的内容应包括环境管理、入库污染源治理(控制)、生态恢复(保护)、水资源合理开发利用、产业结构调整等。

取水单位应在取水口设立醒目标志，安装检定合格的取水计量设施，并保证相关设施、设备的正常运行，不得擅自拆除、停用。

区级以上城市集中供水水库水域和水库以上流域严格按饮用水地表水源一级保护区进行保护；区级以下城镇集中供水水库库区水域按饮用水地表水源一级保护区进行保护，水库以上流域按饮用水地表水源二级保护区进行保护，水库水质必须达到相应的饮用水地表水源地水功能要求。

区级以上城市集中供水的河段，以取水口为中心，沿河流上游 1 000 m、下游 100 m 内严格按饮用水地表水源一级保护区保护，上游 1 500 m、下游 150 m 内按饮用水地表水源二级保护区进行保护，陆域保护范围为防洪标准洪水位控制高程以下陆域，100%以上取水河段水质达到相应饮用水地表水源地水功能要求。至 2030 年，水功能区水质达标率为 100%。

在饮用水地表水源地一级保护区内，禁止新建、扩建与供水设施和保护水源无关的建设项目；禁止向水域排放污水，已设置的排污口必须拆除；不得设置与供水需要无关的码头，禁止停靠船舶；禁止堆置和存放工业废渣、城市垃圾、粪便和其他废弃物；禁止设置油库；禁止从事种植业，禁止放养禽畜，严格控制网箱养殖活动；禁止可能污染水源的旅游活动和其他活动。

在饮用水地表水源地二级保护区内，不准新建、扩建向水体排放污染物的建设项目。改建项目必须削减污染物排放量；原有排污口必须首先削减污水排放量，禁止使用剧毒和高残留农药，不得滥用化肥，保证保护区内水质满足规定的水质标准；禁止设立装卸垃圾、粪便、油类和有毒物品的码头。

(2) 控制点源和面源污染，大力削减污染物排放总量

流域的水资源保护要努力实现“四个”转变，即从以工业点源控制为主向工业点源污染与生活污染源、农业污染源控制相结合转变；从以城市污染控制为主向城市与农村污染控制相结合转变；从以末端治理为主向生产全过程控制转变；从以污染治理为主向防治污染与生态环境保护并重相结合转变。

① 严格执行工业污水达标排放，积极推行城市污水集中处理，在大幅度降低点源污染的同时，应加快产业结构调整步伐，使工业布局更加合理，发展高新技术产业，加大传统产业的技术改造，推进行业节水和清洁生产。

采取严格的管理措施是水污染防治的基本出发点之一。对污染物排放量大、靠近敏感水域、治理有难度的工业企业应实施“关、停、禁、改、转”方针。对污染严重的企业应严格执行已经制定的地方排放标准，并逐步以污染物总量控制替代单一的污染物浓度控制。

随着城市化进程的加快，城市规模不断扩大，污水量也迅速增多，治理城市污水应从加快下水道建设、

加快城市污水处理厂建设、开展节水型城市建设出发，并努力提高城市污水的资源化率。

② 以控制化肥施用强度为重点，减少农业面源污染。通过调整农业产业结构，建立有机食品基地、绿色食品基地、无公害食品基地来促进农业生产发展，减少农药、化肥的使用量，减少面源污染物排放；加大农村垃圾治理力度，有效减少水土流失。加强畜牧业污染控制，推进农药污染综合防治工作，加强农村综合污水治理，继续加大农村卫生改厕力度，通过生态村建设来扶持和鼓励村民集中居住并推广应用小型、地埋式、高效率的生活污水处理装置，以加强对农业面源污染的控制。

(3) 提高城市污水处理能力

各级政府应加快截污、治污工程建设，按照与供水设施同步建设的总体要求，兴建污水处理设施，并积极回用中水。

(4) 科学管理和保护地下水资源

作为水资源重要组成部分的地下水，部分地区长期开采，造成区域性地下水位持续下降、地面沉降；由于成井质量差，部分河谷地区地下水受到污染，严重影响地下水的可持续利用，迫切需要对地下水进行科学的管理、利用和保护，确保地下水资源的永续利用与环境的协调发展。

① 大幅度提高地下水资源费，改变目前开采利用地下水成本低于使用自来水成本的状况。

② 完善地下水监测网络，加强对地下水动态和地面沉降的监测、评价。

(5) 大力推进节水型社会建设

水的浪费既加重了水资源的供需矛盾，又增加了污水处理和环境治理的压力。因此，创建节水型社会是我国可持续发展战略的重要环节。应尽早在缺水城市开展城市节水试点工作，并积极研究运用经济手段，发挥价格对促进节水的杠杆作用，逐步总结经验，稳步推进。

① 城市节水应将重点放在工业、居民、商业和服务业的用水上，各地要严格按《重庆市第二三产业用水定额(2020 年版)》进行用水管理，并研究、开发、利用再生水技术，提高水的综合利用率。

② 加大企业技术改造。要重点建设城市污水集中处理回用工程，提高水的重复利用率。同时，在重点工业和乡镇企业推行节水措施和技术改造，把节水和重复利用当作一项重要指标对企业进行监控。

③ 杜绝跑、冒、滴、漏、长流水。新建住宅楼、办公楼、娱乐场所、宾馆、酒店等公共场所都要安装节水器具和节水设备，现有住宅的用水设施要逐步改装。学校教学楼和学生宿舍楼内要安装节水设备，坚决杜绝浪费水的现象。

④ 以水价调控节水。政府依据《中华人民共和国水法》合理制定水费，采用按成本收取和超定额用水加价收费的政策，促使城市居民、工矿企业节约用水，提高水的利用率，以市场机制促进节水。

⑤ 培育节水设备市场，确保节水型社会的实施。政府要为节水器具的生产、销售打下良好的市场基础。

(6) 加强生态环境的保护及恢复

保护好水环境、实现水资源长期可持续发展，必须坚持生态保护与污染防治并重，大力加强生态环境的保护及恢复。

① 加强重要生态功能区的保护。对江河源头区、重要水源涵养区、水土保持重点预防区、保护区与监督区、洪水调蓄区与重要湿地等具有重要生态功能作用的区域实施抢救性保护，使其生态系统和生态功能得到保护和恢复。

② 加强资源开发的生态保护和恢复。应切实加强矿产、水、森林、土地、旅游等重要资源开发的环境管理，严格资源开发利用中的生态环境保护工作。各类资源开发必须遵守相关的法律法规和总体规划，依法执行生态环境影响评价制度。资源开发和建设项目，必须编报水土保持方案，坚决遏制资源开发中对生态环境造成的破坏。

③ 加强自然保护区等生态良好地区的生态环境保护。使这些区域保持良好的生态系统和生态功能，有效地保护生物多样性。合理增建森林生态、野生动植物、内陆湿地等自然保护区。

④ 加大城镇生态环境保护力度。建设布局合理、生态良好、景观优美、适应现代化发展的城镇绿地系统。确保公共绿地和生态用地的比例，严禁随意开发湿地、填占河道。积极创建生态城市。

⑤ 提高防御自然灾害的能力。加大水土流失综合治理力度，积极开展小流域的综合治理。充分发挥流域干支流、中上游、大中型水库的调蓄作用，进一步做好对滑坡、泥石流、地面塌陷、地面沉降等地质灾害的防治工作。

(7) 实施河道配水与整治工程规划

城市河道以截污、配水、疏浚、堤防加固及结合河岸绿化公园建设改善水环境，实施以疏浚和两岸植物护坡为主的工程措施来增加水面蓄水量和水生态修复。

5.5 水资源管理措施

5.5.1 水资源规划与利用

(1) 水资源规划地位

水资源规划在我国是综合水利规划重要组成部分，在江河流域或区域水利综合规划中占有基础与核心的地位，协调各类用水需要的水量科学分配、水的供需分析及解决途径、水质的防治规划等方面的总体安排。

(2) 水资源规划作用

水资源规划是促进水资源可持续利用、社会经济可持续发展的重要保障；是充分发挥水资源最大综合效益的重要手段；是新时期水利工作的重要环节。

(3) 水资源规划的调整

新建、扩建以及改建调整原有功能的水工程，应当符合流域综合规划、区域综合规划和防洪规划，其(预)可行性研究报告(项目申请报告、备案材料)在报请审批(核准、备案)时，应当附具流域管理机构或者市、区县(自治县)水行政主管部门按照管理权限审查签署的水工程建设规划同意书。

新建、扩建以及改建调整原有功能的水工程，所在江河、湖泊的流域和区域有关综合规划、防洪规划尚未编制或者批复的，建设单位应当就水工程是否符合流域治理、开发、保护的要求或者防洪的要求编制专题论证报告，并申请办理水工程建设规划同意书。

(4) 水资源开发利用原则

开发、利用水资源，应当符合水资源规划和水污染防治规划，实行兴利与除害相结合的原则，正确处理上下游、左右岸和地区之间的关系。开发、利用水资源，应当首先满足城乡居民生活用水，统筹兼顾农业、工业、生态环境用水和水土保持、治涝、航运、发电等方面的需要，充分发挥水资源的综合效益，并服从防洪抗旱的总体安排。水资源紧缺地区应当限制耗水量大的工业、农业和服务业项目。

各级人民政府应当结合本地区水资源的实际情况，按照优先开发利用地表水、合理开发地下水、鼓励污水处理再利用的原则，积极组织综合开发、利用水资源。对矿泉水、地热水的开采、使用，应当依法严格管理。

建设水力发电站，应当保护生态环境和文物，兼顾防洪、供水、灌溉、航运、竹木流放和渔业等方面的需要。出让水能资源的开发使用权，应当通过招标等方式公开进行。

5.5.2 水资源监测与保护

根据《重庆市水资源管理条例》相关规定，各级人民政府及有关部门和单位应当采取有效措施，加强水资源保护和水污染防治的监督管理，保护自然植被和湿地，涵养水源，防治水污染和水土流失，防止水流堵塞和水源枯竭，改善生态环境，严禁破坏和污染水资源。加强饮用水水源地、重要生态保护区、水源涵养区、江河源头区的保护，开展污染治理，推进生态脆弱河流和地区水生态修复工程建设，建立生态修复维护管理长效机制。开发、利用水资源应当维持河流合理流量和湖泊、水库以及地下水的合理水位，保障基本生态用水需求，维护江河、湖泊健康生态。

取水单位或者个人应当在取水口设立醒目标志，安装检定合格的取水计量设施，并保证相关设施、设备的正常运行，不得擅自拆除、停用。

市、区县(自治县)水行政主管部门应当按照水功能区对水质的要求和水体的自然净化能力以及流域机构提出的限制排污总量意见,核定水域的纳污能力,向环境保护主管部门提出该水域限制排污总量意见。

在水功能区内从事工程建设或者旅游、养殖、水上运动等开发利用活动的,不得影响本水功能区及相邻水功能区的使用功能,不得降低水功能区的水质标准。

5.5.2.1　水功能区管理

水功能区划从合理开发和有效保护水资源的角度,依据国民经济发展规划和水资源综合利用规划,全面收集并深入分析区域水资源开发利用现状和经济社会发展需求,以流域为单元,科学合理地在相应水域划定具有特定功能,满足水资源开发、利用和保护要求并能够发挥最佳效益的区域;确定各水域的主导功能及功能顺序,确定水域功能不遭破坏的水资源保护目标。在水功能区划的基础上,可提出近期和远期不同水功能区的污染物控制总量及排污削减量,为水资源保护提供制定措施的基础;制定水功能区管理办法,为水资源保护监督管理提供依据。

完善水功能区监督管理制度,建立水功能区水质达标评价体系,开展重要水功能区水质达标评估工作,加强水功能区动态监测和科学管理。水功能区布局要服从和服务于所在区域的主体功能定位,符合主体功能区的发展方向和开发原则。从严核定水域纳污容量,提出分阶段限制排污工作意见,严格控制入河(库)排污总量。各政府、各镇街和各部门要把限制排污总量作为水污染防治和污染减排工作的重要依据。切实加强水污染防控,加强工业污染源控制,加大主要污染物减排力度,提高城市污水处理率,防治农村面源污染,改善重点流域水环境质量,防治江河湖库富营养化。

5.5.2.2　饮用水源保护区划分

国家建立饮用水水源保护区制度。饮用水水源保护区分为一级保护区和二级保护区;必要时,可以在饮用水水源保护区外围划定一定的区域作为准保护区。

饮用水水源保护区的划定,由有关市、县人民政府提出划定方案,报省、自治区、直辖市人民政府批准;跨市、县饮用水水源保护区的划定,由有关市、县人民政府协商提出划定方案,报省、自治区、直辖市人民政府批准;协商不成的,由省、自治区、直辖市人民政府环境保护主管部门会同同级水行政、国土资源、卫生、建设等部门提出划定方案,征求同级有关部门的意见后,报省、自治区、直辖市人民政府批准。

跨省、自治区、直辖市的饮用水水源保护区,由有关省、自治区、直辖市人民政府协商有关流域管理机构划定;协商不成的,由国务院环境保护主管部门会同同级水行政、国土资源、卫生、建设等部门提出划定方案,征求国务院有关部门的意见后,报国务院批准。

国务院和省、自治区、直辖市人民政府可以根据保护饮用水水源的实际需要,调整饮用水水源保护区的范围,确保饮用水安全。有关地方人民政府应当在饮用水水源保护区的边界设立明确的地理界标和明显的警示标志。

1) 河流型饮用水水源保护区划分

(1) 一般河流水源地,一级保护区水域长度为取水口上游不小于 1 000 m,下游不小于 100 m 范围内的河道水域;一级保护区水域宽度为多年平均水位对应的高程线下的水域。枯水期水面宽度不小于 500 m 的通航河道,水域宽度为取水口侧的航道边界线到岸边的范围;枯水期水面宽度小于 500 m 的通航河道,一级保护区水域为除航道外的整个河道范围;非通航河道为整个河道范围。

陆域沿线长度不小于相应的一级保护区水域长度。陆域沿岸纵深与一级保护区水域边界的距离一般不小于 50 m,但不超过流域分水岭范围。对于有防洪堤坝的,可以防洪堤坝为边界;并要采取措施,防止污染物进入保护区内。

(2) 二级保护区水域长度从一级保护区的上游边界向上游(包括汇入的上游支流)延伸不小于 2 000 m,下游侧的外边界距一级保护区边界不小于 200 m。二级保护区水域宽度为多年平均水位对应的高程线下的水域。有防洪堤的河段,二级保护区水域宽度为防洪堤内的水域。枯水期水面宽度不小于 500 m 的通航河道，水域宽度为取水口侧的航道边界线到岸边的范围；枯水期水面宽度小于 500 m 的通航河道，一级保护区水域为除航道外的整个河道范围；非通航河道为整个河道范围。

二级保护区陆域沿线长度不小于二级保护区水域长度。陆域沿岸纵深范围一般不小于 1 000 m，但不超过流域分水岭范围。对于流域面积小于 100 km^2 的小型流域，二级保护区可以是整个集水范围。对于有防洪堤坝的，可以防洪堤坝为边界；并要采取措施，防止污染物进入保护区内。

2）湖泊、水库型饮用水水源保护区的划分

湖泊、水库型饮用水水源地分级见表 5.5-1。

表 5.5-1　湖泊、水库型饮用水水源地分级表

	水源地类型		水源地类型
水库	小型 $V<0.1$ 亿 m^3	湖泊	小型 $S<100\ km^2$
	中型 0.1 亿 $m^3 \leqslant V<1$ 亿 m^3		大中型 $S\geqslant 100\ km^2$
	大型 $V\geqslant 1$ 亿 m^3		

注：V 为水库总库容，S 为湖泊水面面积。

（1）一级保护区

水域范围：小型水库和单一供水功能的湖泊、水库应将多年平均水位对应的高程线以下的全部水域划为一级保护区。小型湖泊、中型水库保护区范围为取水口半径不小于 300 m 范围内的区域。大中型湖泊、大型水库保护区范围为取水口半径不小于 500 m 范围内的区域。

陆域范围：小型水库和单一供水功能的湖泊、水库以及中小型水库为一级保护区水域外不小于 200 m 范围内的陆域，或一定高程线以下的陆域，但不超过流域分水岭范围。大中型湖泊、大型水库为一级保护区水域外不小于 200 m 范围内的陆域，但不超过流域分水岭范围。

（2）二级保护区

水域范围：小型湖泊、中小型水库一级保护区边界外的水域面积设定为二级保护区。大中型湖泊、大型水库以一级保护区外径向距离不小于 2 000 m 区域为二级保护区水域面积，但不超过水域范围。

陆域范围：小型水库可将上游整个流域（一级保护区陆域外区域）设定为二级保护区。单一功能的湖泊、水库、小型湖泊和平原型中型水库的二级保护区以外水平距离不小于 2 000 m 区域，山区型中型水库二级保护区范围为水库周边山脊线以内（一级保护区陆域外区域）及入库河流上溯不小于 3 000 m 的汇水区域。大中型湖泊、大型水库可以划分一级保护区外径向距离不小于 3 000 m 的区域为二级保护区范围。二级保护区陆域边界不超过相应的流域分水岭。

3）地下水型饮用水水源保护区划分

按含水层介质类型的不同，地下水分为孔隙水、基岩裂隙水和岩溶水三类；按地下水埋藏条件的不同，分为潜水和承压水；按开采规模，地下水水源地又可分为中小型水源地（日开采量小于 5 万 m^3）和大型水源地（日开采量大于或等于 5 万 m^3）。具体可依据《饮用水水源保护区划分技术规范》（HJ 338—2018）。

5.5.2.3　饮用水水源地保护区禁止行为

根据《中华人民共和国水污染防治法》，饮用水水源地保护区禁止行为有：

（1）在饮用水水源保护区内，禁止设置排污口。

（2）禁止在饮用水水源一级保护区内新建、改建、扩建与供水设施和保护水源无关的建设项目；已建成的与供水设施和保护水源无关的建设项目，由县级以上人民政府责令拆除或者关闭。

禁止在饮用水水源一级保护区内从事网箱养殖、旅游、游泳、垂钓或者其他可能污染饮用水水体的活动。

（3）禁止在饮用水水源二级保护区内新建、改建、扩建排放污染物的建设项目；已建成的排放污染物的建设项目，由县级以上人民政府责令拆除或者关闭。

在饮用水水源二级保护区内从事网箱养殖、旅游等活动的，应当按照规定采取措施，防止污染饮用水水体。

(4) 禁止在饮用水水源准保护区内新建、扩建对水体污染严重的建设项目；改建建设项目，不得增加排污量。

根据《重庆市水资源管理条例》，分散式饮用水水源保护范围内禁止下列行为：

(1) 新建厕所、化粪池；

(2) 设立粪便、生活垃圾的收集、转运站，堆放医疗垃圾，设立有毒有害化学品仓库、堆栈；

(3) 施用高残留、高毒农药；

(4) 从事规模畜禽养殖、网箱网栏养殖；

(5) 排放工业污水；

(6) 其他污染饮用水水体的行为。

5.5.2.4 饮用水水源地保护要求

(1) 饮用水供水单位应当做好取水口和出水口的水质检测工作。发现取水口水质不符合饮用水水源水质标准或者出水口水质不符合饮用水卫生标准的，应当及时采取相应措施，并向所在地市、县级人民政府供水主管部门报告。供水主管部门接到报告后，应当通报环境保护、卫生、水行政等部门。

饮用水供水单位应当对供水水质负责，确保供水设施安全可靠运行，保证供水水质符合国家有关标准。

(2) 县级以上地方人民政府应当组织有关部门监测、评估本行政区域内饮用水水源、供水单位供水和用户水龙头出水的水质等饮用水安全状况。

县级以上地方人民政府有关部门应当至少每季度向社会公开一次饮用水安全状况信息。

(3) 国务院和省、自治区、直辖市人民政府根据水环境保护的需要，可以规定在饮用水水源保护区内，采取禁止或者限制使用含磷洗涤剂、化肥、农药以及限制种植养殖等措施。

(4) 市、县级人民政府应当组织编制饮用水安全突发事件应急预案。

饮用水供水单位应当根据所在地饮用水安全突发事件应急预案，制定相应的突发事件应急方案，报所在地市、县级人民政府备案，并定期进行演练。

饮用水水源发生水污染事故，或者发生其他可能影响饮用水安全的突发性事件，饮用水供水单位应当采取应急处理措施，向所在地市、县级人民政府报告，并向社会公开。有关人民政府应当根据情况及时启动应急预案，采取有效措施，保障供水安全。

5.5.2.5 取水户要求

根据《重庆市水资源管理条例》，对取水户采取以下要求。

1) 监测设施安装对取水户的要求

(1) 取水单位或者个人应当在取水口设立醒目标志，安装检定合格的取水计量设施，并保证相关设施、设备的正常运行，不得擅自拆除、停用。

(2) 市、区县(自治县)水行政主管部门应当公布获得批准的取水口布局情况，加强取水计量监督管理，根据国家规定开展取水计量设施在线监测，有关取水单位和个人应当予以协助配合。

2) 运行以及接受监督检查对取水户的要求

(1) 各级人民政府及有关部门和单位应当加强污水处理设施建设和营运。工业污水、城镇居民生活污水应当按照规定进行处理，做到达标排放。

(2) 开采地下水的单位或者个人，应当按照水资源规划开采，并加强地下水水位、水质的监测，建立技术档案，接受水行政主管部门和有关部门的监督管理。在地下水超采地区，禁止开采地下水。

(3) 开采(勘查)煤、石油、天然气、页岩气以及其他矿产资源，修建隧道(洞)等地下工程，建设单位在依法进行环境影响评价时，应当对水环境进行科学评价，并根据评价结果采取相应的工程、非工程防治措施或者搬迁措施。

因开采(勘查)煤、石油、天然气、页岩气以及其他矿产资源,修建隧道(洞)等地下工程,导致水工程原有功能丧失的,建设单位应当采取措施恢复原有功能或者修建与原工程效益相当的替代工程,无法恢复原有功能或者修建替代工程的,建设单位应当按照工程重置价格进行补偿。

(4) 在城乡规划区公共供水管网覆盖范围内,且能满足用水需要的情况下,禁止单位或者个人自备取水设施取用地下水。禁止在城市、集镇等建筑物密集区直接取用地下水用于地源热泵系统。鼓励城市街道地面采用透水建筑材料,维持地下水补给平衡。

(5) 市、区县(自治县)水行政主管部门应当对辖区内的水资源保护工程、取水单位和个人建立监督检查制度。被检查单位和个人应当积极配合水行政主管部门及其直属水资源管理、监测机构的监督检查,如实反映情况,不得提供虚假数据,不得拒绝或者阻碍监督检查人员以及监测、管理人员依法执行公务。

5.5.2.6 加强水资源监测能力建设

为适应水资源保护监督管理的需要,必须加强环境监测体系建设,在强化常规监测能力的同时,要研究和应用应急监测、自动监测等技术,建立水资源保护信息系统。为水行政主管部门实施水功能区管理服务。

监测站网布局应加强对水功能区、城镇饮用水源地以及区县界断面进行水质监测,在逐步完善常规水质监测基础上,按照《重庆市水利系统突发性水污染事件应急预案》的要求,大力提高水环境监测系统的机动能力、快速反应能力,增强对突发性水污染事故的预警、预报和防范能力。

5.5.3 水资源配置与取用水管理

5.5.3.1 水量配置原则

根据《重庆市水资源管理条例》相关规定,市、区县(自治县)水行政主管部门应当根据流域规划和水中长期供求规划,编制水量分配方案和旱情等紧急情况下的水量调度预案,报本级人民政府批准;跨流域和跨行政区域的水量分配方案和旱情等紧急情况下的水量调度预案,由市水行政主管部门征求有关区县(自治县)人民政府和有关部门的意见后编制,报市人民政府批准。编制水量分配方案和旱情等紧急情况下的水量调度预案,应当服从防洪抗旱的总体安排,遵循基本生活优先原则,兼顾上下游、左右岸和有关地区之间的利益。

编制水量分配方案和旱情等紧急情况下的水量调度预案,应当服从防洪抗旱的总体安排,遵循基本生活优先原则,兼顾上下游、左右岸和有关地区之间的利益。水源和引供水工程建设、供水调度应当以径流调蓄计划和水量分配方案为依据。有调蓄任务的水工程,应当按照径流调蓄计划和水量分配方案蓄水、放水。取水单位或者个人、水工程管理单位应当服从市、区县(自治县)水行政主管部门对水资源的统一调度。

5.5.3.2 取水许可申请

申请取水的建设项目在审批、核准前,建设单位应当按照规定编制水资源论证报告,提交有管辖权的水行政主管部门审查。水资源论证报告审查通过后,建设项目的性质、规模、地点或者取水标的等发生重大变化的,建设单位应当重新进行水资源论证。

未依法完成水资源论证工作的建设项目,审批机关不予批准,建设单位不得擅自开工建设和投产使用,对违反规定的,一律责令停止。市、区县(自治县)水行政主管部门应当对已通过水资源论证审批并建成运行的建设项目,开展水资源论证后评估工作。

5.5.3.3 取用水管理要求

(1) 水资源论证报告审批

申请取水的单位或者个人,应当在水资源论证报告审查批准后,持取水地点、取水方式、取水用途、取水数量、节水措施、退水地点、退水水质、计量设备等有关资料和建设项目水资源论证报告书,按照分级管理权限向市、区县(自治县)水行政主管部门提出取水申请,经批准后方可兴建取水工程或者设施。取水工程或者设施经验收合格后,发给取水许可证。取水单位和个人不得随意改变取水许可规定条件。

(2) 水资源论证后评估

市、区县(自治县)水行政主管部门对取用水总量已达到或者超过控制指标的地区,暂停审批建设项目新增取水;对取用水总量接近控制指标的地区,限制审批新增取水。

(3) 取水许可证发放

对不符合国家产业政策或者列入国家产业结构调整指导目录中淘汰类的,产品不符合行业用水定额标准的,具有地表水取用条件却取用地下水的,以及其他不符合取用地下水条件的建设项目取水申请,审批机关不予批准。

(4) 最严格水资源管理制度倒逼产业结构调整,行业用水定额下降

按照最严格水资源管理制度,到2030年用水总量增加有限,但可以预见经济将有长足发展,就要求必须引进低耗水行业和对原有企业实行节水技术改造,降低用水定额。

5.5.3.4 规划水资源论证

以建设资源节约型、环境友好型社会为出发点,以建设生态文明为目标,从水资源承载能力出发,按照实行最严格水资源管理制度的用水总量、用水效率和重要江河湖泊水功能区水质达标控制指标为基本依据,分析水资源条件对规划的保障能力和约束因素,论证规划布局与水资源条件的适应性,预测规划实施对区域水资源可持续利用的影响,提出规划方案调整和优化的意见,明确水资源管理和保护的措施。

国民经济和社会发展规划,在规划或与之配套的水利发展子规划中编写规划水资源论证篇章;城镇总体规划、产业聚集区和涉及利用水资源的产业发展规划,编制规划水资源论证报告书。

国民经济和社会发展规划,城市总体规划以及各类集聚区、开发区、园区、工业功能区、产业发展规划,区域发展规划在编制中必须开展水资源论证,其中,各类集聚区、开发区、园区、工业功能区、产业发展规划,区域发展规划应编制专题研究报告。

水资源问题是影响经济社会可持续发展的重要因素。针对重庆市存在的区域性水资源短缺、用水效率低下、水污染等水资源问题,积极开展规划水资源论证,从规划决策源头充分考虑水资源承载能力,优化水资源配置,对于落实最严格水资源管理制度,提高规划科学决策水平,促进经济社会发展与水资源承载能力相适应,推动经济社会增长方式转变具有重要意义。

规划水资源论证的主要内容应包括规划布局与水资源承载能力适应性分析,规划需水合理性分析,规划水资源保障可靠性分析,取、供、用、耗、排水平衡分析,规划实施影响分析及对策措施等,论证方式主要依据规划的类型、层次、技术深度以及水资源条件与水资源相关性等情况,确定在规划报告中设立专章或专题形式进行论证。规划组织编制单位在规划审查审批阶段,应当通知同级水行政主管部门参与审查,并将征得的水利部门意见纳入规划中。

5.5.3.5 水资源费的征收和使用等方面的要求

《重庆市水资源管理条例》明确规定直接从江河、湖泊、地下取水的单位或者个人,应当依法向市、区县(自治县)水行政主管部门缴纳水资源费。

水资源费纳入财政预算管理,用于水资源的开发、节约、保护和管理,任何单位和个人不得截留、侵占或者挪用。水资源费的征收、管理和使用办法,由市人民政府规定。

(1) 明确水资源费征收标准制定原则

充分反映不同地区水资源禀赋状况,促进水资源的合理配置;统筹地表水和地下水的合理开发利用,防止地下水过量开采,促进水资源特别是地下水资源的保护;支持低消耗用水,鼓励回收利用水,限制超量取用水,促进水资源的节约;考虑不同产业和行业取用水的差别特点,促进水资源的合理利用;充分考虑当地经济发展水平和社会承受能力,促进社会和谐稳定。

(2) 规范水资源费标准分类

按地表水和地下水分类制定水资源费征收标准。地表水分为农业、城镇公共、工商业、水力发电、火力发电贯流式、特种行业及其他取用水；地下水分为农业、城镇公共、工商业、特种行业及其他取用水。其中，特种行业取用水包括洗车、洗浴、高尔夫球场、滑雪场等取用水。在上述分类范围内，根据本地区水资源状况、产业结构和调整方向等情况，进行细化分类。

(3) 合理确定水资源费征收标准

各地要积极推进水资源费改革，综合考虑当地水资源状况、经济发展水平、社会承受能力以及不同产业和行业取用水的差别特点，结合水利工程供水价格、城市供水价格、污水处理费改革进展情况，合理确定每个五年规划本地区水资源费征收标准计划调整目标。不同区(县)水资源状况、地下水开采和利用等情况差异较大的，可分区域制定不同的水资源费征收标准。

(4) 严格控制地下水过量开采

同一类型取用水，地下水水资源费征收标准要高于地表水，水资源紧缺地区地下水水资源费征收标准要大幅高于地表水；超采地区的地下水水资源费征收标准要高于非超采地区，严重超采地区的地下水水资源费征收标准要大幅高于非超采地区；城市公共供水管网覆盖范围内取用地下水的自备水源水资源费征收标准要高于公共供水管网未覆盖地区，原则上要高于当地同类用途的城市供水价格。

(5) 支持农业生产和农民生活合理取用水

对规定限额内的农业生产取水，不征收水资源费。对超过限额部分尚未征收水资源费且经济社会发展水平低、农民承受能力弱的地区，要妥善把握开征水资源费的时机；对超过限额部分已经征收水资源费的地区，应综合考虑当地水资源条件、农业用水价格水平、农业水费收取情况、农民承受能力以及促进农业节约用水需要等因素从低制定征收标准。主要供农村人口生活用水的集中式饮水工程，暂按当地农业生产取水水资源费政策执行。农业生产用水包括种植业、畜牧业、水产养殖业、林业用水。

(6) 鼓励水资源回收利用

采矿排水(疏干排水)应当依法征收水资源费。采矿排水(疏干排水)由本企业回收利用的，其水资源费征收标准可从低征收。对取用污水处理回用水的免征水资源费。

(7) 合理制定水力发电用水征收标准

各地应充分考虑水力发电利用水力势能发电、基本不消耗水量的特点，合理制定当地水力发电用水水资源费征收标准，具体标准可参照中央直属和跨省水力发电水资源费征收标准执行。

(8) 对超计划或超定额取水制定惩罚性征收标准

除水力发电、城市供水企业取水外，各取水单位或个人超计划或者超定额取水实行累进收取水资源费。由流域管理机构审批取水的中央直属和跨省、自治区、直辖市水利工程超计划或者超定额取水的，超出计划或定额不足20%的水量部分，在原标准基础上加一倍征收；超出计划或定额20%及以上、不足40%的水量部分，在原标准基础上加两倍征收；超出计划或定额40%及以上的水量部分，在原标准基础上加三倍征收。其他超计划或者超定额取水的，具体比例和加收标准由各省、自治区、直辖市物价、财政、水利部门制定。由政府制定商品或服务价格的，经营者超计划或者超定额取水缴纳的水资源费不计入商品或服务定价成本。各地要认真落实超计划或者超定额取水累进收取水资源费制度，尽快制定累进收取水资源费具体办法。

(9) 加强水资源费征收使用管理

各级水资源费征收部门不得重复征收水资源费，不得擅自扩大征收范围、提高征收标准、超越权限收费；要采取切实措施，加大地下水自备水源水资源费征收力度，不得擅自降低征收标准，不得擅自减免、缓征或停征水资源费，确保应征尽征，防止地下水过量开采。同时，要严格落实《水资源费征收使用管理办法》(财综〔2008〕79号)的规定，确保将水资源费专项用于水资源的节约、保护和管理，也可以用于水资源的合理开发，任何单位和个人不得平调、截留或挪作他用。

5.5.4 节约用水

根据《重庆市水资源管理条例》相关规定，市、区县(自治县)人民政府应当对本行政区域内的用水实行总量控制。全市用水总量不得超过国家给本市确定的用水总量控制目标。区县(自治县)用水总量不得超过市人民政府给本区县(自治县)确定的用水总量控制目标。市人民政府可以根据实际需要对区县(自治县)之间的用水总量进行调剂。区县(自治县)之间可以通过协商并报经市人民政府批准后,相互转让用水量。

5.5.4.1　企业水平衡测试及节水要求

1) 工业企业开展水平衡测试

为使水平衡测试能够顺利准确地进行,并达到预期效果,水平衡测试应遵循以下几点要求:

(1) 水平衡测试前进行充分的准备,各种用水情况要调查清楚。

(2) 测试工况要选得准确,有代表性,并且测试周期要同生产周期相吻合;测试要准确,数据要完善,计算要有依据。

(3) 通过水平衡测试应找到或发现影响工业企业用水变化的因素。

(4) 有可能时,应确定各用水工序、设备、系统的有效利用水量,并计算其有效利用率,制定各用水单元的用水定额。

(5) 水平衡测试完成后,要提出水平衡测试技术报告,内容包括各用水单元的平衡、企业总体平衡、企业用水合理化分析和企业用水整改方案等。技术报告要求层次分明、格式规范、数据前后一致、上下左右平衡,既要说明问题又要简单明了。

2) 企业技术改造

企业技术改造是推动我国工业持续快速健康发展一条行之有效的宝贵经验,在国民经济发展中发挥了重要作用。新时期技术改造工作要进一步突出重点,在促进工业转型升级中发挥更大作用。一是改造提升传统产业,务实推进产业结构调整。二是大力增强企业创新能力,推进技术创新和科技成果产业化。三是推进两化深度融合和军民融合式发展。四是加强公共服务平台建设,提升产业集聚水平。要准确把握新时期企业技术改造的功能和内涵,完善配套政策,优化发展环境。加强统筹规划,切实用好管好专项资金。加大宣传力度,营造良好氛围,开创技术改造工作新局面。

《国务院关于促进企业技术改造的指导意见》(以下简称《指导意见》)是推动工业转型升级的重要战略部署,明确了促进企业技术改造的重点和方向,强化了促进企业技术改造的保障措施。认真贯彻《指导意见》,是推进工业转变发展方式、走新型工业化道路、实现工业由大到强转变的重要举措。工业和信息化系统切实把思想统一到《指导意见》上来,要牢牢把握新时期技术改造的内涵,加大促进企业技术改造工作力度,健全推进机制,充分调动企业实施技术改造工作的积极性;要突出主攻方向,狠抓关键环节,抓好重点任务推进落实;要加强监测分析,严格项目监督把关;要强化政策落实,切实做好《指导意见》的贯彻实施工作,加快推进工业转型升级。

要求技术改造工作要认真贯彻落实《指导意见》精神,加快完善工业企业技术改造配套政策,组织实施好产业振兴和技术改造专项。

3) 节水设施要求

(1) 居民住宅应安装分户计量水表。用水单位不得对职工用水实行包费制。

(2) 用水单位实施新建、改建、扩建项目(包括技术改造项目),应同时建设相应的节约用水设施。新建房屋必须安装符合国家标准的卫生洁具和配件。

(3) 实行计划用水的单位超计划用水时,必须按以下规定缴纳超计划用水加价水费:

① 月用水量超过计划百分之十以内(含百分之十)的,超用水量按现行水价一倍缴纳;

② 月用水量超过计划百分之十以上百分之三十以下(含百分之三十)的,超用水量按现行水价二倍缴纳;

③ 月用水量超过计划百分之三十以上的,超用水量按现行水价三倍缴纳。

超计划用水加价水费,由市公用行政主管部门或区县(自治县)城市供水节水行政主管部门收取,作为预算外资金管理，专项用于城市节水管理、节水设施建设、节水科研和节水奖励。

5.5.4.2　监管要求及惩罚措施

(1) 市、区县(自治县)水行政主管部门应当建立用水单位监控名录，对纳入取水许可管理的单位和个人实行计划用水管理。

各项引水、调水、取水、供用水工程建设应当符合节约用水要求。严格控制水资源短缺、生态脆弱地区的城市规模过度扩张，限制高耗水工业项目建设和高耗水服务业发展，遏制农业粗放用水。鼓励并积极发展污水处理回用、雨水收集等非常规水源开发利用。

(2) 工业用水单位应当积极研究和采取有效措施降低水的消耗量，增加循环用水次数，提高水的重复利用率。对取水工艺、设施落后，耗水量大，节水措施不力的单位，市、区县(自治县)水行政主管部门应当责令限期整改；逾期未整改的，核减其取水量。

(3) 市、区县(自治县)水行政主管部门、其他有关部门、水工程管理单位及其工作人员滥用职权、玩忽职守或者徇私舞弊，有下列情形之一的，对负有责任的主管人员和其他责任人员依法给予处分；构成犯罪的，依法追究刑事责任：

① 对不符合法定条件的单位或者个人核发许可证、签署审查同意意见或者不按照规定程序审批的；

② 不按照水量分配方案分配水量的；

③ 不按照国家有关规定收取水资源费或者截留、侵占、挪用水资源费的；

④ 其他不依法履行法定职责的。

前款所列单位的工作人员在行使职权时侵犯组织或者个人合法权益，造成损害，当事人要求赔偿的，违法行为人所在单位应当依法赔偿。

(4) 有本条例第十八条所列行为之一的，由当地乡(镇)人民政府、街道办事处责令限期改正或者采取补救措施；逾期不履行的，对个人处二百元以上五百元以下罚款，对单位处五千元以上二万元以下罚款。

(5) 取水单位和个人有下列行为之一，由市、区县(自治县)水行政主管部门责令停止违法行为，限期改正，处五千元以上二万元以下罚款：

① 取水口未设置醒目标志，或者标志被损坏后未及时修复、更换的；

② 未按照规定提交取用水数据等资料或者提供虚假取用水数据、故意关闭取水口、故意减小取水量、隐瞒取水口位置和数量等规避水资源监测工作以及拒绝监督检查的。

(6) 违反本条例规定取用地下水的由水行政主管部门依照有关法律、行政法规规定予以处罚，水行政主管部门可以责令限期拆除取水设施。

(7) 取水许可证持有人未按照规定安装取水计量设施的，由市、区县(自治县)水行政主管部门责令限期改正，逾期不改正的，处五千元以上一万元以下罚款；擅自拆除、停用取水计量设施的，由市、区县(自治县)水行政主管部门责令限期安装或者恢复使用，并按照日最大取水能力计算的取水量和水资源费征收标准计征水资源费，处五千元以上二万元以下罚款。

取水单位或者个人、水工程管理单位不执行水资源调度命令或者决定的，由市、区县(自治县)水行政主管部门处一万元以上五万元以下罚款。

不执行取水量核减决定的，由市、区县(自治县)水行政主管部门处二万元以上十万元以下罚款。

(8) 拒不缴纳、拖延缴纳或者拖欠水资源费的，由市、区县(自治县)水行政主管部门责令限期缴纳；逾期不缴纳的，从滞纳之日起按日加收滞纳部分千分之二的滞纳金，并处应缴或者补缴水资源费一倍以上五倍以下的罚款。

5.5.4.3　改造城镇供水管网

《重庆市水资源管理条例》指出各级人民政府及水行政主管部门和有关部门应当推广节水型生活器具、设备的应用，支持节水技术的开发；加强城乡供水管网改造，降低供水管网漏失率，提高生活用水效率；鼓励使用再生水，提高污水再生利用率。

5.5.4.4 遏制农业粗放用水

重庆市存在着水资源区域、季节分布不均等问题，一方面，受地形限制，有的耕地得不到灌溉；另一方面，部分水库灌区，渠系配套不完善，灌溉水利用系数低，并且采用传统的大水漫灌等方式，存在用水紧张与农业行业用水粗放的矛盾问题。按照水资源利用效率要求，必须改变原有耕作模式，实现农业节水增产。

5.5.4.5 节水器具推广

加大对用水器具市场准入的监管，大力推广节水器具，加大宣传，鼓励居民积极更换家中落后的、淘汰的器具，节水器具普及率达100%。依靠科技进步研制节水新技术和开发节水新产品，推广质优高效、性价比高的节水型器具。

5.5.4.6 非常规水源利用

(1) 加大再生水利用力度。鼓励利用再生水、雨水等非常规水源建设再生水利用设施，促使工业生产、城市绿化、生态景观、道路清扫、车辆冲洗和建筑施工等优先使用再生水。

(2) 建设雨水利用工程。结合海绵城市建设、绿色建筑和绿色生态住宅小区建设及既有建筑绿色化改造示范项目，修建一批集雨水窖、水池、水塘等小型雨水集蓄工程。因地制宜建设城市雨水综合利用工程，现有规模以上住宅小区、企事业单位、学校、医院等兴建集雨环境用水工程。推广雨水集蓄回灌技术，提高雨水集蓄利用水平。

5.5.5 纳污控制管理

(1) 加强入河(库)排污口监督管理

严格入河(库)排污口设置审查制度，所有新建、改建或者扩大入河(库)排污口的，在向环保部门报送建设项目环境影响报告书(表)之前，必须通过水利部门入河(库)排污口设置审查。对排污量超出水功能区限排总量的区域，停止审批入河(库)排污口；对排污量接近水功能区限排总量的区域，限制审批新增入河(库)排污口。坚决依法取缔不符合水功能区达标建设要求设置的或不按要求排放的入河(库)排污口。区内流域严格限制建设可能对饮用水源带来安全隐患的化工、造纸、印染及排放有毒有害物质和重金属的工业项目。对未按要求完成污染物总量削减任务的企业、流域，不得建设新增相应污染物排放量的工业项目。

(2) 严格控制入河排污量

要把限制排污总量作为水污染防治和污染减排工作的重要依据，明确责任，落实措施。对排污量已超出水功能区限制排污总量的地区，限制审批新增取水和入河(库)排污口。建立水功能区水质达标评价体系，完善监测预警监督管理制度。

(3) 加强各部门协作，共同保护水资源

水资源时空分布范围广、规模大，既具有区域性，又有流动性，应建立流域和区域双重领导体制，加强流域层次的监督力度。同时，在政府的领导下，充分发挥水行政主管部门和环保、交通、计划、经贸等部门的优势，加强沟通和合作，共同治理水污染，保护水质。

水行政主管部门负责水资源的统一管理和监督工作，根据饮用水源地环境保护规划，加强城区及乡镇集中式饮用水源地环境监管和水质监测，确保集中式饮用水源地水质达标。加强农村面污染源防治，加强水库及水库周边环境监管，确保农村饮水安全。

水资源保护是一个系统工程，需要环保、市政等部门协调一致，通力合作，保证整个监督管理体系高效运行，确保水资源保护工作有计划、有步骤地达到预期目标。

(4) 完善水资源保护政策法规体系

为确保水资源保护工作顺利有序开展，必须认真执行《中华人民共和国水法》《中华人民共和国环境保护法》《中华人民共和国水污染防治法》《中华人民共和国河道管理条例》《取水许可制度实施办法》等政策法规。应根据自身所面临的水资源保护的突出问题，制定相应的地方法规，来完善水资源保护政策法规体系，通过政策法制保障水资源保护工作。

加快建设和完善用水总量控制与定额管理制度，分区域、分行业制定用水定额，按用水单位落实节水责任；严格执行取水许可制度，实施建设项目论证及用水和节水评估；推行排污许可和总量控制制度。

（5）实行政府的水环境保护目标责任制

环境保护目标责任制是一种具体落实地方主管部门和有污染的单位对水环境质量负责的行政管理制度。这项制度确定了一个区域、一个部门的水环境保护的主要责任者和责任范围，运用目标化、定量化、制度化的管理方法，贯彻执行水环境保护工作。

各级政府对本地区的水环境质量负责，以现行法律为依据，以责任制为核心，以行政制约为机制，具体实行对水环境保护的规划方案。各级政府要切实履行职责，全面加强环境监督管理，完善城市污水和垃圾收费制度，运用市场机制，保证环保基础设施正常运行。

（6）加强点源、面源污染管理

加强工业污染源的管理和控制，必须按照以水定供、以供定需的原则，同时企业必须坚持可持续性发展战略，推行清洁生产、加快产业结构调整和技术进步。这是加快工业污染治理的根本出路。

通过加快工业结构调整，取缔、关停重污染的污染源，淘汰落后的设备和工艺，推行清洁生产，对工业污染源进行限期治理；并合理规划工业布局和结构，优化资源配置；禁止新建国家明令禁止的对水体造成严重污染的小化工、小制药、小冶炼、小电镀、小造纸等，对已建的不合格小企业要按照国家的有关规定给予取缔关闭；确保集中式饮用水源保护区内没有排污口，也没有肥水养殖和畜禽养殖。

面污染源的防治主要针对农田和城镇地表径流中产生的污染源，具有量大、面广、污染时段相对集中的特点。

各级政府应结合有关规定，进行合理的农业结构调整，扩大抗蚀能力强的油料、茶叶、水果、药材、蚕桑等经济作物种植面积；积极开展退耕还林的有关政策，因地制宜改土改田治理坡地，减少径流漫坡，控制水土流失；积极建设湖库及河流周边绿化带，有效拦截地表径流携带的土壤和养分，避免对水体的污染；调整氮、磷、钾的施用比例，大大提高氮肥的利用率，减轻对水体的污染，同时提高施肥技术，减少氮的流失；减少农药的径流污染，增大排灌与施药的时间间隔，提高农药的使用效果；加强集镇开发建设和乡镇企业管理，合理布局集镇，集镇污水和垃圾应妥善处理；乡镇企业建设应符合国家环境保护管理规定，对批准兴建的工业项目可采取组建工业园区的办法，相对集中兴建，以利于污染物的集中处理；加强城镇的基础设施建设，完善给排水管网，保持畅通；加强城镇的绿化美化，扩大绿化覆盖率。

第六章 水资源承载能力监测预警

结合当前实际，健全市、区县两级行政区域用水总量和用水强度控制指标体系，把水资源承载能力作为经济社会发展的刚性约束；近期以统计数据和信息报表为主，远期充分利用国家水资源监控能力等信息平台，确定重庆市水资源承载能力监测预警机制建设总体方案，即以完善水资源监测网络体系为基础，建立预警评价指标体系，健全预警发布管理机制，逐步形成上下协调、社会参与、警报及时、应对科学的水资源承载能力预警运行机制。

6.1 监测方案

水资源承载能力监测应实施站点实时监测与综合统计监测相结合的方案。其中站点实时监测，包括重点供水工程、重点河流生态流量、重要水系水资源节点控制站、省界断面、水功能区控制断面、入河排污口、用水大户监测等；综合统计监测以区、县域为单元按年统计相关指标。

6.1.1 监测指标体系

监测指标依据监测点类型及统计要求设定。其中重点供水工程，监测水位、存蓄水量；重点河流生态流量，监测最小下泄流量；重要水系水资源节点控制站和省界断面，监测当地水资源量、出入本地的过境水资源量以及河道内用水情况；水功能区控制断面，监测 COD 和 NH_3-N 的浓度；入河排污口，监测废污水流量及其 COD 和 NH_3-N 的浓度；用水大户，监测取用水量。

统计信息，包括区、县域的年度用水总量控制指标、各水功能区限制纳污指标、各水功能区水质达标率控制目标值、生态流量(水量)控制目标满足程度、年水资源量、年用水总量、年污染物入河量、水功能区水质达标率、用水大户逐月计划用水量等。

重庆市水资源承载能力监测指标体系详见图 6.1-1。

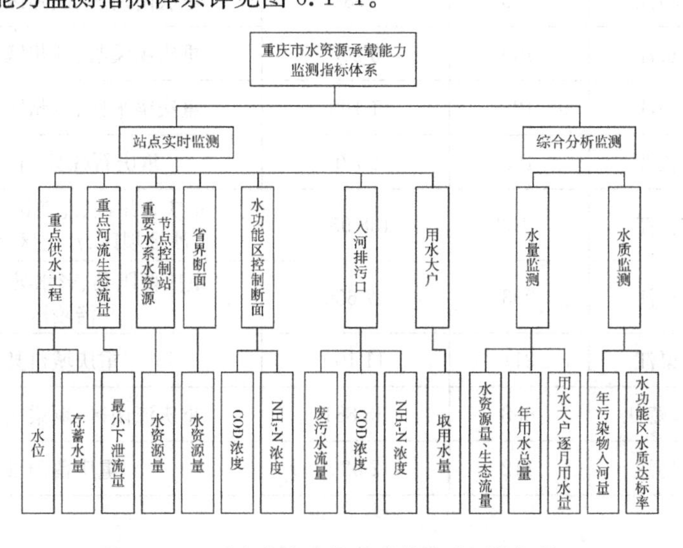

图 6.1-1 重庆市水资源承载能力监测指标体系

6.1.2 监测站网布设

对于站点实时监测，要依据相关要求布设监测点并综合形成监测站网。站网在选择和布设上，应与各级已有的相关市政规划和建设、水利规划、中小河流站网建设、省界水量监测、相关生态环境规划、水量分配方案等确定的断面相衔接，宜选择有水文监测资料的断面。

（1）重点供水工程监测

重点供水工程包括大型水库工程以及承担重要供水任务的中型水库工程。

2020 年纳入重庆市统计的大中型水库共计 124 座，其中大型水库 18 座，中型水库 106 座。各水库分布详见表 6.1-1。

表 6.1-1 重庆市大中型水库分布

水资源二级区	大型水库（座）	中型水库（座）	合计（座）
岷沱江	1	5	6
嘉陵江	3	15	18
乌江	5	21	26
长江宜宾至宜昌	6	58	64
洞庭湖水系	2	5	7
汉江	1	2	3
合计	18	106	124

（2）重点河流生态流量监测

根据《重庆市水生态环境保护“十四五”规划（2021—2025 年）》，开展主要河流控制断面生态流量保障试点，落实河道内生态流量。到 2025 年，生态流量管理措施基本健全，龙溪河、大溪河（鸭江）、小江、普里河、龙河、嘉陵江、乌江、州河、涪江、甘龙河、芙蓉江、濑溪河、大宁河、汤溪河、梅溪河、龙潭河、大溪河等 17 条河流生态流量得到有力保障，17 条河流基本情况见表 6.1-2。根据 17 条河流水量控制需求以及现有水文控制站情况，实施站网的统一布设。

表 6.1-2 重庆市 17 条流域面积在 1 000 km² 以上的重点河流基本情况

序号	河流名称	上一级河流	河长（km）	流域面积（km²）	流经（重庆境内）	水文站/控制断面
1	龙溪河	长江	238	3248	重庆梁平区、垫江县、长寿区	六剑滩
2	大溪河（鸭江）	乌江	123	1786	重庆南川区、武隆区、涪陵区	鸣玉
3	小江	长江	190	5 205	重庆巫溪县、开州区、云阳县	小江
4	普里河	小江	126	1 169	重庆梁平区、万州区、开州区	余家
5	龙河	长江	163	2 779	重庆石柱县、丰都县	石柱
6	嘉陵江	长江	1132	158 958	重庆合川区、北碚区、渝北区、沙坪坝区、江北区、渝中区	北碚
7	乌江	长江	993	87 656	重庆酉阳县、彭水县、武隆区、涪陵区	彭水、武隆
8	州河	渠江	311	11 100	重庆城口县	河口
9	涪江	嘉陵江	668	35 881	重庆潼南区、铜梁区、合川区	小河坝
10	甘龙河	乌江	112	2 029	重庆酉阳县	甘龙河

（续表）

序号	河流名称	上一级河流	河长(km)	流域面积(km^2)	流经(重庆境内)	水文站/控制断面
11	芙蓉江	乌江	234	7 806	重庆彭水县、武隆区	浩口
12	濑溪河	沱江	200	3 236	重庆大足区、荣昌区	荣昌县城
13	大宁河	长江	181	4 407	重庆开州区、巫溪县、巫山县	宁桥、巫溪
14	汤溪河	长江	104	1 697	重庆巫溪县、云阳县	金子
15	梅溪河	长江	118	1 901	重庆巫溪县、奉节县	明水
16	龙潭河	梅江	66	1 274	重庆酉阳县、秀山县	龙潭
17	大溪河	长江	86	1 623	重庆奉节县、巫山县	冯坪

生态流量主要控制断面分为考核断面和管理断面，考核断面是为满足流域生态需水要求，考核各个重点河流生态流量保障目标完成情况，用于相关考核管理的断面；管理断面是与考核断面生态流量保障具有重要、直接关系的水库、水电站、闸坝、引调水等工程断面，用于监督河道内水工程生态流量下泄指标落实情况的断面。

生态流量考核断面的选择主要考虑以下几个方面：

① 有生态环境敏感保护目标分布的河段，应设置管控断面；

② 有水库、电站、取水口等工程的河段，对下游河道内生态水量有影响的，应设置管控断面；

③ 河道外取用水量集中、相邻市/区用水矛盾突出的，应设置管控断面。

(3) 重要水系水资源节点控制站监测

重庆市境内河流纵横，长江自西南向东北横贯市境，北有嘉陵江汇入，南有乌江汇入，形成向心的、不对称的网状水系。境内流域面积大于100 km^2 的河流有274条，其中流域面积大于1 000 km^2 的河流有42条。

选择重要水系水资源节点布设控制站，动态监测重庆市水资源总量。其主要河流控制站包括长江干流寸滩站、嘉陵江干流北碚站、乌江干流武隆站等。

(4) 省界断面水资源监测

重庆市河流流出省界断面主要有4个，即大风、黄金口、石堤(二)、巴东(三)；河流流入省界断面主要有12个，即天堂岩(三)、松坎(三)、思南、长坝、东溪、保家楼、大河边、朱沱(三)、武胜、罗渡溪(二)、小河坝(三)、沿河，它们均属于水利部批复的11条河流水量分配方案中33个省界断面，以及水利部发布的《全国省际河流省界水资源监测断面名录》中的59个省界断面。

(5) 水功能区控制断面监测

水功能区控制断面包括重庆市水功能区水质监测断面。

重庆市水资源承载能力评价主要涉及国家级和市级的水功能区251个，均在《全国重要江河湖泊水功能区划(2011—2030年)》的范围内，未新增省级水功能区。其中国家级一级水功能区(不含开发利用区)91个，国家级二级水功能区87个，国家级水功能区河长3 944.4 km；市级一级水功能区(不含开发利用区)42个，市级二级水功能区31个，市级水功能区河长1 505.0 km。

251个水功能区包含保护区24个，保留区73个，缓冲区36个，开发利用区118个；分别分布于长江宜宾至宜昌、洞庭湖水系、汉江、嘉陵江、岷沱江、乌江等重点河流水系的40余条河流上，见表6.1-3。重庆市251个水功能区在各个区县的分布见表6.1-4。

表 6.1-3　重庆市 251 个水功能区在各个主要水系的分布

水系	涉及的水功能区个数(个)
长江宜宾至宜昌	140
洞庭湖水系	15
汉江水系	3
嘉陵江水系	43
岷沱江水系	27
乌江水系	23
合计	251

表 6.1-4　重庆市 251 个水功能区在各个区县的分布

行政区	涉及的水功能区个数(个)	行政区	涉及的水功能区个数(个)	行政区	涉及的水功能区个数(个)
渝中区	2	永川区	4	丰都县	7
大渡口区	1	南川区	7	垫江县	4
江北区	3	綦江区	12	忠县	6
沙坪坝区	2	潼南区	11	云阳县	11
九龙坡区	1	铜梁区	10	奉节县	5
南岸区	3	大足区	13	巫山县	9
北碚区	5	荣昌区	15	巫溪县	8
渝北区	7	璧山区	9	城口县	6
巴南区	2	万州区	10	石柱县	12
涪陵区	10	梁平区	7	秀山县	9
长寿区	11	黔江区	2	酉阳县	9
江津区	10	开州区	13	彭水县	7
合川区	12	武隆区	7		
合计	282				

注:251 个水功能区中,31 个缓冲区涉及两个区县。此处,按区县整理的水功能区合计为 282 个。

251 个水功能区中,设有代表性监测断面的有 225 个,其中省界断面 18 个,非省界断面 207 个。这些断面中有 219 个在水平年有水质监测资料,市级及以上水功能区监测覆盖率为 87.3%。

(6) 入河排污口监测

对现状核查登记的重点入河排污口进行监测,以后根据排污口变化相应调整。

(7) 用水大户监测

对重点监控用水单位进行计量监测。

取用水业主应按要求实施下泄流量的自动在线监测和报送,并加强测报设施的运行维护与管理,保障管理断面测报系统的长效正常运行和下泄流量监测数据的报送质量与时效。

6.1.3　监测工作方案

对站点动态监测中水位、流量、水量、浓度等数值实行在线跟踪监测;针对主要控制断面,明确监测内容、监测方式、监测频次、报送流程等方案。

年度用水总量、重点河流生态流量、重要省界断面水资源量、水功能区达标率、年污染物入河量等信息按相关管理要求开展月、年度监测，经统计分析后获得相关信息。

6.1.3.1　在线监测方案

1）水位在线监测

采用水位自记仪对监测断面进行实时监测，按月对水位数据进行摘录，对月平均水位、月最高值、月最低值进行统计，并与多年月同期各特征值进行比较；按年对年平均水位、年最高值、年最低值进行统计。

测次布置要求：能测得完整的水位变化过程，以满足日平均水位计算、推求流量和水情拍报的要求为原则。

采用水位自记固态存储时，测次以固态存储器的段次为准。

每 10～30 天选任一时刻（该时刻为自记仪器固定采集时间）校核水位 1 次，记录校核水位，查读并记录仪器的有关指标（如气压、电压等）。当自记水位与校核水位相差 3 cm 以上，应每隔 15～60 分钟连续观测两次，经分析，若属偶然误差，则仍采用自记水位；若属系统误差，则调整自记仪器。

在本站水位自记仪投产使用范围内自动在线监测水位，若超过自记仪器范围，应进行比测，比测结果合格后可继续使用。

自动水位站以数据采集终端（RTU）为核心，实现水雨情信息的自动采集和远程传输。配置水位传感器、通信终端、太阳能浮充蓄电池电源系统、避雷设备。测站实时监测信息和状态信息通过 GPRS 以一包三发方式采取定时报/增量报方式分别自动上传至县级监测预警平台、市水情中心（市水文局）、异地备份中心（市水利信息中心）。

2）流量在线监测

根据《河流流量测验规范》（GB 50179—2015），为水资源管理服务的测站，宜开展枯水期流量测验精度试验，确定枯水期流量测验方案。枯水期单次流量测验的允许误差应按规范执行，并应满足水资源管理的要求。没有开展枯水期流量测验精度试验的测站，枯水期流量测验测速垂线应按规范给定的方案选择。

对各考核断面实施生态流量监测，监测数据应达到专用站的监测精度要求。

测次布置要求：根据水位与流量的变化情况布置测次，完整地控制水流变化过程，确保洪峰过程形态不变，以能满足顾客需求和水位流量关系整编定线、准确推算逐日流量和各种径流特征值为原则。

在线监测仪器选用目前市场上投产使用的，包括水平式声学多普勒流速剖面仪（H-ADCP）在线测流、超声波时差法流量在线测流系统、侧扫雷达波在线测流系统等。

（1）H-ADCP 在线测流

① 正确设置并安装 H-ADCP，参数满足要求。

② 通过比测分析获得在不同水位级下，采用的单元流速均值即代表流速与断面平均流速的转换关系，及流量在线计算公式等。

③ 每 15 分钟采集流量数据一次，特殊情况根据需要调整采集时间。

④ 每日关注 H-ADCP 运行状态并查看在线测流数据是否有异常，做好监视记录。

⑤ 每季度对 H-ADCP 进行维护。

（2）超声波时差法流量在线测流系统

① 正确设置并安装声学换能器（组），参数满足要求。

② 通过比测分析获得在不同水位级下，采用的水层平均流速与断面平均流速的转换关系，及流量在线计算公式等。

③ 按每 5～60 分钟采集流量数据一次，特殊情况根据需要调整采集时间。

④ 每日关注系统运行状态并查看在线测流数据是否有异常，做好监视记录。

⑤ 每季度对声学换能器进行维护。

3）生态流量监测

生态流量监测装置是指用于实时监测小水电站下泄生态流量的装置，包括视频监控装置、流量监测设施和数据传输等设备。生态流量动态监管系统是指由多通道动态监测装置、多线程接收系统、后台水电站管理与预警系统等构成的现代化信息集成应用平台。

生态流量核定应以水电站取水拦河坝(闸)处的河流断面作为计算控制断面，确保所有受影响的河段均满足要求；有多个取水水源的，应分别核定。

生态流量的计算应当依据《水利水电建设项目水资源论证导则》(SL 525—2011)、《水利水电建设项目河道生态用水、低温水和过鱼设施环境影响评价技术指南(试行)》、《河湖生态环境需水计算规范》(SL/Z 712—2014)、《水电工程生态流量计算规范》(NB/T 35091—2016)等技术规范。

小水电站的生态流量，按照流域综合规划、水能资源开发规划等及规划环评，项目取水许可、项目环评等文件规定执行；上述文件均未作规定或规定不一致的，由区、县(自治县)水行政主管部门会商同级生态环境主管部门组织确定。其中以综合利用功能为主或位于自然保护区的小水电站生态流量，应组织专题论证，征求有关部门意见后确定。

小水电站上游新建或拆除水利水电工程、实施跨流域调水等造成来水发生明显变化或下游生活、生产、生态用水需求发生重大变化时，应当及时调整并重新合理确定生态流量。

小水电站生态流量泄放设施和监测装置，必须符合国家有关设计、施工、运行管理相关规程规范及标准。

4）水质在线监测

水功能区水质监测需遵循《水环境监测规范》(SL 219—2013)等相关规范的要求。河流型水功能区监测项目为《地表水环境质量标准》(GB 3838—2002)中规定的24项基本项目及饮用水水源地补充项目和特定项目；湖泊水库型水功能区的监测项目除《地表水环境质量标准》(GB 3838—2002)中规定的24项基本项目外，还包括透明度和叶绿素等富营养化相关指标。

根据水利部等上级部门要求，对水功能区水质监测频率为每月1次，全年12次，每月10号开始监测，20号上报监测成果；入河排污口监测频率为每年监测2次(5月份1次，10月份1次)，每次6个测次(每次连续监测2天，每天取样3次，取样时间分别为17:00、24:00和次日8:00)；按照国家保障农村饮水安全水源地监测规划要求，水源地监测以保障饮用水水源地水质达标为目标，监测频次可视情况而定，根据重庆市的实际情况，计划每月1次，全年12次；其他统计信息采用相关年报、公报等数据。

6.1.3.2 年度监测方案

1）年度用水总量监测

构建“市—区县—街镇—村”四级监测体系，目前街镇政府服务中心内基本设有水利水文服务联络员，村委村干部兼顾水文联络员，进一步加强与完善水文服务体系。由市政府牵头成立用水总量监测工作领导小组，相关部门联合下发文件，规范用水总量监测、统计及上报工作，统一规范、统一标准、统一发布、统一成果，为做好用水总量监测提供可行的技术支撑。用水总量监测工作列入有关区、县(自治县)级政府目标绩效考核体系，由各区、县(自治县)级水文局负责对各乡镇(街道办事处)布置用水总量监测工作任务，下达年度取水计量设施安装计划，组织阶段性用水监测工作情况检查，实施用水总量监测工作目标责任制。实行县级统计、市级初审、市级校核与抽查的组织管理模式。

2）重点河流生态流量监测

按照“一河(湖)一策”要求，编制重点河湖生态流量保障实施方案，明确河流生态流量目标。年度方案主要工作内容包括：

(1) 收集河流基本情况、水资源和水生态现状等基础资料，分析河流生态流量(水量)监控和管理状况。

(2) 确定河流考核断面生态流量(水量)目标，评估主要控制断面生态流量(水量)目标的满足程度和可达性，为生态流量(水量)保障和管控措施的制定奠定基础。

河道内生态环境需水量分为河道内基本生态环境需水量和河道内目标生态环境需水量。河道内基本生态环境需水量系维持河流、湖泊、沼泽给定的生态环境保护目标所对应的生态环境功能不丧失，需要保留在河道内的最小水量，河道内基本生态环境需水量是河道内生态环境需水要求的下限值。对于流域内一些水生保护物种的敏感期生态环境需水，需要进一步研究确定其敏感期目标生态环境需水量。

采用《河湖生态环境需水计算规范》(SL/T 712—2021)中 Q_P 法、Tennant 法初步测算考核断面生态基流(河道内基本生态环境需水量)，对初步计算结果结合天然和实测资料，并根据流域水资源开发利用、生态保护要求、水源条件、工程调蓄能力等进行协调平衡分析，并充分考虑先期技术成果中批复生态流量指标的继承性以及目标可达性，综合确定考核断面生态基流。

① 对于已有生态基流成果的断面。重庆市各区县主要江河流域水量分配方案、取水许可等相关成果中有考核断面的生态基流成果，复核分析其已有成果的可达性，原则上与已有成果保持一致；若经分析，已有成果与区域社会经济发展要求，或河流水资源禀赋条件等实际情况不符，则采用 Q_P 法、Tennant 法复核重新综合确定生态流量目标。

② 对于无生态基流成果的断面。运用各考核断面长系列天然径流资料，采用 Q_P 法、Tennant 法计算，结合流域水量分配方案、水资源调度方案已有成果中的生态流量，上下游工程已有水资源调度方案、取水许可、环评批复等批复成果，以及考核断面生态基流日均满足程度，确定各考核断面生态流量。原则上，对于小型河流丰枯变化剧烈、工程调控能力较弱的断面，分枯水期和丰水期分别确定生态基流，枯水期一般采用 Q_p 法，丰水期一般采用 Tennant 法；对于中型河流工程调控能力较弱的断面，一般采用该断面多年平均流量的 10%。

(3) 针对河流主要控制断面提出河道内相关工程调度方案和河道外经济社会用水管控方案以及应急调度方案，明确生态流量(水量)保障的具体措施。

(4) 根据河(湖)生态流量(水量)保障要求，制定河流流域生态流量(水量)监测预警方案，作为调度、考核的依据。

(5) 制定河流生态流量(水量)监管方案，明确保障责任主体、监管责任主体和考核办法，明确全过程的权责关系和责任机制。

收集流域水量分配方案、“一河一策”方案、小水电生态流量改造实施方案等水资源管理方面资料。各河流上大中型水库初设批复、取水许可、环评批复、水量分配方案的最小下泄或生态流量批复成果，为考核断面生态流量目标的确定提供依据。

3) 重要水系水资源监测

按月进行实测流量统计、日平均流量整编，将日均流量与最小下泄流量控制指标进行比较，判断满足控制指标要求的天数是否在 90%以上。

按月统计旬径流量与距平值，距平值计算采用多年均值系列，并进行报汛。

4) 省界断面水资源监测

省界断面水资源监测主要项目包括水位基面、月平均水位、月平均流量和月径流量。

按月进行实测流量统计、日平均流量整编，将日均流量与最小下泄流量控制指标进行比较，判断满足控制指标要求的天数是否在 90%以上。

5) 水质评价与水功能区达标评价

依据《地表水环境质量标准》(GB 3838—2002)对各项水质指标进行单因子评价，再按照《地表水资源质量评价技术规程》(SL 395—2007)，在水质(或营养状态)评价的基础上，对水功能区进行达标评价。水功能区达标评价参照水功能区管理目标(水质目标或营养状态目标)，水质类别(或营养状态)符合或优于该目标的为达标，劣于该目标的为不达标。水功能区水质达标率按照水功能区个数进行评价。

水质评价方法：评价指标上采用双指标评价和全指标评价两种方式。双指标评价采用化学需氧量(COD)和氨氮的数据，全指标是指《地表水环境质量标准》(GB 3838—2002)中规定的 24 项基本项目中已开展的项目，主要涉及 pH 值、DO、高锰酸盐指数、化学需氧量、五日生化需氧量、氨氮、总磷、铜、锌、氟化物、硒、砷、汞、六价铬、铅、氰化物、挥发酚、石油类、阴离子表面活性剂、硫化物等项目。

水功能区达标评价方法：水功能区达标评价按年水质监测频次采用频次法、均值法。均值法是选用汛期、非汛期、全年均值作为评价代表值来评价水功能区是否达标；频次法是按照《地表水资源质量评价技术规程》(SL 395—2007)要求，对监测频次达到一年6次或6次以上的水功能区按频次法评价，即在评价水期或年度内，达标率不小于80%的水功能区为水期或年度达标水功能区。

水功能区水质代表值确定方法，按照以下几种情况确定：

(1) 具有一个代表断面的水功能区，以该断面的水质监测数据作为该水功能区的水质评价代表值；

(2) 具有两个或两个以上代表断面的水功能区，采用各代表断面水质评价值的算术平均值作为该水功能区水质评价代表值；

(3) 缓冲区有多个水质监测代表断面时，采用该区省界控制断面监测数据作为水质评价代表值；

(4) 饮用水源区采用水质最差的断面监测数据作为该功能区的水质评价代表值；

(5) 左右岸水功能区不同而有全断面监测资料时，以左、右岸测点监测结果代表不同水功能区分别进行统计。

6) 取用水过程监控

(1) 严格水资源“取用耗排”全过程控制。对取水户全面依法实施取水许可，落实水平衡测试制度，加强废污水处理和达标排放，统筹再生水利用。

(2) 强化重点用水户节水监管。建立健全各级重点监控用水单位名录，定期公布、分级管理、动态监管。

(3) 完善取用水监测计量设施。建设完善城镇和工业、农业用水计量设施，提高用水计量率；加强用水计量设施日常维护管理，定期开展鉴定。

(4) 建立健全节水用水统计制度。健全年报统计制度，统筹各部门的节水用水统计数据，逐步建立覆盖各行业领域环节的节水用水管理数据库，实现动态管理、精准管理、有效管理。

6.2 水资源数据库建设

大量的数据是水资源信息化管理的基础，水资源管理业务内容众多、数据繁杂，对有必要涉及的数据进行适当划分，促使各类数据之间关系清晰表达，提高数据资源建设管理效率。

数据分类划分可有多种方式，所涉及的数据从业务角度，可分为监测监控业务数据、行政审批业务数据、调度业务数据、应急管理业务数据等内容；按时效性，可分为在线监测数据、业务流转实时服务数据、历史资料数据等内容；若从数据自身结构特征，可分为数字数据、文本资料数据、视音数据、地图数据等。

重庆市数据库从更新频次、数据来源及其所反映的对象属性特征来划分，分为基础数据库、监测数据库、业务数据库、空间数据库、多媒体数据库，如图6.2-1所示，该划分方式建立的数据库体系，有利于避免数据冗余，促进水资源数据统一管理，日常数据维护管理更便捷，有利于数据库稳定安全运行。

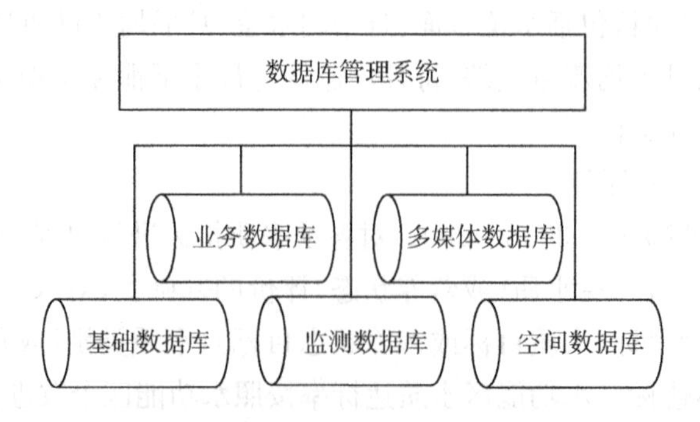

图6.2-1　重庆市水资源数据库示意图

基础数据库存储水资源管理中涉及的水利基础类、水资源专题类等多种类型实体对象，如河流、湖泊、取用水户、监测站等基本属性信息，这些实体对象具有自身的自然属性特点，其状态一般相对稳定，数据更新维护频度低。如水源地、水功能区、监测站、取用水户、入河排污口、水利组织机构等对象基本信息均存储于基础数据库。

监测数据库内容包括取排水监测数据、行政区界断面监测数据、水源地监测数据、水功能区监测数据等为水资源管理服务的专题数据；并引入水文及防汛部门已建成的实时雨水情数据库、水质监测数据库等相关内容。

水资源管理各业务流程的属性信息、资料文档、申报登记、审批评价、批准通知等业务过程数据存储于业务数据库，这些信息经结构化数据处理后，可分别存入相应数据库表。按业务分类有取水许可审批业务、调度业务、排水行业管理业务、规划管理业务、入河排污口审批业务、水资源费征收使用管理业务以及应急处理业务等数据。

自然空间分布的水利相关对象矢量或栅格数据存储于空间数据库，包括居民地、交通、境界线等基础地理数据，水利工程、水系、流域等基础水利地理数据，以及地表水水源地、地表水取水口、地下水取水井、水功能区等水资源专题空间数据。

对水资源管理涉及的影像、图片、视频、声音、文档等多媒体数据的存储索引方式、数据格式进行规定，建立多媒体数据库管理。

6.3 预警方案

在水资源承载能力的预警阈值指标体系的基础上，建立水资源承载能力预警机制，对各项预警指标进行趋势预测，判断其可能的发展趋势和变化速度，寻求水资源可持续利用的对策。在实践中，建立水资源基础数据库，以县域为单元开展水资源承载能力评价，划定水资源超载地区、临界超载地区和不超载地区，研究制定水资源承载能力预警机制，实施差别化管控措施，对水资源临界和超载地区推行取水许可限批制度。

6.3.1 预警等级与警戒线

重庆市水资源承载能力监测预警分为三个等级，即黄色预警、橙色预警和红色预警。黄色为最低警戒级别，橙色为较高警戒级别，红色为最高警戒级别。

1) 单点监测警戒线

(1) 重点供水工程监测警戒线

根据水库旱限水位确定重庆市大型水库水位和相应蓄存量警戒线。

(2) 用水大户监测警戒线

用水大户按月申报用水计划，按月预警，其中相应月份用水计划总量即为该月红色警戒线，月用水计划总量的0.9倍为橙色警戒线，月用水计划总量的0.8倍为黄色警戒线。

(3) 水功能区控制断面监测警戒线

重点水功能区控制断面监测警戒线以水功能区COD和氨氮浓度上限值为红色警戒线，以上限值的0.9倍为橙色警戒线，以上限值的0.8倍为黄色警戒线。

(4) 入河(库)排污口监测警戒线

对于各入河(库)排污口，以其批准的排放标准COD和氨氮浓度上限值为红色警戒线，以上限值的0.9倍为橙色警戒线，以上限值的0.8倍为黄色警戒线。

(5) 重要水系水资源节点控制站监测警戒线

针对水资源承载能力，重点水资源监测断面主要监测枯水水情，指标为旱限水位(流量)。

旱限水位(流量)指江河湖库水位持续偏低，流量持续偏少，影响城乡生活、工农业生产、生态环境等用水安全，应采取抗旱措施的水位(流量)。旱限水位(流量)的确定应综合考虑江河湖库的主要用水需求，以其最高(大)需求值作为确定依据，以便及时启动抗旱应急响应。旱限水位(流量)的确定原则和方法主要依据用水类型及方式，选择城乡供水、企业生产、农业灌溉、交通航运或环境生态等用水需求作为主要分析因子，并结合河道特点，确定水位或流量作为主要旱限指标。

枯水黄色预警信号表示水位（流量）降至或低于旱警水位（流量）或30天来水量比常年偏少五成以上；橙色预警信号表示水位（流量）低于旱警水位（流量）小于常年同期最小流量或30天来水量比常年偏少六成以上；红色预警信号表示水位（流量）低于历史最低水位（流量）或30天来水量比常年偏少七成以上。

（6）重点河流生态流量监测警戒线

重点河流生态流量预警层级设置为三级，由低到高分别为黄色预警、橙色预警和红色预警。

根据生态流量预警阈值相关规范，当预警层级设置为3级时，预警阈值原则上可按照生态流量目标的120%～100%、100%和80%～100%等比例，设置黄色、橙色和红色预警阈值。

（7）省界断面水资源监测警戒线

省界断面水资源监测预警主要为枯水期流量监测，参照生态流量监测进行预警。

2）综合预警方案

依据水利部《建立全国水资源承载能力监测预警机制技术大纲》要求，对重庆市各县区用水总量、水功能区水质达标率、水功能区污染物入河量等多个指标进行年度综合预警。

根据水资源承载能力的状态，不超载、临界状态、超载、严重超载，将预警层级划分为三个等级即临界状态、超载、严重超载，对应黄、橙、红三色预警。水资源承载状况评价指标达到临界状态范围，设置为黄色预警；评价指标在超载范围，设置为橙色预警；评价指标在严重超载范围，设置为红色预警。

6.3.2 预警应对措施

针对站点实时预警与综合统计预警分别制定应对措施。

（1）站点实时预警应对措施

站点实时预警应对措施只针对涉及的供水工程、各项重要监测断面、入河排污口和用水大户。

对于供水工程蓄水位处于黄色警戒线和橙色警戒线之间的，实行控制供水，不得新增供水量；对于供水工程蓄水位处于橙色警戒线和红色警戒线之间的，实行限制供水，要适当压减供水量；对于供水工程蓄水位低于红色警戒线的，按来水量供水并启动应急供水预案。

对于水功能区和入河排污口，当COD和NH_3-N浓度达到黄色警戒线时，要加强对沿线排污企业和排污口的监测，加大频次，关注其发展趋势；当COD和NH_3-N浓度达到橙色警戒线时，要重点关注排污变化明显的排污企业和排污口，查找原因，采取措施控制污染物浓度继续上升；当COD和NH_3-N浓度达到红色警戒线时，要确定超标排放的入河排污口及相关企业，要求其采取提标、限排、减排等整改措施，确定污染物浓度尽快降至允许范围之内。

对于用水大户，当月累计用水量达到黄色警戒线时，要关注用水强度，分析超计划用水的可能性；当月累计用水量达到橙色警戒线时，应结合当月剩余用水计划和生产任务，分析超计划用水的风险概率，必要时应向水行政主管部门提请新的用水计划；当月累计用水量达到红色警戒线时，应立即启动新的用水计划，或者根据管理要求实施减产、停产措施。

针对枯水期、农田灌溉用水高峰期及出现特枯年份等情景，河流重要控制断面下泄流量可能出现低于生态流量控制指标或预警流量等情况，提前制定主要控制性水库、水电站调度计划，规定水库或水电站允许控制水位及下泄流量，根据相应的工程水量调度计划安排外调水补充水源。

（2）综合统计预警应对措施

对于发布黄色、橙色预警的区域，要严格限制新增取水和排污项目的审批，落实最严格水资源管理制度“三条红线”控制指标要求，避免高耗水、高排污项目上马。对于发布红色预警的区域，停止新增取水和排污项目的审批，严禁超量取水、超量排污，通过节水改造和技术升级减少取水量、排污量；对造成水功能区水质达标率低或者水文环境恶化的，核减责任区域下一年度用水控制指标。

此外，还要贯彻落实国家有关政策，建立水资源突发事故预警机制。一是要做好潜在事故发生源的管理，在易引发突发性环境污染事故的场所安装相应的监测和预警装置，对工业废水、废渣处理，放射源管理等建立严格的防范措施；二是要建立水资源突发污染事件应急处置技术库，将水资源突发污染事件应急纳入地方政府和企业突发水污染事故应急预案，建立应急物资储备制度，用于水资源突发污染事件的应急工作；三是要建立水资源预警和应急体系，预警系统能在发生事故时自动、准确、及时地向有关部门发出突发事故警报，肇事单位和有关责任人必须立即启动应急预案，采取应急措施，防止污染水资源，并向有关部门报告，各有关部门迅速采取应急措施。

6.3.3　预警撤销方案

按单点监测预警和综合统计预警分别确定撤销方案。

(1) 单点监测预警撤销方案

依据监测数据及时调整预警级别。当监测指标好转后，相应自高级向低级调整，或者全部取消警报。

(2) 综合统计预警撤销方案

警报信息发出后，要依据下一年度统计信息重新确定预警级别，如下一年度统计信息未达到预警阈值则直接撤销预警。

6.4　水资源管理系统

水资源管理是一项复杂的水事行为，包括很广的管理内容。特别是面向可持续发展，需要收集、处理越来越多的信息，在复杂的信息中及时得到处理结果，提出合理的管理方案。满足这一要求，使用传统的方法无济于事。

信息技术的发展及其在水资源管理中的应用，实现了水资源信息系统管理的目标。水资源管理已经进入了系统化管理阶段，集中了规范化、实时化和最优化管理特点，运用系统论、信息论、控制论和计算机技术，建立水资源管理信息系统。

如前所述，获取可靠而又全面的水信息，是水资源管理的基础。随着经济社会的发展，人们对自然界的开发范围及强度不断扩大，水资源系统的信息揭露得越来越多，人类影响水资源系统的动态变化也越来越大，记录的动态变化数据越来越多。这些信息都是人们科学分析水资源系统特征、合理制定水资源管理方案的依据。因此，及时乃至实时获取和处理水资源信息，并以这些信息为基础及时或实时制定水资源调度决策，就显得十分必要。

现代信息技术为实现水资源管理信息化提供了技术支撑。信息化技术是以计算机为核心，包括网络、通信、3S、遥测、数据库、多媒体等技术的综合。在及时掌握水资源信息的基础上，结合先进的水量水质测报技术、水工程的运行情况，利用有关方法、模型，实现流域水资源的合理配置，提高水资源的管理水平。

水资源管理离不开信息系统。现代复杂的水事管理，收集大量的信息，需要储存，需要处理，靠传统的人工方法既不经济也费时间。同时，远距离的水信息传输，也需要现代网络或无线传输技术。复杂的系统分析也离不开信息技术，它需要对大量的信息进行及时、可靠地分析，特别是对于一些突发事件的实时处理，如洪水问题，需要现代信息技术做出及时的决策。比如，防汛信息系统，由水情自动采集系统、防汛决策支持系统、防汛信息服务系统等部分组成。水情自动采集系统能够及时、可靠和全面地获取水情信息，它借助覆盖区域的监测站，通过通信网络自动获取水位、雨量、风速、风向等气象水情信息。每隔一定时间，或者雨量每变化 1 mm，水位每变化不超过 1 cm，水情信息都会自动传输到防汛信息中心的数据库。防汛决策支持系统将所有的防汛信息置于一张完整的电子地图上，通过实时获取的天气、水情信息，由计算机模拟洪水引起的风暴潮、暴雨引起的城市积水和河网水位变化过程等。防汛信息服务系统则通过网站形式为各级防汛指挥部门和相关单位提供“运用网上多媒体信息进行指挥调度的平台”。过去获取防汛水情信息，仅依靠水文站的工作人员日夜值班，再通过电话或电台将人工观测到的水文信息报告到指挥中心，信息的及时性、完整性和覆盖面都不能得到保证。而依靠现代信息技术建立的防汛信息系统，不仅拥有覆盖区域的遥测系统，还与各级有关部门全部联网，实现了资源共享和信息的高速传输，提高了预见性和精确度。

6.4.1　系统建设的目标及原则

6.4.1.1　建设目标

长期以来，决策主要依靠人的经验，属于经验决策的范畴。随着科学技术的发展，社会活动范围的扩大，管理问题的复杂性急剧增加。在这种情况下，领导者单凭个人的知识、经验、智慧和胆量来作决策，难免出现重大失误。于是，经验决策便逐步被科学决策所代替。

水利是一个关系到国计民生的行业，有许多决策需要科学、及时做出。水利信息化是实践新时期治水思路的关键因素，是实现水利现代化的先导。通过推进水利信息化，可逐步建立防汛决策指挥系统，水资源监测、评价、管理系统，水利工程管理系统等，改善管理手段，增加科技含量，提高服务水平，促进技术创新和管理创新。

水资源管理信息系统是水利信息化的一个重要方面。其总目标是：根据水资源管理的技术路线，以可持续发展为基本指导思想，体现和反映经济社会发展对水资源的需求，分析水资源开发利用现状及存在的问题，利用先进的网络、通信、3S、遥测、数据库、多媒体等技术以及决策支持理论、系统工程理论、信息工程理论，建立一个能为政府主要工作环节提供多方位、全过程的管理信息系统。系统应实用性强、技术先进、功能齐全，并在信息、通信、计算机网络系统的支持下，达到以下几个具体目标：

(1) 实时、准确地完成各类信息的收集、处理和存储；

(2) 建立和开发水资源管理系统所需的各类数据库；

(3) 建立适用于可持续发展目标下的水资源管理模型库；

(4) 建立自动分析模块和人机交互系统；

(5) 具有水资源管理方案提取及分析功能。

6.4.1.2　建设原则

水资源管理信息系统是一项规模庞大、结构复杂、功能强、涉及面广、建设周期长的系统工程。为了确保建设目标的实施，系统建设应遵循以下原则：

(1) 实用性原则

实用性原则即系统要紧密结合实际，使其能真正运用于生产过程中。

(2) 先进性原则

先进性原则即用先进的软件开发技术和开发环境进行软件系统开发，以保证系统软件具有较强的生命力。

(3) 简洁性原则

开发的软件系统使用对象并非全是计算机专业人员，所以要求系统的表现形式简单、直观，操作简便，做到界面、窗口清晰友好。

(4) 标准化原则

系统要强调结构化、模块化、标准化，特别是接口要标准统一，保证连接通畅。

(5) 灵活性原则

灵活性原则，一方面是指系统各功能模块能灵活实现相互转换；另一方面是指系统能随时提供使用者需要的信息和动态管理决策。

6.4.2　系统的结构及主要功能

为了实现水资源管理信息系统的主要工作，一般水资源管理信息系统应由数据库、模型库、人机交互系统组成。

6.4.2.1　数据库功能

（1）数据录入

所建立的数据库应能录入水资源管理需要的所有数据，并能快速简便地供管理信息系统使用。

（2）数据修改、记录删改和记录浏览

可以修改一个数据，也可修改多个数据，或修改所有数据；可删除或浏览单个记录、多个记录和所有记录。

（3）数据查询

可进行监测点查询、水资源量查询、水工程点查询以及其他信息查询。

（4）数据统计

可对数据库进行数据处理，包括排序、求平均值以及其他统计计算等。

（5）打印

用于原始数据表和计算结果表的打印。

（6）维护

为了避免意外事故发生，系统应设计必要的预防手段，进行系统加密、数据备份、文件读入和文件恢复。

6.4.2.2　模型库功能

模型库由所有用于水资源管理信息处理、统计计算、模型求解、方案寻优等的模型块组成，是水资源管理信息系统完成各种工作的中间处理中心。

（1）信息处理

与数据库连接，对于输入的信息有处理功能，包括各种分类统计、分析。

（2）水资源系统特性分析

包括水文频率计算、洪水过程分析、水资源系统变化模拟、水质模型以及其他模型。

（3）社会经济系统变化分析

包括社会经济主要指标的模拟预测、需水量计算等。

（4）生态环境系统变化分析

包括生态环境评价模型、生态环境系统变化模拟模型等。

（5）可持续水资源管理优化模型

这是用于水资源管理方案优选的总模型，可以根据以上介绍的方法进行建模。

（6）方案拟定与仿真模型

可以对不同水资源管理方案进行拟定和优选，同时对不同方案的水资源系统变化进行仿真。

6.4.2.3　人机交互系统功能

在实际工作中，人们希望建立的水资源管理信息系统至少具有信息收集与处理、管理决策功能，并具有良好的人机对话界面。因此，水资源管理信息系统与决策支持系统（Decision Support System，DSS）比较接近。

DSS是以数据库、模型库和知识库为基础，把计算机强大的数据存储、逻辑运算能力和管理人员所独有的实践经验结合在一起，它将管理信息系统与运筹学、统计学的数学方法，计算模型等其他方面的技术联结在一起，辅助支持各级管理人员进行决策，是推进管理现代化与决策科学化的有力工具。同时，DSS也是一个集成的人机系统，它利用计算机硬件、通信网络和软件资源，通过人工处理、数据库服务和运行控制决策模型，为使用者提供辅助的决策手段。

面向可持续发展的水资源管理信息系统，是以水资源管理学、决策科学、信息科学和计算机技术为基础，建立的辅助决策者解决水资源管理中的半结构化决策问题的人机交互式计算机软件系统。它具有DSS

的基本特征，同时拥有自身的独特性。它面向流域、面向可持续，为实现流域水资源可持续利用与区域可持续发展的总目标服务，为领导者进行水资源科学管理决策提供辅助支持。

面向可持续发展的水资源管理信息系统，一般包含有收集社会、经济、环境、生态及水资源方面的基础信息资料的软件系统；有根据一定的原理或规律制作的概化模型，对基本信息进行加工和整理，进而提出各种水资源开发和调度对策；有灵活方便的人机交互系统，将这些对策提交给决策者，帮助决策者进行客观判断。因此，水资源管理信息系统主要由数据库管理系统、模型库管理系统和人机交互系统三部分组成(图6.4-1)。

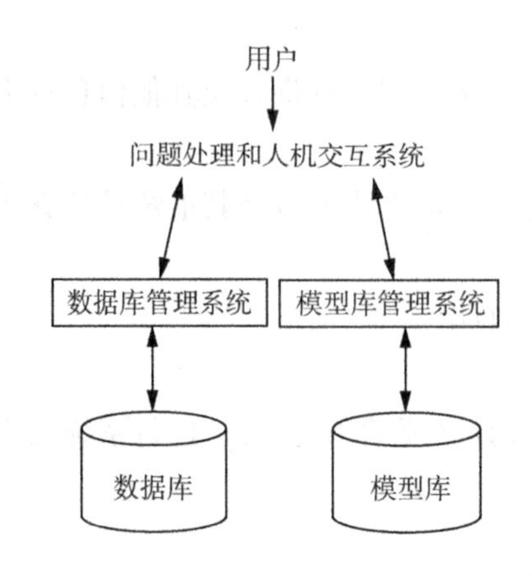

图 6.4-1　水资源管理信息系统组成示意图

6.5　保障措施

6.5.1　加强组织领导

市、区(县)两级都应建立起水资源承载能力监测预警机制，建立健全领导体制和工作机制，设立预警管理中心，负责预警发布及协调解决工作中遇到的重大问题。市、区(县)两级都要高度重视水资源承载能力监测预警工作，将其作为水资源管理的重点任务，落实监测站点的日常维护与管理。在日常工作过程中，强化流程化管理，分解落实工作措施，强化部门协调联动，发挥水资源承载能力预警在避免水资源开发利用重大事故、引导水资源利用方式转变、促进水资源可持续利用等方面的综合作用。

6.5.2　强化法制保障

为进一步规范和加强水资源承载能力监测设施的维修管护，建立监测设施及预警信息平台建设、管理和使用长效机制，确保各项设施长期发挥效益，根据《水利部办公厅关于做好建立全国水资源承载能力监测预警机制工作的通知》(办资源〔2016〕57 号)要求，建议结合重庆市实际制定《重庆市水资源承载能力监测预警管理办法》(以下简称《管理办法》)，并由市政府批复发布实施。《管理办法》中要明确预警体系的规划与建设、使用与管护、监测与预警、法律责任等内容。其中，预警体系坚持“统一规划、分级建设”的原则，实行全过程公开、公示制度，自觉受社会监督；各级按照职责，负责设施设备的使用与管护；建立可行的预警机制，及时对监测数据进行分析，并根据需要发布相应级别的预警信息；对预警工作不力，或对预警设施设备产生人为破坏的，要追究相应的法律责任。

6.5.3　加大资金投入

水资源承载能力监测预警机制建设任务繁重，投入较大，需要建立适应的投融资机制，广开渠道，鼓励多方投资。要建立以政府投入为主导、全社会共同参与的多元化投融资机制，其中每年市、区(县)两级财政从水资源费收入中拿出一部分资金用于完成预警体系建设，相关的用水户、排水户也要依据有关要求主动配合安装计量、监测设备设施。各级紧密把握经济社会发展大局，及时跟踪国家和市级投资动向，注意现行投资政策与监测预警机制建设计划的衔接，充分利用现有政策，科学安排投资建设，积极争取各级财政经费，并建立滚动使用和稳定增长机制，提高投资建设效率。

6.5.4　定期信息通报

推进水资源承载能力监测预警信息化平台建设，逐步加强水资源水质、水量台账化管理。实施"互联网＋"行动，推广数字化管理、精准化作业，逐步实现水质监测、水量监测等的信息化、自动化管理，不断提高用水、管水信息化水平。市、区（县）积极做好水资源水质、水量等监测与信息通报工作，将监测评价信息及时通报政府有关领导、政府有关部门，用于指导水资源水质、水量管理保护，实现监测预警资料共享。

6.5.5　严格督导考核

将建立水资源承载能力监测预警机制工作纳入市对区（县）政府最严格水资源管理制度考核中，细化相关指标，明确阶段性要求。同时，对各区（县）进展情况采取日常调度、定期通报等方式，加强监督和指导。建立工作进度报告和约谈、整改等制度，定期向社会通报各地工作进展情况，对进度滞后的进行约谈，对工作不力的责令整改，对整改不到位的实行问责。各区（县）要加强自查，对检查中发现的问题进行督办，确保水资源承载能力监测预警工作落实到位。

6.5.6　加大宣传力度

充分发挥各种新闻媒体及水行政主管部门公报、简报等媒介的作用，开展多层次、多形式的水资源知识宣传教育，进一步增强全社会水忧患意识和水资源节约保护意识。一是做好对党、政府领导的宣传，把水资源承载能力监测预警放在保障经济社会又好又快发展的基础地位对待；二是做好全社会的宣传，在主要新闻媒体的重要版面、重要时段进行系列报道，刊播公益性广告，广泛开展科普活动，积极营造有利于加快完善水资源承载能力监测预警机制、深化用水总量控制、保障水质安全的良好舆论氛围。

参考文献

[1] A·迈里克·弗里曼. 环境与资源价值评估——理论与方法[M]. 曾贤刚，译. 北京：中国人民大学出版社，2002.

[2] California Office of State Engineer. Irrigation Development: History, Customs, Laws, and Administrative Systems Relating to Irrigation, Water-courses, and Waters in France, Italy, and Spain. The Introductory Part of the Report of the State Engineer of California, on Irrigation and the Irriga[M]. State Office, James J. Ayers, Superintendent State Print, 1886.

[3] SVENSSON C, KUNDZEWICZ Z W, MAURERT. Trend detection in river series: 2. flood and low-flowindex series[J]. Hydrological Sciences Journal, 2005,50(5):811-823.

[4] CHEN H L, RAO A R. Testing hydrological time series for stationary[J]. Journal of Hydrological Engineering,2002,7(2):129-136.

[5] DAILY G C, EHRLICH P R. Socioeconomic equity, sustainability, and earth' carrying capacity [J]. Ecological Application, 1996, 6(4):991-1001.

[6] WILLIAM E R. Revisiting carrying capacity: Area-based indicators of sustainability[J]. Population & Environment,1996,17(3):195-215.

[7] FALKENMARK M, LUNDQVST J. Towards water security: political determination and human adaptation crucial [J]. Natural Resources Forum,1998,21(1):37-51.

[8] LIU H B, LIU Y F, LI L J, et al. Study of an evaluation method for water resources carrying capacity based on the projection pursuit technique[J]. Water Science & Technology: Water Supply, 2017,17(5):1306-1315.

[9] HUNTER C. Perception of the sustainable city and implications for fresh water resources management [J]. Environment and Pollution,1998,10(1):84-103.

[10] SEIDL I, TISDELL C A. Carrying capacity reconsidered: from Malthus' population theory to cultural carrying capacity[J]. Ecological Economics,1999,31(3):395-408.

[11] LEIN J K. Applying expert systems technology to carrying capacity assessment: A demonstration prototype[J]. Journal of Environmental Management, 1993,37(1):63-84.

[12] HARRIS J M, KENNEDY S. Carrying capacity in agriculture: global and regional issues [J]. Ecological Economics,1999,29(3):443-461.

[13] KANG H, SRIDHAR V, MILLS B F, et al. Economy-wide climate change impacts on green water droughts based on the hydrologic simulations[J]. Agricultural Systems, 2019,171:76-88.

[14] LI Y Y, CAO J T, SHEN F X, et al. The changes of renewable water resources in China during 1956—2010[J]. Science China(Earth Sciences), 2014,57(8):1825-1833.

[15] LIU R Z, BORTHWICK A G L. Measurement and assessment of carrying capacity of the environment in Ningbo, China[J]. Journal of Environmental Management, 2011,92(8):2047-2053.

[16] AIT-AOUDIA M N, BEREZOWSKA-AZZAG E. Water resources carrying capacity assessment: The case of Algeria's capital city [J]. Habitat International, 2016,58:51-58.

[17] RIJSBERMAN M A, FRANS H M VAN DE VEN. Different approaches to assessment of design and management of sustainable urban water systems [J]. Environmental Impact Assessment Review, 2000,20(3):333-345.

[18] MILANO M, RUELLAND D, DEZETTER A, et al. Modeling the current and future capacity of water resources to meet water demands in the Ebro basin[J]. Journal of Hydrology, 2013,500: 114-126.

[19] MILLY P C D, JULIO B, MALIN F, et al. Climate change. Stationarity is dead: Whither water management? [J]. Science, 2008,319(5863):573-574.

[20] NGANA J O, MWALYOSI R B B, YANDA P, et al. Strategic development plan for integrated water resources management in Lake Manyara sub-basin, North-Eastern Tanzania[J]. Physics and Chemistry of the Earth, 2004,29(15/18):1219-1224.

[21] PENG T, DENG H W. Comprehensive evaluation on water resource carrying capacity based on DPESBR framework: A case study in Guiyang, southwest China [J]. Journal of Cleaner Production, 2020,268:122235.

[22] MEYER P S, AUSUBEL J H. Carrying capacity: A model with logistically varying limits[J]. Technological Forecasting and Social Change, 1999,61(3):209-214.

[23] JOARDAR S D. Carrying capacities and standards as bases towards urban infrast planning in India [J]. Habitat International, 1998,22(3):327-337.

[24] STEWART T J, SCOTT L. A scenario-based framework for multicriteria decision analysis in water resources planning[J]. Water Resources Research, 1995,31(11):2835-2843.

[25] VÖRÖSMARTY C J, MCINTYRE P B, GESSNER M O, et al. Global threats to human water security and river biodiversity[J]. Nature, 2010,467(7315):555-561.

[26] NIAN Y Y, LI X, ZHOU J, et al. Impact of land use change on water resource allocation in the middle reaches of the Heihe River Basin in northwestern China[J]. Journal of Arid Land, 2014(3): 26-30.

[27] WANG Y T, CHENG H X, HUANG L. Water resources carrying capacity evaluation of a dense city group: A comprehensive water resources carrying capacity evaluation model of Wuhan urban agglomeration [J]. Urban Water Journal, 2018,15(7):615-625.

[28] KUNDZEWICZ Z W, GRACZYK D, MAURER T, et al. Trend detection in river series: 1. annual maximum flow[J]. Hydrological Science Journal, 2005,50(5):797-810.

[29] 鲍超,方创琳.水资源约束力的内涵、研究意义及战略框架[J].自然资源学报,2006,21(5):844-852.

[30] 曹建廷,秦大河,罗勇,等.长江源区1956—2000年径流量变化分析[J].水科学进展,2007,18(1): 29-33.

[31] 曹剑峰,钦丽娟,平建华,等.灰色理论在水资源承载能力评价中的应用[J].人民黄河,2005,27(7): 20-22.

[32] 陈冰,李丽娟,郭怀成,等.柴达木盆地水资源承载方案系统分析[J].环境科学,2000,(3):16-21.

[33] 陈俊贤,蒋任飞,陈艳.水库梯级开发的河流生态系统健康评价研究[J].水利学报,2015,46(3): 334-340.

[34] 陈立华,冷刚,王焰,等.西江流域控制站洪峰洪量极值特征变化分析[J].水利水电技术,2020,51(6): 30-39.

[35] 陈灵凤.山地城市水系规划方法研究[D].重庆:重庆大学,2015.

[36] 陈明忠. 水资源承载能力评价理论与方法研究[D]. 南京:河海大学,2005.

[37] 陈洋波,陈俊合. 水资源承载能力研究中的若干问题探讨[J]. 中山大学学报(自然科学版),2004,43(S1):181-185.

[38] 陈沂. 水资源评价指标体系初探[J]. 水利水电工程设计,2001,20(2):13-15.

[39] 程国栋. 承载能力概念的演变及西北水资源承载能力的应用框架[J]. 冰川冻土,2002,24(4):361-367.

[40] 崔岩,冯旺,马一茗. 区域水资源承载能力综合评价指标体系研究[J]. 河南农业大学学报,2012,46(6):705-709.

[41] 单敏尔,李志晶,周银军,等. 三峡水库入库水沙变化规律及驱动因素分析[J]. 泥沙研究,2022,47(2):29-35.

[42] 丁超,胡永江,王振华,等. 虚拟水社会循环视域下的水资源承载能力评价[J]. 自然资源学报,2021,36(2):356-371.

[43] 丁晶,邓育仁. 随机水文学[M]. 成都:成都科技大学出版社,1988.

[44] 丁相毅,石小林,凌敏华,等. 基于"量-质-域-流"的太原市水资源承载能力评价[J]. 南水北调与水利科技(中英文),2022,20(1):9-20.

[45] 窦明,胡瑞,张永勇,等. 淮河流域水资源承载能力计算及调控方案优选[J]. 水力发电学报,2010,29(6):28-33,59.

[46] 段秀举. 基于生态理念的山地城市水资源规划研究——以重庆市水资源规划为例[D]. 重庆:重庆大学,2015.

[47] 樊杰,王亚飞,汤青,等. 全国资源环境承载能力监测预警(2014 版)学术思路与总体技术流程[J]. 地理科学,2015,35(1):1-10.

[48] 樊杰,周侃,王亚飞. 全国资源环境承载能力预警(2016 版)的基点和技术方法进展[J]. 地理科学进展,2017,36(3):266-276.

[49] 封志明,杨艳昭,江东,等. 自然资源资产负债表编制与资源环境承载能力评价[J]. 生态学报,2016,36(22):7140-7145.

[50] 封志明,李鹏. 承载能力概念的源起与发展:基于资源环境视角的讨论[J]. 自然资源学报,2018,33(9):1475-1489.

[51] 冯朝红. 基于水资源承载能力的西北地区农业可持续发展评估研究[D]. 西安:西安理工大学,2021.

[52] 冯尚友. 水资源可持续利用与管理导论[M]. 北京:科学出版社,2000.

[53] 冯旺. 区域水资源承载能力综合评价体系研究[D]. 郑州:河南农业大学,2013.

[54] 傅湘,纪昌明. 区域水资源承载能力综合评价——主成分分析法的应用[J]. 长江流域资源与环境,1999,8(2):168-173.

[55] 高镔. 西部经济发展中的水资源承载能力研究[D]. 成都:西南财经大学,2008.

[56] 高鑫,解建仓,汪妮,等. 基于物元分析与替代市场法的水资源承载能力量核算研究[J]. 西北农林科技大学学报(自然科学版),2012,40(5):224-230.

[57] 龚久平,张伟,洪云菊,等. 重庆市水资源承载力分析与可持续发展利用探讨[J]. 西南农业学报,2011,24(6):2429-2433.

[58] 关群,刘彤凯. 探索山地城市的城市规划方法[J]. 建筑设计管理,2011,28(5):55-57.

[59] 郭卫东. 区域水资源可持续利用评价指标体系探析[J]. 科技创新与应用,2014(23):139.

[60] 何凡,顾冰,何国华,等. 中国用水量变化的驱动效应[J]. 南水北调与水利科技(中英文),2022,20(3):417-428.

[61] 何刚,夏业领,秦勇,等. 长江经济带水资源承载力评价及时空动态变化[J]. 水土保持研究,2019,26(1):287-292,300.

[62] 何军,冯雅婷,李亚龙,等. 基于 Hurst 系数和基尼系数四湖流域降雨变异分析[J]. 安徽农业科学,2021,49(9):206-209.

[63] 何小赛,杨玉岭,戴良松. 区域水资源承载能力研究综述[J]. 水利发展研究,2015,(2):42-46.

[64] 黄昌硕,耿雷华,颜冰,等. 水资源承载能力动态预测与调控——以黄河流域为例[J]. 水科学进展,2021,32(1):59-67.

[65] 黄光宇,山地城市学原理[M]. 北京:中国建筑工业出版社,2006.

[66] 黄廷林,李梅,王晓昌. 再生水资源承载能力理论与价值模型的建立[J]. 中国给水排水,2002,18(12):22-24.

[67] 贾绍凤,张士锋,夏军,等. 经济结构调整的节水效应[J]. 水利学报,2004(3):111-116.

[68] 贾绍凤. 工业用水零增长的条件分析——发达国家的经验[J]. 地理科学进展,2001,20(1):51-59.

[69] 姜文超. 城镇地区水资源(极限)承载能力及其量化方法与应用研究[D]. 重庆:重庆大学,2005.

[70] 姜文来,王华东. 我国水资源承载能力研究的现状与展望[J]. 地理学与国土研究,1996,12(1):1-5,16.

[71] 姜文来,武霞,林桐枫. 水资源承载能力模型评价研究[J]. 地球科学进展,1998,13(2):67-72.

[72] 姜文来,杨瑞珍. 资源资产论[M]. 北京:科学出版社,2003.

[73] 姜文来. 水资源承载能力模型研究[J]. 资源科学,1998,13(1):37-45.

[74] 姜文来. 水资源价值论[M]. 北京:科学出版社,1999.

[75] 解雪峰,蒋国俊,肖翠,等. 基于模糊物元模型的西苕溪流域生态系统健康评价[J]. 环境科学学报,2015,35(4):1250-1258.

[76] 金菊良,陈梦璐,郦建强,等. 水资源承载能力预警研究进展[J]. 水科学进展,2018,29(4):583-596.

[77] 金菊良,董涛,郦建强,等. 不同承载标准下水资源承载能力评价[J]. 水科学进展,2018,29(1):31-39.

[78] 金菊良,郭涵,李征,等. 基于水资源承载能力动态评价的五元引力减法集对势方法[J]. 灌溉排水学报,2021,40(6):1-7.

[79] 金菊良,刘东平,周戎星,等. 基于投影寻踪权重优化的水资源承载能力评价模型[J]. 水资源保护,2021,37(3):1-6.

[80] 金菊良,沈时兴,崔毅,等. 半偏减法集对势在引黄灌区水资源承载能力动态评价中的应用[J]. 水利学报,2021,52(5):507-520.

[81] 景林艳. 区域水资源承载能力的量化计算和综合评价研究[D]. 合肥:合肥工业大学,2007.

[82] 康苗业,肖伟华,鲁帆,等. 黄河花园口水文站多时间尺度径流演变规律分析[J]. 人民黄河,2022,44(5):25-29.

[83] 雷旭,谢平,吴子怡,等. 基于 Hurst 系数与 Bartels 统计量的水文变异度及其敏感性[J]. 应用生态学报,2018,29(4):1051-1060.

[84] 李崇明,晁晓波,吕平毓,等. 三峡水库回水变动区水流、水质演变数值模拟研究[J]. 环境影响评价,2013(6):54-60.

[85] 李德玉,任航. 水资源承载能力浅析[J]. 吉林水利,2013(11):32-35.

[86] 李绍才,孙海龙,龙凤. 水能梯级开发生态影响评价[M]. 北京:科学出版社,2014.

[87] 李卫明,艾志强,刘德富,等. 基于水电梯级开发的河流生态健康研究[J]. 长江流域资源与环境,2016,25(6):957-964.

[88] 李文君,邱林,陈晓楠,等. 基于集对分析与可变模糊集的河流生态健康评价模型[J]. 水利学报,2011,42(7):775-782.

[89] 李友辉,孔琼菊. 农业水资源承载能力的能值研究[J]. 江西农业学报,2010,22(3):121-125.

[90] 李雨欣,薛东前,宋永永. 中国水资源承载能力时空变化与趋势预警[J]. 长江流域资源与环境,2021,30(7):1574-1584.

[91] 李云玲，郭旭宁，郭东阳，等. 水资源承载能力评价方法研究及应用[J]. 地理科学进展，2017，36(3)：342-349.

[92] 李征，金菊良，崔毅，等. 基于半偏联系数和动态减法集对势的区域水资源承载能力评价方法[J]. 湖泊科学，2022，34(5)：DOI：10.18307/2022.0519.

[93] 李周，宋宗水，包晓斌，等化解西北地区水资源短缺的对策研究[J]. 中国农村观察，2003(3)：2-13，24-80.

[94] 郦建强，陆桂华，杨晓华，等. 流域水资源承载能力综合评价的多目标决策-理想区间模型[J]. 水文，2004，24(4)：1-4，25.

[95] 郦建强，陆桂华，杨晓华，等. 区域水资源承载能力综合评价的 GPPIM[J]. 河海大学学报(自然科学版)，2004，32(1)：1-4.

[96] 刘春蓁，刘志雨，谢正辉. 近 50 年海河流域径流的变化趋势研究[J]. 应用气象学报，2004，15(4)：385-393.

[97] 刘恒，耿雷华，陈晓燕. 区域水资源可持续利用评价指标体系的建立[J]. 水科学进展，2003，14(3)：265-270.

[98] 刘莹，罗以生，吕平毓. 重庆主城段水质指标与相关社会影响因素灰色关联度分析[J]. 三峡环境与生态，2012，34(5)：3-7，10.

[99] 龙秋波，朱文彬，吕爱锋. 水资源承载风险监测预警理论与方法探析[J]. 南水北调与水利科技(中英文)，2021，19(6)：1147-1156.

[100] 龙腾锐，姜文超，何强. 水资源承载能力内涵的新认识[J]. 水利学报，2004，(1)：38-45.

[101] 卢亚丽，徐帅帅，沈镭. 基于胡焕庸线波动的长江经济带水资源环境承载能力动态演变特征[J]. 自然资源学报，2021，36(11)：2811-2824.

[102] 陆志强，李吉鹏，章耕耘，等. 基于可变模糊评价模型的东山湾生态系统健康评价[J]. 生态学报，2015，35(14)：4907-4919.

[103] 栾芳芳，夏建新. 区域水资源承载能力理论与方法对比[J]. 水资源与水工程学报，2013，24(3)：116-120.

[104] 罗定贵. 模糊数学在水资源承载能力评价中的应用[J]. 地下水，2003，25(3)：181-182.

[105] 吕平毓，陈虎. 重庆主城区水环境质量和社会经济关系分析[J]. 人民长江，2011，42(19)：62-65，87.

[106] 吕平毓，吕睿. 基于改进 PCA 的重庆市水资源可持续利用评价[J]. 人民长江，2016，47(24)：40-45.

[107] 吕平毓，毛玉姣，陈虎，等. 基于水资源经济投入产出的重庆产业耗水研究[J]. 人民长江，2015，46(9)：23-25，30.

[108] 吕平毓，米武娟. 三峡水库蓄水前后重庆段整体水质变化分析[J]. 人民长江，2011，42(7)：28-32.

[109] 吕平毓，王平义，陈静. 重庆主城区两江水质近年变化评价[J]. 重庆交通大学学报(自然科学版)，2012，31(5)：1053-1057.

[110] 吕平毓，张钘，熊中福，等. 三峡库区成库前后干流万州段水体总磷特征[J]. 西南大学学报(自然科学版)，2020，42(7)：162-167.

[111] 闵庆文，余卫东，张建新. 区域水资源承载能力的模糊综合评价分析方法及应用[J]. 水土保持研究，2004，11(3)：14-16.

[112] 牟海省，刘昌明. 我国城市设置与区域水资源承载能力协调研究刍议[J]. 地理学报，1994，49(4)：338-344.

[113] 钦丽娟，曹剑峰，平建华，等. 模糊数学在郑州市水资源承载能力评价中的应用[J]. 吉林大学学报(地球科学版)，2005，35(4)：487-490，495.

[114] 秦年秀，姜彤，许崇育. 长江流域径流趋势变化及突变分析[J]. 长江流域资源与环境，2005，14(5)：589-594.

[115] 曲耀光,樊胜岳.黑河流域水资源承载能力分析计算与对策[J].中国沙漠,2000,20(1):1-8.

[116] 冉启智,廖和平,洪惠坤. 重庆市水资源承载力时空特征与承载状态[J]. 西南大学学报(自然科学版),2022,44(7):169-183.

[117] 阮本青,沈晋.区域水资源适度承载能力计算模型研究[J].土壤侵蚀与水土保持学报,1998,4(3):57-61.

[118] 邵骏,卢满生,杜涛,等.长江流域水资源生态足迹及其驱动因素[J].长江科学院院报,2021,38(12):19-24,32.

[119] 沈大军,梁瑞驹,王浩,等.水资源承载能力[J].水利学报,1998,29(5):55-60.

[120] 沈时,王栋,王远坤,等.水资源承载能力综合评价的组合权重-MNCM法[J].南京大学学报(自然科学),2021,57(5):887-895.

[121] 施雅风,曲耀光,等.乌鲁木齐河流流域水资源承载能力及其合理利用[M].北京:科学出版社,1992.

[122] 孙富行.水资源承载能力分析与应用[D].南京:河海大学,2006.

[123] 孙艳芝,鲁春霞,谢高地,等.北京城市发展与水资源利用关系分析[J].资源科学,2015,37(6):1124-1132.

[124] 汤奇成,程天文,李秀云.中国河川月径流的集中度和集中期的初步研究[J].地理学报,1982,37(4):383-393.

[125] 汤奇成,曲耀光,周聿超.中国干旱区水文及水资源利用[M].北京:科学出版社,1992.

[126] 唐家凯.沿黄河九省区水资源承载能力评价与障碍因素研究[D].兰州:兰州大学,2021.

[127] 陶石,卢海滨.中国城镇空间形态类型的二元界定与八极划分——兼论"山地城市学"中"山地城市"概念的界定[J].规划师,2002,18(11):83-86.

[128] 田培,王瑾钰,花威,等.长江中游城市群水资源承载能力时空格局及耦合协调性[J].湖泊科学,2021,33(6):1871-1884.

[129] 童鼎钊,吴凯,姚承伟,等.京津渤地区的水资源及开发利用中的环境问题[J].地理研究,1985,4(4):31-38.

[130] 王飞.提高水资源承载能力的途径探讨[J].江苏水利,2002(7):33-35.

[131] 王国庆,贾西安.人类活动对水文序列的显著影响干扰点分析[J].西北水资源与水工程,2001.(3):13-15.

[132] 王浩,秦大庸,王建华,等.西北内陆干旱区水资源承载能力研究[J].自然资源学报,2004,19(2):151-159.

[133] 王浩.西北地区水资源合理配置和承载能力研究[M].郑州:黄河水利出版社,2003:242.

[134] 王红瑞,钱龙霞,赵自阳,等.水资源风险分析理论及评估方法[J].水利学报,2019,50(8):980-989.

[135] 王建华,翟正丽,桑学锋,等.水资源承载能力指标体系及评判准则研究[J].水利学报,2017,48(9):1023-1029.

[136] 王建华,何凡,何国华.关于水资源承载能力需要厘清的几点认识[J].中国水利.2020,(11):1-5.

[137] 王建华,姜大川,肖伟华,等.水资源承载能力理论基础探析:定义内涵与科学问题[J].水利学报,2017,48(12):1399-1409.

[138] 王渺林,侯保俭.长江上游流域径流年内分配特征分析[J].重庆交通大学学报(自然科学版),2012,31(4):873-876.

[139] 王渺林,邱兵.重庆市经济发展与用水量关系初步分析[J].水利水电快报,2017,38(5):31-33,37.

[140] 王渺林,易瑜.长江上游径流变化趋势分析[J].人民长江,2009,40(19):68-69.

[141] 王壬,陈莹,陈兴伟.区域水资源可持续利用评价指标体系构建[J].自然资源学报,2014,29(8):1441-1452.

[142] 王筱欣,祁子祥.重庆市三次产业结构合理性分析[J].重庆理工大学学报(社会科学),2015,29(1):

66-70.

[143] 王友贞,施国庆,王德胜.区域水资源承载能力评价指标体系的研究[J].自然资源学报,2005,20(4):597-604.

[144] 王友贞.区域水资源承载能力评价研究[D].南京:河海大学,2005.

[145] 王玉庆.环境经济学[M].北京:中国环境科学出版社,2002.

[146] 韦林均,包家强,伏小勇.模糊数学模型在水资源承载能力评价中的应用[J].兰州交通大学学报,2006,25(3):73-76.

[147] 翁薛柔,龙训建,叶琰,等.基于DPSIR耦合模型的重庆市水资源承载研究[J].水资源研究,2020,9(2):189-201.

[148] 翁文斌,蔡喜明,史慧斌.宏观经济水资源规划多目标决策分析方法研究及应用[J].水利学报,1995,(2):1-11.

[149] 吴旭.基于水权分配的区域水资源承载能力研究[D].邯郸:河北工程大学,2021.

[150] 夏军,王渺林.长江上游流域径流变化与分布式水文模拟[J].资源科学,2008,30(7):962-967.

[151] 夏军,王中根,左其亭.生态环境承载能力的一种量化方法研究——以海河流域为例[J].自然资源学报,2004,19(6):786-794.

[152] 夏军,张永勇,王中根,等.城市化地区水资源承载能力研究[J].水利学报,2006,37(12):1482-1488.

[153] 夏军,朱一中.水资源安全的度量:水资源承载能力的研究与挑战[J].自然资源学报,2002,17(3):262-269.

[154] 肖钊富,彭贤伟,李瑞,等.西南山区水资源与社会经济协调发展及其影响因素——以遵义市为例[J].人民长江,2022,53(4):98-105.

[155] 徐中民,程国栋.运用多目标决策分析技术研究黑河流域中游水资源承载能力[J].兰州大学学报(自然科学版),2000,36(2):122-132.

[156] 徐宗学,和宛琳.近40年黄河源区气候要素分布特征及变化趋势分析[J].高原气象,2006,25(5):906-913.

[157] 徐宗学,李占玲,史晓崐.石羊河流域主要气象要素及径流变化趋势分析[J].资源科学,2007,29(5):121-128.

[158] 许有鹏.干旱区水资源承载能力综合评价研究——以新疆和田河流域为例[J].自然资源学报,1993,8(3):229-237.

[159] 闫水玉,刘鸣.基于地质灾害风险评价的山地城市规划应对策略——以石棉县总体规划为例[J].西部人居环境学刊,2013(6):57-63.

[160] 杨金鹏.区域水资源承载能力计算模型研究[D].北京:中国水利水电科学研究院,2007.

[161] 杨柳.水资源可持续利用评价指标体系探讨与研究[J].环境科学与管理,2014,39(12):178-180,194.

[162] 姚治君,刘宝勤,高迎春.基于区域发展目标下的水资源承载能力研究[J].水科学进展,2005,16(1):109-113.

[163] 姚治君,王建华,江东,等.区域水资源承载能力的研究进展及其理论探析[J].水科学进展,2002,13(1):111-115.

[164] 姚治君.区域水资源承载能力的研究进展及其理论探析[J].水科学进展,2002,13(1):111-115.

[165] 袁鹰,甘泓,王忠静,等.浅谈水资源承载能力研究进展与发展方向[J].中国水利水电科学研究院学报,2006,4(1):62-67.

[166] 张朝,罗以生,吕平毓.灰色新陈代谢GM(1,1)模型在长江干流水质预测中的应用[J].三峡环境与生态,2012,34(4):11-14,24.

[167] 张建云,章四龙,王金星,等.近50年来中国六大流域年际径流变化趋势研究[J].水科学进展,2007,18(2):230-234.

[168] 张晶,董哲仁,孙东亚,等. 河流健康全指标体系的模糊数学评价方法[J]. 水利水电技术,2010,41(12):16-21.
[169] 张丽,董增川,张伟. 水资源承载能力研究进展与展望[J]. 水利水电技术,2003,34(4):1-4.
[170] 张振龙,孙慧,苏洋,等. 中国西北干旱地区水资源利用效率及其影响因素[J]. 生态与农村环境学报,2017,33(11):961-967.
[171] 赵建世,王忠静,王建华,等. 双要素水资源承载能力计算模型体系研究[J]. 人民黄河,2008,30(7):40-42,44.
[172] 赵伟,王平,金菊良,等. 水资源承载能力评价的三元减法集对势模糊数随机模拟方法[J]. 华北水利水电大学学报(自然科学版),2022,43(1):26-33.
[173] 赵伟静,王红瑞,杨亚锋,等. 中国粮食主产区水资源承载能力评价及动态演化分析[J]. 水电能源科学,2021,39(11):56-60.
[174] 赵小杰,郑华,赵同谦,等. 雅砻江下游梯级水电开发生态环境影响的经济损益评价[J]. 自然资源学报,2009,24(10):1729-1739.
[175] 赵岩,黄鑫鑫,王红瑞,等. 基于区间数多目标规划的河北省水资源与产业结构优化[J]. 自然资源学报,2016,31(7):1241-1250.
[176] 郑垂勇,水资源与国民经济协调发展研究[M]. 南京:河海大学出版社,1996.
[177] 郑德凤,徐文瑾,姜俊超,等. 中国水资源承载能力与城镇化质量演化趋势及协调发展分析[J]. 经济地理,2021,41(2):72-81.
[178] 郑江丽,李兴拼. 基于协调性的区域水资源承载能力评估模型[J]. 水资源保护,2021,37(5):30-35.
[179] 郑圣峰,侯伟龙. 基于生态导向的山地城市空间结构控制——以重庆涪陵区城市规划为例[J]. 山地学报,2013,31(4):482-488.
[180] 周丽萍,杨海波,黄诗峰,等. 基于 Hurst 系数的安徽省气候时空变化分析[J]. 水利水电技术,2014,45(4):7-10.
[181] 周戎星,陈梦璐,金菊良,等. 基于文献计量分析的投影寻踪法在水问题中应用的研究进展[J]. 灌溉排水学报,2021,40(4):137-146.
[182] 周子凯. 提高水资源承载能力的途径与策略探析[J]. 河南科技,2018,(3):68-69.
[183] 朱启林,张海涛,游进军,等. 提高水资源承载能力途径的研究[J]. 南水北调与水利科技,2009,7(1):31-35.
[184] 朱双. 流域中长期水文预报与水资源承载能力评价方法研究[D]. 武汉:华中科技大学,2017.
[185] 朱一中,夏军,谈戈. 关于水资源承载能力理论与方法的研究[J]. 地理科学进展,2002,21(2):180-188.
[186] 朱一中. 西北地区水资源承载能力理论与方法研究[D]. 北京:中国科学院地理科学与资源研究所,2004.
[187] 朱永彬,史雅娟. 中国主要城市水资源承载能力评价与定价研究[J]. 资源科学,2018,40(5):1040-1050.
[188] 朱运海,彭利民,杜敏,等. 区域水资源承载能力评价国内外研究综述[J]. 科学与管理,2010,(3):21-24.
[189] 左东启,戴树声,袁汝华. 水资源评价指标体系研究[J]. 水科学进展,1996,7(4):367-374.
[190] 左东启. 初论建立水资源评价指标体系[J]. 水利经济,1991(2):1-6.